区块链
技术丛书

U0182666

深入理解企业级区块链
Quorum和IPFS

周兵 方云山 ◎ 编著

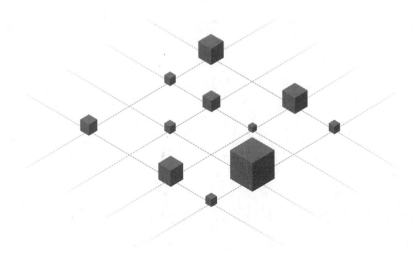

机械工业出版社
China Machine Press

图书在版编目（CIP）数据

深入理解企业级区块链Quorum和IPFS/周兵，方云山编著 . -- 北京：机械工业出版社，
2021.8
（区块链技术丛书）
ISBN 978-7-111-68887-7

I.①深… II.①周… ②方… III.①分布式数据处理 IV.① TP274

中国版本图书馆CIP数据核字（2021）第159355号

深入理解企业级区块链 Quorum 和 IPFS

出版发行：机械工业出版社（北京市西城区百万庄大街22号 邮政编码：100037）			
责任编辑：姚 蕾 张梦玲		责任校对：殷 虹	
印 刷：三河市东方印刷有限公司		版 次：2021年8月第1版第1次印刷	
开 本：186mm×240mm 1/16		印 张：16	
书 号：ISBN 978-7-111-68887-7		定 价：79.00元	

客服电话：（010）88361066 88379833 68326294　　　投稿热线：（010）88379604
华章网站：www.hzbook.com　　　读者信箱：hzit@hzbook.com

　　FinTech（金融科技）由 Financial（金融）和 Technology（科技）组合而成，是当下最受人们关注的方向之一，而区块链技术与生俱来的去信任化和防篡改等特性，使其受到各大金融科技企业的青睐，国内外金融监管机构、金融和科技巨头都在积极探索这一未来金融底层技术的应用。

　　中国香港蚂蚁金服 AlipayHK 上线了区块链跨境汇款服务，从中国香港地区到菲律宾的第一笔汇款总耗时仅 3 秒钟。SWIFT 启动了 SWIFT GPI（Global Payments Innovation），将跨境支付的时间从过去的几天降低到如今的十几分钟。美国的纳斯达克交易所也推出了基于区块链的股权交易平台 NASDAQ Linq，专注于服务非上市公司的股权管理和交易。美国金融巨头摩根大通在区块链平台发行 JPM Coin，用以提高银行企业客户的结算效率。

　　比特币、以太坊和超级账本是目前最为人们熟知的三大区块链技术。区块链是随着比特币的横空出世诞生的，以太坊在此基础上引入了图灵完备的智能合约机制，而超级账本则由 IBM 主导，使区块链技术得以在非金融领域落地开花。

　　由于超级账本最初的设计中没有引入数字货币机制，不太适用于金融领域，因此美国的金融巨头摩根大通、微软、英特尔、桑坦德银行和瑞士的瑞信银行等组织建立了区块链联盟 EEA（企业以太坊联盟），基于以太坊公链打造了企业级的以太坊区块链平台 Quorum。Quorum 在以太坊的基础上增加了隐私保护等功能，以满足企业联盟间的隐私交易及高吞吐量的需求，解决区块链技术在金融领域落地的挑战，摩根大通的 JPM Coin 就是基于 Quorum 平台开发的。另外，在大宗商品交易领域，Quorum 已经被广泛使用，由石油、金融及贸易巨头（如英国石油、壳牌、花旗银行、麦格里和摩科瑞等）组建的大宗贸易平台 Vakt 和 Komgo 也是基于 Quorum 区块链技术的。由此可见，Quorum 将发展成金融科技未来最重要的底层技术之一。

　　本书为什么选择以 Quorum 为主题呢？首先，笔者有 Quorum 实战经验，也有快速学习区块链的方法，知道从哪里可以找到与 Quorum 相关的中文资料；其次，目前与比特币、以太坊和超级账本相关的中文书籍在市场上已经很丰富，笔者认为，与其写一本锦上添花的书，倒不如尽自己的绵薄之力补齐区块链中文资料的短缺，为区块链中文社区做一些贡献。

Contents 目　　录

第 1 章 *Chapter 1*

区块链的前世今生

近几年来"区块链"似乎横空出世，引起广泛的关注。区块链从何而来？它到底是一种什么样的技术？它是否意味着新一波的技术浪潮？它将如何改变这个世界？怀着这些问题，我们一同来探究区块链技术的前世今生。

1.1 初识区块链

2010 年 5 月的一天，美国一个名叫 Laszlo 的年轻程序员，用 10 000 枚比特币购买了两个比萨饼的优惠券。按照 2017 年 12 月 17 日比特币的最高价格约 20 000 美元一枚估算，当时每个比萨饼大约花费了 1 亿美元，这应该是有史以来最昂贵的比萨了。从 2010 年到 2017 年的短短 8 年中，比特币的价格从几美分上涨到超过 20 000 美元，最高涨幅达到了数万倍。根据 CoinMarketCap 网站的数据显示，2018 年 1 月 7 日，数字货币整体市值曾达到 8357 亿美元的峰值。这个数据非常惊人，因为根据国际货币基金组织（IMF）的数据显示，2017 年全球也只有十多个国家的 GDP 超过 8000 亿美元。虚拟货币价格的大幅波动，引起了全世界范围内的关注。图 1-1 展示了比特币的涨幅曲线。

隐藏在虚拟货币背后的是一种叫作"区块链"的神秘技术。它究竟是何物？又从何而来？

区块链从何而来？"区块链"源自英文 BlockChain。普遍的观点是，区块链技术发源的标志性事件是 2008 年中本聪（Satoshi Nakamoto）提出了比特币系统设计。在中本聪最初发布的《比特币白皮书》中，Block 和 Chain 这两个词是单独出现的，而在后来的讨论中，人们逐渐将这两个词连接起来，以 BlockChain 来称呼这种技术。BlockChain（区块链）这种提法后来流传开来。中本聪所提出的比特币系统是一个电子货币系统，在不需要第三方信用背书的情况下，可以实现完全点对点的电子货币转账。虽然许多人主要是将比特币作为一种虚拟的"币"，但从技术的角度来看，比特币系统中最重要的其实是分布式账本。在中本聪的设计理念中，遍布全球的分布式节点共同维护这个不断延伸的链式账本，而所有关于"币"的权属的数据都完整地留存在分布式账本中，不会被篡改或删除。到目前为止，比特币系统仍然是区块链技术最具代表性的应用案例。但时至今日，区块链技术的范畴早已远远超过虚拟货币账本本身，而逐步发展成为能应用于多个行业和领域的综合化信息技术。

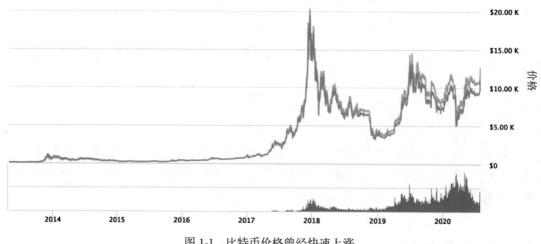

图 1-1　比特币价格曾经快速上涨

　　什么是区块链？从信息的组织形式来看，区块链是一个不断增长的数据链表，该数据链表的基本组成单位是一系列的"账本"（通常也称为"区块"），这些账本是通过密码学技术连接起来的。从网络结构来看，区块链上所有的数据由一系列分布式、相互独立的"节点"共同维护。以上这些数据和网络结构方面的特殊规则保障了区块链上的数据无法被随意篡改，也不会失序、丢失。区块链是若干学科的交叉综合，它涵盖了分布式计算机系统、密码学，乃至商业和经济等课题。在区块链系统的设计中包含网络结构、数据结构、密码学算法和分布式系统的一致性算法（即区块链共识机制）等技术问题。

　　在本章后续部分中，我们将继续了解区块链技术的演进历程，以及区块链技术的意义。在后续章节中，我们将以理论结合实操的方式深入学习区块链的技术原理和开发实践。

1.2　区块链技术的演进

　　首先，区块链技术在发展过程中衍生出了多种类别。最常见的是根据节点间的组织形式和决策机制将区块链系统分为公有链、私有链和联盟链三类，具体如表 1-1 所示。

表 1-1　区块链系统的分类

	公有链	联盟链	私有链
特点	节点任意接入，无信任，规则驱动	由联盟准许的节点组成网络，可预选节点来主导共识机制；网络有一定的准入和监督机制	节点受到充分控制，节点间强信任；网络有严格的准入和监督机制
案例	比特币、以太坊	Quorum，Fabric	企业内部的区块链系统一般属此类

　　公有链也简称为"公链"，它对分布式节点没有特定要求，完全以算法、数据结构和节点共识机制来组织。在这类系统中，节点之间是没有任何信任约束的。私有链一般适用于企业或组织内部，由内部管理者进行授权和管理。这类系统中，由于节点是由系统的发起者充分控制的，所以节点间是强信任的。联盟链中，一般由若干相互独立的主体共同形成联盟，并由这些主体各自运行一个或多个节点，只有被信任的联盟成员才能加入节点网络。这种系统中的节点面对着一定的网络准入和监督机制。在实践中，联盟链常由行业内的企业及监管机构共同发起和维护。

　　区块链技术的演进过程大致可划分为三个阶段，如图 1-2 所示。

图 1-2　区块链技术的演进过程

　　第一阶段以中本聪在 2008 年提出的比特币区块链为代表。比特币区块链的实质是利用区块链技术实现一种分布式的记账机制，并以此为基础实现比特币虚拟货币的交易，其核心技术点包含 UTXO 交易模型、链式账本数据结构、加密技术，以及基于"工作量证明"的共识机制等。在本书后续章节中将对这种区块链技术进行详细讲解。比特币区块链是公有链，由全球的分布式节点共同维护。同时代的区块链应用还有 Namecoin、Colored Coins，以及 Metacoins 等。比特币区块链有一些局限性。例如，UTXO 模型缺少对状态的支持，只适合简单、一次性的交易合约。这些限制使得它很难应对金融领域中各种较复杂的场景。还有一些专家认为比特币区块链中的"工作量证明"共识机制过于消耗计算量，平均 10 分钟出一个区块，效率很低。

　　区块链技术第二阶段的主要特点是引入了"智能合约"理念，成为可编程的区块链系统，进而支持简单的金融合约业务场景。和第一阶段的区块链技术相比，这个阶段的区块链技术通过图灵完备的编程语言，让开发者们能够创建合约，实现去中心化应用，以太坊和 Fabric 是这个阶段的主要代表。其中，以太坊是继比特币之后一个很具影响力的公有链协议，它采用了合约账户的概念，能够通过执行智能合约实现两个账户之间价值和状态的转换。Fabric 是由 IBM 主导开发的一个联盟链，支持用容器技术运行智能合约代码，对高级语言开发有良好的开放性。该阶段的区块链技术在共识算法方面也有很多创新。

第三个阶段是区块链在应用领域、效率，以及安全性方面的扩展，即目前的发展阶段。可能的技术发展方向包含：利用分片、跨链等技术提升区块链的记录效率，接近高并发场景下的需求；利用新型的密码技术提升区块链系统的安全性，例如密钥管理技术、抗量子攻击密码等；提升智能合约的开放性，增加适用的行业场景等。据笔者观察，这个阶段目前尚处于探索阶段，还未有标志性的、被大规模运用的系统出现。

1.3　区块链能否"改变世界"

加拿大学者、数字经济领域的知名专家 Don Tapscott 曾将区块链称为一场"革命"，并认为区块链的底层技术可以改变货币、商业和世界。事实真是如此吗？区块链真能像工业化、互联网化一样改变世界，从而成为新一波技术浪潮吗？如图 1-3 所示，我们需要从多个维度来寻找这些问题的答案。

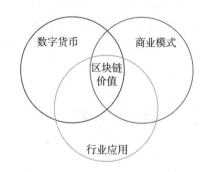

图 1-3　从多个维度看区块链的价值

首先，谈论区块链的影响时无法回避的是数字货币的话题。前文提到，整个虚拟货币市场的市值在 2018 年年初曾达到过峰值，随后却一路下跌。例如，比特币的总市值较之前峰值回落了八成多。另外，由于比特币等虚拟货币的价格波动较大、结算便利性较差，在世界范围内一直未大规模地应用于结算和支付等场景，我国的法定数字货币 DCEP 也尚在研究过程中。

其次，从区块链技术的商业模式看，较为受关注的有 ICO、STO 等。在这些模式中，区块链技术主要被用于产生并记录某种虚拟的权益凭证，有时也被称为 Token。而投资人可以投资这些权益凭证，并通过区块链系统进行查询、交易等。目前，上述模式并未得到有效推广，主要原因在于各个国家和地区对它们的监管和规范方法还未完备。例如，2017 年美国的证券监管部门曾发布公告，宣布要根据每个 ICO 项目的实际情况，考虑将其纳入监管范围。在我国，2017 年央行等多个部委也明确将 ICO 这种模式定义为非法融资行为。目前，基于区块链技术的商业模式创新还尚未有重大突破，人们还需要结合各个国家和地区的法律法规，探索具有创新性的区块链商业模式。

最后，从行业应用的角度来看，由于区块链技术可实现数据隐私保密、防篡改和溯源等基础功能，无疑会在金融、物流、制造和消费等行业领域落地应用。世界上许多国家和地区都在积极探索和支持区块链技术的研究和行业落地。以我国为例，国务院、工信部等近年来颁布了一系列指导意见和发展建议，鼓励区块链技术的研究和发展。2016 年 10 月，工信部发布《中国区块链技术和应用发展白皮书（2016）》，介绍了我国区块链技术的发展及未来方向。同年，区块链作为重要驱动技术之一，被列入了国务院印发的《"十三五"国家信息化规划》。2017 年 8 月，国务院发布的《关于进一步扩大和升级信息消费持续释放内需潜力的指导意见》提出开展基于区块链、人工智能等新技术的试点应用。在银行业，2015 年成立的 R3 区块链联盟目前已经拥有数十家来自全球的国际银行组织，其致力于为银行提供适用的探索区块链的技术和产品。2016 年，我国的一些金融企业、机构在深圳联合发起了"金融区块链联盟"，探索区块链技术在金融领域的技术和应用。在行业标准化方面，2018 年年底，欧洲电信标准化协会（ETSI）宣布成立了一个新的行业规范小组（ISG PDL），专门研究获准使用的分布式账簿。我国的通信标准化协会 CCSA 在 2017 年也成立了物联网区块链组。在此背景下，区块链技术的落地应用日益丰富。2018 年 8 月，我国深圳开出了第一张区块链电子发票，同年，在我国杭州诞生了第一个运用区块链存证判决互联网信息传播侵权的案例。

总之，断言区块链是否会带来一个新的时代还为时过早，但毋庸置疑，区块链已经受到了极高的关注，社会各界的持续投入将促使其技术不断完善、应用不断丰富，随着时间的推移，它的影响将被更多人认识和发现。

区块链中的共识机制

区块链这样的去中心化网络是如何做出一致性决策的？这看起来似乎是一个矛盾的命题，但它又是区块链技术的重要组成部分。本章将抽丝剥茧、深入浅出地带你看懂分布式系统的一致性挑战，了解区块链中的一致性算法（又称为共识算法）。

2.1　分布式系统的一致性挑战

2.1.1　若干基本原理

全球比特币区块链系统中的节点数量约一万多个。在如此庞大的分布式网络中，并没有一个"权威"的中心节点进行协调，如图 2-1 所示。那么中本聪一定需要设计一套协议机制，让整个比特币系统较高效地持续达成一致，持续生成比特币"账本"。这样一套以达成一致为目的协议机制就是区块链系统的"共识机制"。推而广之，该问题的模型是分布式系统中各个"节点"的一致性决策。

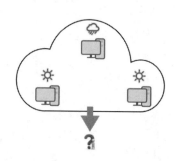

图 2-1　分布式系统的一致性挑战

为了更多地了解该课题，我们先从若干基本原理开始学习，然后通过具体算法加深理解。在无歧义的情况下，下文并不严格区分"进程""节点"或"单元"等概念，而将它们统称为"节点"。形象地讲，"节点"就是参与分布式系统一致性决策的基本单元。

表 2-1 概括了 FLP 不可能原理、CAP 理论，以及 ACID 和 BASE 原则。这些理论和原则是分布式系统设计和工程实践的基础，很多实际算法都是沿着它们的思路所进行的探索。

本节后续部分将对这些原理做简要梳理。

表 2-1 分布式系统一致性的主要原理 / 原则

名称	描述
FLP 不可能原理	宏观地指出概率意义上完备的一致性方案是不存在的
CAP 理论	分布式系统中最多只能确保一致性、可用性和分区容错性这三个特性中的两项
ACID 原则	强调一致性的设计原则
BASE 原则	强调可用性的设计原则

1. FLP 不可能原理

FLP 不可能原理的相关研究获得了 2017 年的 Dijkstra 奖。该原理由 Fisher、Lynch 和 Paterson 三位科学家在 1985 年提出。FLP 不可能原理指出，在一个异步分布式系统中，只要有一个节点出错（比如长时间不响应、出错、中断服务等），就不可能设计出一个完备的一致性决策方案。FLP 并不是说一致性决策永远都没法达成，它的含义是，在特定的系统假设下，没有算法是完美的或是充分可信任的。

FLP 的理论证明过程较为烦琐，可以简单理解如下。如果一个分布式系统是异步的，那么系统中任一参与共识的节点都可能出错，且节点之间的通信链路也可能出错，这在概率意义上是无法避免的。而且，在信息传递的整个过程中，系统中各个节点都可能收到新的消息，并可能进行状态迁移。在这种情况下，任何时间点上希望达成一致且要求这种一致性在概率上完备都是不可能的。所以没有算法能处理一切潜在的错误，因此这个理论也被称为 FLP "不可能" 原理。

虽然 FLP 只是一个概率意义上的理论判定，但它为后续的理论和算法研究奠定了方向性的基础。

2. CAP 理论

继 FLP 不可能原理之后，该领域的研究成果更加具体和细化。其中比较有影响力的是美国加州大学伯克利分校的计算机科学家 Eric Brewer 提出的 CAP 理论。CAP 理论简单明了地指出，在分布式系统中最多只能确保一致性、可用性和分区容错性这三个特性中的两项。也就是说，CAP 理论告诉我们虽然理论完备的一致性决策方案不存在，但是可以在这些维度中做折中选择，设计出 "足够好" 的方案。

那么一致性、可用性和分区容错性是哪些维度呢？一致性指信息的准确性，即所有的节点都能够获取最新的信息。可用性是指及时性，即能保证所有的节点都及时得到响应，但获得的不一定是最新信息。分区容错性主要是指系统在部分节点错误或丢失信息情况下的稳健性，即出现这种情况时网络可以正常运行。

我们接着分析一下，实际中该如何选择。显然，一般情况下我们无法完全规避通信链路或部分节点出错，因此分区容错性似乎是有必要的。换一个角度，如果在系统设计中，强制要求对所有 "分区" 的错误零容忍，这种设计准则过于苛刻，实现起来代价会很大。

那么，在分区容错的前提下，一致性和可用性应该如何取舍？从图2-2中，我们可以做一些观察。假设节点 A 和 B 分别位于分区 P_1 和 P_2 中。图2-2中左、中和右侧分别代表时刻1、时刻2和时刻3的不同状态。在时刻1，节点 A 向数据库发起数据更新 D_1，该更新在时刻2体现在了分区 P_1 的数据库。但是，由于两个分区间的通信链路出现故障，时刻2分区 P_2 并没有及时更新数据，其数据还是 D_0。想象一下，在时刻2，外部访问者如果向分区 P_1 和分区 P_2 同时请求数据将会出现什么情况。如果要确保一致性，分区 P_2 要等待网络故障排除，再对最新数据库进行查询，并刷新；而如果要确保可用性，分区 P_1 和 P_2 可能需要在一定的响应时间内各自返回数据，而这两个数据是不同的。从数据接收者的角度来看，可能需要向更多的分区请求数据，自行判断数据的有效性。总之，一致性和可用性是不可兼得的。

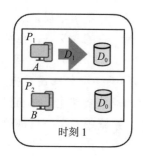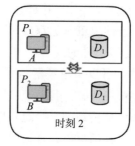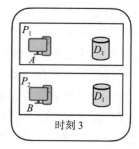

图 2-2　CAP 原理示意图

3. ACID 和 BASE 原则

既然鱼与熊掌不可兼得，那么该如何做选择呢？ ACID 和 BASE 原则就是两种比较有影响力的思路。

ACID 是四个英文单词的缩写，即原子性（Atomicity）、一致性（Consistency）、孤立性（Isolation）和持续性（Durability）。原子性可以理解为每个操作都是最小细分，不论成功或失败都状态明确。孤立性指不同的操作间不耦合，不互相影响。持续性是指状态的变化不会失效。ACID 的核心要求是，系统中状态变化的最小颗粒度是唯一并明确的，系统从一个状态明确地切换到下一个状态，没有中间态。很显然，ACID 代表着强一致性的模型。以数据库系统为例，典型的关系型数据库 Oracle、MYSQL 等都体现了 ACID 原则的思路。

BASE 是 Basically Available、Soft state、Eventual consistency 的简写。实际上，BASE 是选择确保可用性的。具体地说，它包含基本可用、软状态，以及最终一致性三个维度。基本可用是指允许分布式网络损失部分可用性，保证核心功能可用，例如网站出现高并发访问时，一部分用户可能被引导到降级版本的页面。软状态是指允许系统存在不影响整体可用性的中间状态，例如分布式系统中数据可以有不同副本，允许不同的刷新延时。顾名思义，最终一致性是指，随着时间的推移，最终在分布式网络中所有的节点都会得到最新数据。显然，BASE 原则是一种"弱保障"。以数据库系统为例，NoSQL 类型数据库主要确保可用性，能更好地应用于大数据、并行计算等场景，体现了 BASE 的思路。

2.1.2 拜占庭将军问题

在一个网络中还可能存在"恶意"节点。例如，一些节点通过发送错误的记账信息，试图修改账本、篡改交易数据等。这一类问题可能对分布式系统的稳定和安全带来很大挑战。针对这类挑战，人们提出了经典的"拜占庭将军"问题。

关于"拜占庭将军"问题的讨论始于 1982 年，学者们基于古代战场场景描述出一个决策问题。拜占庭是东罗马帝国的首都。由于国土辽阔，许多拜占庭将军的军队在地理上相隔很远，这些将军只能通过信使相互传递消息。当战争发生时，这些将军需要达成共识，所有的将军都意见一致才向敌军发起攻击。由于可能会有将军反叛，部分错误信息可能导致整个决策出现偏差，影响战局。例如，在 9 位将军中，有 4 个同意进攻并发出信息，另外 4 个同意撤退并发出信息，剩余的一个将军如果向这两方发出不同的信息，可能误导他们分别做出"进攻"和"撤退"的共识。显然，这是假的共识，在战场上会导致严重的失败。这种情形被称为"拜占庭失败"。

拜占庭将军问题是对存在潜在错误或恶意节点的情况下的分布式系统一致性决策的一种模型化描述。

根据理论分析，假设一个包含 n 个节点的分布式系统，其错误或恶意节点数量为 f，当 $n \geq 3f+1$ 时，可以设计出共识算法来保障所有节点达成正确共识。拜占庭将军问题及其理论边界被提出后，学者们开始研究"拜占庭容错"的共识算法。

2.2 常见共识算法

在前述诸多原理的指引下，人们对分布式系统中的一致性算法（即共识算法）进行了很多探索。比较常见的算法有 PBFT、Paxos、Raft、PoW、PoS 和 DPoS 等。这些算法的应用场景有所区别。PBFT、Paxos 和 Raft 等算法侧重于强一致性，它们在包含节点准入和控制的私有链或联盟链系统中比较常用。PoW、PoS 和 DPoS 等算法侧重于可用性，在公有链系统中比较常用。下面对以上算法进行逐一介绍。

2.2.1 PBFT 算法

1999 年 Miguel Castro 等学者提出了 PBFT（Practical Byzantine Fault Tolerance）算法，该算法的主要过程如图 2-3 所示。

算法中将节点划分为两类：主节点和其他节点。每一次请求要经历五个步骤：发起（Request）、预准备（Pre-prepare）、准备（Prepare）、确认（Commit）和响应（Reply）。对这些步骤简述如下。

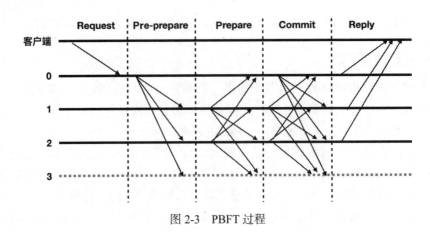

图 2-3 PBFT 过程

首先，从全网节点选举出一个主节点（Leader），新区块由主节点负责生成。主节点的选择方法是类轮询的方式。假设 Node0 是主节点，当客户端向它发起请求后，就从发起阶段进入了预准备阶段。

在预准备阶段，主节点把该请求广播到所有节点。为了确保请求的时间顺序不错乱，主节点会给当前的请求分配一个编号 p。所有节点收到这个请求信息后，都会各自对该消息进行校验，当确认时序正确、校验信息无误后，该节点会进入下一阶段。

在准备阶段，每个节点将收到的请求信息存入消息队列，在请求信息中嵌入其自身编号 i，并继续向所有其他节点广播处理后的请求信息（即 Prepare 消息），完成后进入下一阶段。

在确认阶段，如果某个节点收到了来自其他 $2f$ 个节点（f 代表 PBFT 最大容错节点数量，算法中假设 f 不大于总节点数的 1/3）的 Prepare 消息，并确认这些消息和自己之前收到的一致，就可以执行 Commit 操作，即向所有其他节点发送一条 Commit 确认消息，这条消息中包含消息编号 n 和节点编号 i。

最后是响应阶段。在该阶段中，如果一个节点收到来自 $2f+1$ 个不同节点的 Commit 消息，则确认成功，并向最初发起请求的客户端发送响应信息。请求的发起者会等待，直到收到 $f+1$ 个响应，才接受这个结论。至此，整个算法流程结束。

简而言之，PBFT 算法通过两种手段实现拜占庭容错：以类似轮询的方式选择主节点；每一次请求都要在主节点和其他节点之间互相验证，只有足够多的节点确认后才达成共识。PBFT 比经典拜占庭协议的复杂度低，应用性更强。

2.2.2 Raft 算法

在了解 Raft 算法前，先简述 Paxos 算法。Paxos 算法最早于 1989 年提出，在 20 世纪八九十年代被广泛讨论。该算法强调一致性，将节点分为 Client、Voters、Proposer、Learner 和 Leader 等多种角色，对应于不同的职责权限。从步骤上来说，算法包含 Prepare、Promise、Accept 和 Accepted 等多个步骤。通过这些角色和步骤的定义，在节点中反复确认并达成一致性决策。经过理论证明，Paxos 是可以满足一致性和分区容错的。谷歌公司曾在分布式数据库 Chubby 系统中应用 Paxos 算法，微软公司在搜索引擎 Bing 的并行计算系统中也尝试运用了 Paxos 算法。Paxos 被诟病的原因是其逻辑过于复杂，难于理解，因此在教学和工程实践中，人们运用 Paxos 算法的困难较大。

Raft（Reliable、Replicated、Redundant 和 Fault-Tolerant）是 Paxos 的一种简化变种，同样追求的是分布式系统中的强一致性。假设节点的总数为 n，Raft 的最大容错节点数量为 $(n-1)/2$。Raft 算法主要分为两个基本步骤：Leader 的选举以及 Log 同步。算法将节点分为两类：Leader 和 Follower。Raft 算法中将时间划分为若干个分块（term），在每一个term 中 Leader 不变，分块结束后，发起新的 Leader 选举。该算法也定义了一些机制以允许Follower 在一些情况下发起 Leader 选举，例如长时间未收到任何请求时。

在每个 term 中，所有节点在唯一 Leader 的管理下执行 Log 同步的过程。当 Leader 收到来自客户端的新请求时，便将该新请求指令增补到日志中，并向所有节点发送日志刷新消息。日志中的指令按时间顺序排列编号，Log 序列中每一个输入都包含其所对应的 term编号以及指令本身。Follower 收到日志刷新消息后，会向 Leader 发回响应信息。基于这些响应信息，Leader 可以判定某个新的指令是否获得了超过半数的节点响应，如果是，则这条指令被认为成功地同步了。Leader 会执行成功同步过的指令，并将执行结果返回到最初发起请求的客户端。由于 Leader 会持续刷新最新的 Log 同步信息，其中包含最新成功同步的指令序号，各个 Follower 可以将其和自己所存的 Log 序列进行比对，以判断自己是否曾错过了之前的消息指令，从而确保系统中的一致性。

2.2.3 PoW 算法

PoW（Proof-of-Work）算法最早于 20 世纪 90 年代被提出，它的基本思路是，用"工作量证明"的方式来避免类似于 DoS 的攻击。其基本原理是用高"工作量"提高作恶的成本，从而达到规避恶意节点破坏的目的。PoW 算法的一般过程如图 2-4 所示。首先客户端要进行复杂运算完成"解题"，然后把计算结果连同指令请求一起发送给服务器，在服务器端对计算结果进行验证，如果验证通过，则服务器接受指令请求，否则拒绝。为了便于实现，这类算法都有一个显著特点："工作量证明"的计算过程很复杂，但是校验过程非常简单快速。例如，我们假设要求是"对信息序列增补随机数后再进行哈希函数运算，其输出结果以特定字符串开头"。该题目的结果是很容易检验的，只需要用序列计算哈希，验证是否以特定字符串开头即可。但是从函数的输入端来说，需要大量地尝试可能的随机数序列，才能得到满足题目要求的结果，这意味着很大的工作量。

PoW 共识机制的一个例子是 HashCash 系统，该系统可以用来防止互联网上的恶意DoS 和垃圾信息攻击。简言之，HashCash 要求在电子邮件的消息头中增加一个哈希戳（HashCash stamp）。PoW 算法的另一个典型应用是比特币区块链系统。在比特币区块链系统中，得出"工作量证明"的过程通常被称为"挖矿"，后续章节将会详细介绍这一过程。

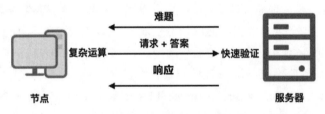

图 2-4　PoW 算法过程示意图

2.2.4　PoS 算法

PoS（Proof-of-Stake）的特点是将所持有"权益"作为选择下一个区块记账节点的标准。在加密数字货币系统中，权益一般对应的就是数字货币本身。PoS 机制最早在 2012 年运用于 Peercoin 系统，后来该机制的各种演化版本也应用于 BlackCoin、Nxt 和以太坊等区块链系统中。形象地说，哪个节点拥有的数字货币更多或持有时间更长，就提高它的优先级，让它能更容易地成为记账节点。

在不同的系统中，PoS 的具体形式可能不一样。例如，前面提到的 Peercoin 系统基本是在比特币区块链的 PoW 基础上做了改变，在每个节点求解复杂数据运算时引入不同的权值（有关比特币区块链的具体原理，可参见后续章节），使得特定节点的计算复杂度与它持有的虚拟货币数量和时间成反比。以太坊中的 Casper 共识机制也基于 PoS 原理。和前文中的 PoW 相比，PoS 计算量较小。但也有观点认为，PoS 算法中节点的作恶成本过低，不能够像 PoW 那样完全基于计算复杂度这种更绝对的指标来执行共识决策。在以太坊区块链系统中采用的 PoS 引入了"保证金"的概念。首先，所有验证者节点要锁定其拥有的一部分以太坊虚拟货币作为保证金，付出保证金后才有资格做新区块验证和投票。然后，验证者节点都可以验证节点，当发现新区块并验证其合法后，可以投票。如果所投票的区块被选中添加到区块链，验证者可以获得和投票成比例的奖励。该机制也规定，如果验证者向错误的分支投票，保证金将会被罚没。

在 PoS 的基础上，又进一步演化出了 DPoS 算法。其基本思路是，从所有网络节点中预先选择固定数量的节点来构成区块链验证者节点子集，仅在这个子集中选择验证节点对新区块进行验证。本质上，DPoS 进一步向 CAP 原理描述的"可用性"进行了倾斜。DPoS 还有助于缓解 PoW 和 PoS 中固有的"算力"或"财力"过于集中而导致权力集中的问题。

第 3 章 *Chapter 3*

密码学探秘

众所周知，密码学原理是区块链技术的核心支柱，但很多读者在面对密码算法时，总会感觉力不从心。究其原因，密码学原理背后多是复杂的数学理论，而现有的文献和资料大都用严密的数学语言去讲述，自然会比较繁复，这给技术开发者的学习带来了很大的挑战。在本章后续内容中，笔者试图以简明的语言介绍密码学的基本原理，兼顾数学理论和工程意义，使技术开发者对这些看似高深的算法做到"知其然也知其所以然"。下面让我们共同踏上密码学的探秘之旅吧！

3.1 密码学基础知识

3.1.1 加解密的一般过程

在信息系统中，恶意窃听和攻击的威胁从未间断。加密的目的是让明文转化成密文，通过密文方式发送信息可以防止明文信息被获取。

为方便后续讨论，我们先建立一套标准的语言体系。通常情况下，可将整个过程划分为信息加密、信道和信息解密三个阶段。如图 3-1 所示，按照常见的提法，将信息的发送方和接收方分别称为 Alice 和 Bob，而将信道中潜在的恶意方称为 Carl。

Alice 加密的过程是：

$$s = e(m, k_1)$$

其中，$e(x, y)$ 是加密函数，k_1 是加密密钥，m 和 s 分别是明文和密文。

Bob 解密的过程是：

$$m = d(s, k_1)$$

其中，$d(x,y)$ 是解密函数，k_2 是解密密钥。我们用不同的符号表示加密和解密密钥，是因为在许多加密算法中，这两个密钥是不相同的。

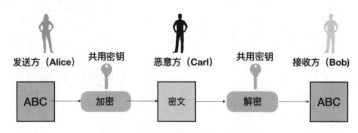

图 3-1　加密和解密的一般过程

Carl 总会尝试破解上述过程。他的目的是获取当前乃至之后的所有原文，手段是找到加密算法和密钥。Carl 可能采用以下多种方式发起攻击。

❏ 唯密文攻击：Carl 只获得了密文 s。

❏ 已知明文攻击：Carl 获得了某一份密文 s 及其对应的明文 m。

❏ 选择明文攻击：Carl 有机会接触加密设备，他可以获得任意明文 m 对应的密文 s。

❏ 选择密文攻击：Carl 有机会接触解密设备，他可以获得任意密文 s 对应的明文 m。

显然，这些攻击的强度是递增的。一般考虑较多的是前两种场景。Carl 执行上述攻击的前提是他知道 Alice 和 Bob 采用的是哪种加密算法。这个假设是否合理呢？密码学理论研究中有一个被广泛认同的 Kerckhoffs 原则。Kerckhoffs 原则指出，在设计密码算法时不能够假设 Carl 不知道加密算法。换个角度讲，由于系统设计者无法确保 Carl 对加密算法并不知情（有各种因素会导致消息泄露），因此从安全性的角度考虑必须假设"敌人知道系统"。美国科学家香农在 20 世纪中叶也独立地论证了这一理论。密码分析是密码学的一个子学科，它研究上述各种情况下破解一套密码算法的方法及计算难度。密码算法设计和密码分析是"矛"和"盾"的关系，它们其实是相辅相成的。

3.1.2　密码学发展历程

加密技术的应用可以追溯到数千年前的军事活动。我国周朝兵书《六韬》中就有用不同长短的"符"及其组合表示信息的记录。古希腊城邦的战争中，也有使用简单密码保护军事情报的记录。在"二战"中，美军对日军的密码破译成为左右太平洋战争战局的关键点。特别是 20 世纪的后几十年中，密码学经历了日新月异的发展。

人们一般将密码技术的发展历程大致划分为三个阶段。

第一个阶段的密码技术主要是简单的古典密码，如移位码和仿射密码等。这类密码通常基于简单的经验设计或代数设计。人们常将这个阶段的密码算法称为"古典"密码算法或"经典"密码算法。

第二阶段开启的标志是在 1949 年，Claude Elwood Shannon 发表了具有广泛影响力的学术论文 "Communication Theory of Secrecy Systems"。Shannon（香农）生于 1916 年，曾获得麻省理工学院博士学位，他的主要研究成果都在麻省理工学院和贝尔实验室完成。香农启发人们基于信息和编码理论研究密码，真正意义上将密码研究带入了"密码学"的学科研究时代。

第三个阶段的标志是非对称加密技术的发源。1976 年，Whitfield Diffie 与 Martin Hellman 发表的论文 "New Directions in Cryptography" 给出了一种新的思路：加密和解密可以使用不同的函数及密钥，规避了使用同一密钥时密钥本身的泄密问题。后来，一些专家和学者基于这一全新思路构建了许多非对称加密算法。非对称加密技术是诸多互联网安全协议的重要技术基础，为互联网应用的迅猛发展提供了安全保障。Whitfield 和 Martin 由于在密码学方面做出了卓越贡献而荣获 2015 年的 ACM 图灵奖。

3.1.3 密码算法的分类

常见的密码算法分类方式如表 3-1 所示。

表 3-1 密码算法的分类

分类方式	分类名称	主要特征	代表性算法
密钥异同	对称加密	加密和解密密钥相同	古典密码、DES、AES
	非对称加密	加密和解密密钥不同	RSA、ElGamal、椭圆曲线等
处理方式	流密码	用密钥流对原文信息逐位加密	部分古典密码
	分组密码	对原文信息进行分组，逐组加密	DES、AES

根据算法和密钥的异同，可以将密码算法分为对称加密和非对称加密两类。在对称加密中，加密和解密函数在形态或原理上非常相似，而且加密和解密过程中使用的密钥 k_1 和 k_2 是相同的。可以将图 3-1 形象地看作：Alice 将信息存入一个密码箱并加锁，而 Bob 得到同一个密码箱，并用复制的钥匙打开密码箱获得信息。

对称加密算法面临着两个挑战。第一，如何保护密钥的安全？密钥不能和信息在同一信道上进行传输，需另外开辟一条安全通道。第二，在实际应用中，如何规避通信双方之间的欺诈？例如，若 Alice 是采购方，Bob 是供应商，Alice 将加密后的订单发给 Bob 作为采购需求发起的标志。由于 Alice 和 Bob 都知道密钥，Bob 可以伪装订单信息，或者 Alice 可以称某个真实订单是由 Bob 伪造的。非对称加密中的加密和解密使用不同的密钥（$k_1 \neq k_2$），可以很好地解决类似问题。在非对称加密算法中，一般将加密密钥 k_1 称为公钥，而将解密密钥 k_2 称为私钥（注意这并不是绝对的）。

非对称加密算法一般有两个基本要求：第一，通过公钥不能够轻易推算出私钥；第二，利用公钥不可能进行解密计算。在后续章节中，我们会进一步理解其中的奥妙。

根据对信息序列的计算处理方式，可以将密码算法分为分组密码和流密码两类。分组密码一般是将原文序列 m 划分为若干个分组，即每个分组是一定长度的信息块。各信息块再通过相同或不同的密钥分别进行加密，称为密文序列。在接收端，解密函数对各信息块分别进行解密，然后重构原文序列 m。一般情况下，单个信息块的长度要兼顾计算复杂度和加密算法的安全性来选取。流密码对原文序列 m 中的单个比特进行加密操作。首先采用一定的方法产生和原文序列 m 等长的密钥序列 k，然后利用密钥序列中相应位置的密钥逐位对原文序列信息位进行加密。流密码的安全性主要依赖于所采用的密钥序列，一般情况下基于长的伪随机序列或递归的方式来构建。

3.1.4 基础理论简析

密码学基础理论中涉及的代数、信息论等原理比较繁复，为达到深入浅出的目的，本节只对其中的精要进行概述。在不影响读者理解后续密码算法的前提下，我们并不试图涵盖所有理论细节。

1. 密码学的数学定义

首先，现代密码学的发端是将密码算法的研究表述为数学问题，并利用诸多数学原理去分析和设计。一般来说，密码学的研究课题是构建一个五元组：

$$\{M, S, K, E, D\}$$

其中，M 是明文空间，它代表全体明文构成的集合；S 和 K 分别是密文和密钥空间；E 和 D 分别是加密算法和解密算法构成的集合。E 中包含一系列可能的加密变化，其中任意一个加密变化都可将 M 中的一个元素换算为 S 中的一个元素；集合 D 中则包含一系列的解密变化，完成和集合 E 相反的映射。在下文中，在不特别指出时，我们将用大写字母代表空间或集合，用小写字母代表集合中的某个元素。

基于此，一个密码体制成立的条件是：对于任意 $m \in M$，都有 $e \in E$、$d \in D$、$k \in K$，以及 $s \in S$，且满足：

$$s = e\,(m, k)$$

以及

$$m = d\,(s, k)$$

以上就是密码体制的数学定义。根据 Kerckhoffs 原则，Carl 可能知道 Alice 和 Bob 所采用的密码体制，但是并不知道密钥。Alice 和 Bob 可以事先约定一个密钥 $k \in K$。由于密钥空间 K 足够大，Carl 不可能轻易地破解 Alice 和 Bob 使用的是密钥空间中的哪个密钥。我们还可以看出，一个密码体制成立的必要条件是加密函数 e 必须是一个一对一映射函数，否则会出现一个密文 s 可能对应多个原文 m 的情况，导致 Bob 在解密的时候不可避免地出现歧义。此外，还要注意，一些情况下密钥 k 可以是一个加、解密的密钥对：

$$k = \{k_e, k_d\}$$

两个密钥对应于加密和解密过程中采用的不同密钥。

2. 香农信息理论

美国科学家香农的主要研究工作完成于 20 世纪中叶，他是信息论和编码理论领域的奠基人，他的研究为现代密码学理论打下了坚实的基础。

香农在 1949 年发表了论文 "Communicaiton Theory of Secrecy Systems"，率先用信息论的相关数学模型来研究加密系统。他的论述在数十年后才开始产生广泛影响。正是在香农理论的启发之下，1976 年，Diffie 和 Hellman 提出了新的思路，将密码算法带向了公钥加密方向。

香农的信息论原理的内容非常多，可作为一门专门的学科进行学习，我们下面做一下密码学方向的初探。香农信息论的研究框架是三段论。

❑ Step 1：将通信过程建模成一个数学模型，信源、信道和信宿都可以建模成随机过程；
❑ Step 2：利用概率论、信息论的数学工具研究上述过程，摸清统计特性和各种规律；
❑ Step 3：找到通信中各种算法的理论界限，提出设计的指导思路。

密码学中的加密、攻击和解密等也可以用上述过程来建模。香农首先建议以"信息熵"为基本度量来研究 $\{M,S,K,E,D\}$ 等各个集合的统计特性。"熵"原本是一个热力学概念，后被香农引入了信息理论中。以密钥空间 K 为例，假设 K 包含 n 个元素 $\{k_1,k_2,\cdots,k_n\}$，且任一元素 k_i 被使用的概率为 $\Pr(k_i)$，则空间 K 的熵可以表示为：

$$H(K) = -\sum_{i=1}^{n} \Pr(k_i) \times \log_2[\Pr(k_i)]$$

很容易看出，$H(K)$ 是一个用密钥空间 K 中各个元素出现的概率来加权求和一系列变量的结果，且这一系列变量的大小和该元素出现概率的大小成反比。这些变量可以被不甚严格地理解为"信息量"，比如 1 个等概率取值 0 或 1 的随机数，其任一取值的信息量恰好为 1，那么由于 0 和 1 出现的概率都是 50%，因此加权求和得到的信息熵为 1 位。那么，$H(K)$ 衡量的是什么呢？可以想象，当密钥空间 K 中的元素越多时，可能性就越大，则 $H(K)$ 的值也越大。$H(K)$ 衡量的就是密钥空间中包含的不确定性，其值越大，说明密钥空间不确定性越大。反过来，如果密钥空间只有一个元素 k_1，那么 $\Pr(k_1)=1$，则 $H(K)=0$。显然，这样的密钥空间是没有实际意义的。

香农还建立了用"熵"的模型判断加密体制的方式。根据他的理论可以得出：

$$H(K/S) = H(K) + H(M) - H(S)$$

这里 $H(K/S)$，即"条件熵"，是一个非常有价值的变量。它衡量的是 Carl 已知密文 S 后，对于密钥 K 还有多少不确定性。如果说 $H(K/S)=0$，说明已知 S 时 K 就没有额外不确定性了，这说明 Carl 很容易从 S 中猜出 K，加密体制设计失败。反之，$H(K/S)$ 越大，系统越安全。还有一个启发，假设明文和密文空间一样大，且明文和密文中的元素都是等概率出现、充分随机的，那么 $H(M)$ 和 $H(S)$ 相等，这时密钥空间越大，即 $H(K)$ 越大，密码体制越安全。有了这些数学工具，人们在面对一种新的算法时就可以有的放矢地进行分析了。

以这些理论为基础，香农进一步提出了若干密码算法设计的概念，如表 3-2 所示。

表 3-2　密码算法设计的概念

概念名称	描述
组合（Combine）	将简单的密码系统进行组合，构建出更复杂、更安全的密码系统。组合方式有加法和乘法两种
扩散（Diffusion）	将明文和密钥尽可能地分散到多个密文中，隐藏明文和密文中潜在的统计特性
混淆（Confusion）	尽量消除密文和密钥与明文的相关性，以呈现随机化的特征

我们在后续章节中会反复看到，现代密码学体制会贯彻这些思想，充分地将明文、密钥进行扩散和混淆。在分组密码中，我们也会看到利用多轮迭代来构造出乘积密码的结构，从而增强加密算法安全性的例子。

密码学研究的课题是对明文、密文、密钥集合以及加密和解密变换集合的研究，因此密码学理论中贯穿着集合的概念。为了更好地理解密码学算法，要进行一些必要的知识准备。我们对于集合并不陌生，如整数、实数、素数（又称质数）等都是集合。由于计算机处理的特性，在密码学算法中主要考虑整数集合 Z 的子集，即由一部分特殊性质的整数构成的集合。群、环和域就是由一系列的筛选规则来定义的。

我们理解这些知识的思路是，首先定义集合上最基本的数学运算，然后基于这些基本运算理解重要的群、环和域的概念。

基本的数学运算包含模加法和模乘法两种，它们和一般加法、乘法的区别是，模加和模乘的结果是将一般加法、乘法的结果再做模运算得到的余数。例如，在一个集合 $Z_6=\{0,1,2,3,4,5\}$ 中做模加和模乘的计算如下：

$$（3+4）\bmod 5 = 2$$

以及

$$（2\times 3）\bmod 5 = 1$$

有了这些基本运算，就可以定义几个基本的集合概念。这些重要的概念如表 3-3 所示。

表 3-3　几个重要的集合概念

名称	描述
群	对加、乘等二元运算满足"四条性质"的集合。如加法群、乘法群等
环	同时满足若干乘法和加法性质的交换群
域	非零元素有乘法逆元的环
循环群	群中有一个元素 g，使得群中所有元素都是 g 的乘方

让我们从"群"的概念开始。首先要理解群的概念是基于某个集合和某个运算来说的，例如某个群 G 对于模和运算构成加法群。如果集合 G 对某种数学运算满足以下四个性质，则称集合 G 是一个加法群。

❑ 封闭性：任何 G 中的两个元素 a 和 b 的模和 $(a+b)$ 的结果仍是 G 的元素。

❑ 结合律：$(a+b)+c = a+(b+c)$。

❑ 单位元：存在 u，使得 $a+u=a$，$u+a=a$；对于加法来说，有 $u=0$。

❑ 逆元：存在 b，使得 $a+b=0$；b 称为 a 的加法逆元，或者说 $b=a^{-1}$。

以上这些性质很容易理解。还可以验证：一个基本的整数集 $Z_m=\{0,1,\cdots,m-1\}$ 就是一个"加法群"。显然，集合 Z_m 乘法不构成群，因为不满足逆元存在的要求。如果集合 G 在满足上述条件的基础上进一步满足交换律，则我们称它为"交换群"或"阿贝尔群"。

如果上述交换群 G 再增加一些关于乘法的性质，就可以得到"环"的概念。具体地说，如果交换群 G 满足对乘法的结合律、封闭性、单位元，并且满足乘法和加法的分配律，那么将集合 G 称为一个"环"；如果 G 进一步满足乘法的交换律，就构成"交换环"。

如果在上述条件的基础上，G 进一步满足以下条件，则称 G 为一个"域"：对任何 G 中的元素 a，如果 $a \neq 0$，均能找到 a 的乘法逆元 $b=a^{-1}$，使得 $a \times b = b \times a = 1$。

简而言之，如果在环 G 中非零元素 a 都能找到乘法逆元，则 G 构成一个"域"。我们所熟知的实数、有理数等集合，对一般意义的加法和乘法来说都构成域。如果某个域所包含的元素个数有限，则称其为"有限域"。

另一个重要概念是"循环群"：如果一个群 G 中可以找到一个元素 g，使得 G 中任意元素都是 g 的乘方，那么 G 是一个循环群，而 g 是 G 的一个生成元或本原元。

为什么要理解这些看上去较为复杂的集合概念呢？我们已经知道，密码学研究的课题就是对明文、密文、密钥等集合 $\{M,S,K,E,D\}$ 进行选择。在选择这些集合时，需要利用群、环和域的一些性质，并且我们也需要理解各种加密、解密运算是如何作用于这些集合的。所以，花些时间理解这些集合的概念和相应运算的性质是有必要的。

至此我们简要了解了群、环和域的概念，也认识了乘法逆、循环群及其生成元。在后续密码学算法的介绍中，我们还会反复接触这些基本概念。

3.2 公钥密码体制

前述算法面临着一个共同的挑战，即密钥的泄露问题。在系统设计中，需要考虑传输密钥的安全通道，这本身又是一个加密系统。为了避免陷入这种循环嵌套的难题，现代密码学走出了"公钥"密码体制的新方向。自 1976 年 Whitfield Diffie 与 Martin Hellman 提出理论方向后，公钥加密算法的研究已经持续了数十年。表 3-4 归纳了目前常见的公钥加密算法的主要技术方向。

对于一个隐秘的私钥 k_s，公钥加密算法的一般要求是：

❑ Bob 很容易验证某个特定的 k_m 是否和 k_s "匹配"，若能匹配，则令 k_m 为公钥；

❑ Alice 很容易用公钥 k_m 来加密明文；

❑ Bob 很容易用私钥来 k_s 解密文；

❑ Carl 无法用公钥 k_m 来解密文，且无法从 k_m 中推算出 k_s。

表 3-4 公钥加密算法的主要技术方向

技术方向	概念描述	实例
整数分解	基于大整数分解的数学难题构建公钥和私钥	RSA 算法
离散对数	基于离散对数的数学难题构建公钥和私钥	ElGamal 算法
椭圆曲线	基于椭圆曲线上的加法运算回溯难题构建公钥和私钥	椭圆曲线算法

公钥加密算法的核心是构建一个"数学难题",使得人们很难从公开的 k_m 推算出 k_s,但是可以很容易地验证某个特定 k_m 是否和 k_s 匹配。所谓"匹配",即满足"公钥加密,私钥解密"的过程。为了方便理解,我们可以简称上述密钥的特征为"易验证,难推算"。由于"易验证",Bob 可以随机选择一个私钥并快速找到能匹配的公钥。由于"难推算",在图 3-2 中,Carl 即使得知了公钥,也无法计算私钥。

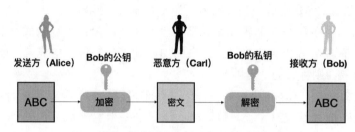

图 3-2 使用公 / 私钥进行加密和解密的过程

3.2.1 RSA 算法

RSA 是由罗纳德·李维斯特(Ron Rivest)、阿迪·萨莫尔(Adi Shamir)和伦纳德·阿德曼(Leonard Adleman)在 1977 年共同提出的,并由此三人的名字命名。该算法是具有代表性的基于大整数分解的非对称加密算法。下面通过两部分了解 RSA 算法:公、私钥参数生成以及加、解密过程。

RSA 的公、私钥参数生成过程如下。

❑ Step 1:选择大素数 p 和 q。然后根据 p 和 q 直接计算 n 以及 $\phi(n)$,满足 $n=pq$,且 $\phi(n)=(p-1)(q-1)$。

❑ Step 2:随机选择公钥 t,使得 t 和 $\phi(n)$ 的最大公约数为 1,且 $t<\phi(n)$。

❑ Step 3:计算 t 的乘法逆元 h,满足 $t \times h \bmod \phi(n)=1$。

上述结果中,$\{p,q,h\}$ 为私钥,$\{n,t\}$ 为公钥。生成参数之后,就可以进行相应的加、解密操作了。加、解密的过程如下。

❑ Step 1:Bob 计算 RSA 密钥参数,并将公钥 $\{n,t\}$ 公开发布,将私钥 $\{p,q,h\}$ 本地保存。

❑ Step 2:Alice 知道公钥 $\{n,t\}$,利用函数 $s=m^t \bmod n$ 对原文 m 进行加密。

❑ Step 3:Bob 得到密文 s,并利用私钥 $\{p,q,h\}$ 对密文进行解密,计算函数为 $m=s^h \bmod n$。

上述所有计算过程都是在集合 $Z_n=\{0,1,\cdots,n-1\}$ 中完成的。这些过程看上去复杂，不禁让人产生疑问：为什么这些参数和运算可以将明文加密再恢复成密文呢？我们不妨对该过程进行简单的推导。由于参数生成的过程中有 $t \times h \bmod \phi(n)=1$，显然

$$(m^t)^h \bmod n = m^{a \times \phi(n)+1} \bmod n$$

这里 a 为整数。如果加密过程能恢复出明文 m，需要有 $m^{a \times \phi(n)} \bmod n=1$。大家可以了解 $m^{\phi(n)} \bmod n=1$ 这个结论是成立的。而且，当 m 和 n 的最大公约数为 1 时，这个结论是数论中非常著名的"欧拉定理"；当 m 和 n 的最大公约数不为 1 时，由于 n 是两个素数 p 和 q 的乘积，我们可以把 m 表示为 p 或 q 的倍数，那么 $m^{\phi(n)} \bmod n=1$ 这个结论也比较容易验证，在此不展开具体证明。

以上是 RSA 算法的密钥生成和加、解密的基本过程。下面对 RSA 背后的数学原理做一些解释。

❏ 在参数生成的过程中，再一次用到了乘法逆的概念。我们已经知道，t 的乘法逆 h 存在的充分必要条件是 t 和 $\phi(n)$ 的最大公约数为 1。

❏ 如果 Carl 能很容易地把公钥 n 分解且得到 $n=p \times q$，并计算 $\phi(n)$，就可以像 Bob 一样计算出私钥 $\{p,q,h\}$。但在实际中，这是不可能的。其原理在于大整数 n 的素数分解一直是世界级的数学难题。以目前的研究进展来看，长度为 1024 位的大整数是无法破解的。

❏ 当 Bob 试图生成公、私钥参数时，由于他也无法解决上述难题，不可能先随机找到一个大整数 n 再做素数分解。可行的方法是，Bob 先找到两个比较大的素数 p 和 q，然后用它们来计算 n 和 $\phi(n)$。这里就涉及数论中的另一个经典问题，即素性检测。目前的 RSA 算法实现常选取 512 位的 p 和 q、1024 位的 n。幸运的是，对于这种数量级来说，随机生成一个整数且刚好为素数的概率约为几百分之一。Bob 完全可以随机生成 p 和 q，然后判断它们是否为素数。这种操作的复杂度是可以接受的。目前，比较常见的素性检测算法有费马检测、Miller-Rabin 检测和 Solovay-Strassen 检测等，这些算法都是比较高效的。

❏ Bob 在得到 n 和 $\phi(n)$ 后，还需要能快速计算出和 $\phi(n)$ 互素的整数 t，以及 t 的乘法逆 h，这可以用欧几里得算法高效实现。

RSA 算法要求将明文 m 也表示成大整数，即 $m \in Z_n$。如果原文信息 m 太长，超出了 RSA 算法的要求，可以先对原文进行分块，再对每一块执行 RSA 加密。

3.2.2 ElGamal 算法

ElGamal 算法的过程分为三个步骤：第一步，Bob 基于某个数学难题构造私钥和公钥参数，并将公钥公布，私钥自存；第二步，Alice 根据公钥生成密文，并将密文发送给 Bob；第三步，Bob 利用私钥对密文解密。

大家会发现上述过程和 RSA 并无二致，因为这正是非对称加密的一般框架。但是，

ElGamal 算法和 RSA 算法到底有哪些区别呢？简要地说，区别主要有以下两个方面。第一，算法基于的数学难题不同，RSA 的基础是大整数的素数分解，而 ElGamal 算法是基于离散对数问题构建的。第二，加密和解密的计算过程也不同，在 ElGamal 算法中 Alice 除了用公钥对明文进行加密之外，还利用自己秘密生成的一个随机数生成一个随机密码，并将该随机密码和密文一起发给 Bob，Bob 利用私钥、随机密码和密文恢复明文。下面对这两个方面进行详细的介绍。

Bob 生成密钥参数的操作有以下几步：

❑ Step 1：找到一个大素数 p。

❑ Step 2：基于 p，满足一定条件的整数 α，以及另一个整数 t；其中 t 需要满足 $2 \leq t \leq p-2$。

❑ Step 3：计算 $\beta = \alpha^t \bmod p$。

上述过程中，参数 $\{\alpha, \beta, p\}$ 为公钥，t 为私钥。

Alice 利用公钥参数加密的步骤如下：

❑ Step 1：选择秘密的随机数 i，满足 $2 \leq i \leq p-2$。

❑ Step 2：计算随机密码 $k_a = \alpha^i \bmod p$。

❑ Step 3：用公钥对明文 m 进行加密得到密文 s，即 $s = m \times \beta^i \bmod p$。

❑ Step 4：将随机密码 k_a 和密文 s 都发送给 Bob。

Bob 利用私钥参数进行解密的过程较简单，其计算方法如下：

$$m = s \times [(k_a)^t]^{-1} \bmod p$$

从表面的数学形式来看，上述过程非常容易推导，其核心是 $\beta = \alpha^t \bmod p$。但实际上，上述过程中参数 $\{\alpha, \beta, p\}$ 以及 i 的选择都有一定的限制条件，其背后有着比较丰富的数论原理。下面我们试图以比较简明的语言来解释 ElGamal 算法涉及的数论知识。

通常情况下，上述 ElGamal 算法的运算都发生在一个特殊的整数集合 Z_p^* 中。Z_p^* 表示所有小于 p 且和 p 最小公约数为 1 的整数所构成的集合。

我们需要了解，集合 Z_p^* 有以下两个重要的性质。

❑ 该集合中任意一个元素都有乘法逆，即对任意 $u \in Z_p^*$ 都有 $u^{-1} \in Z_p^*$。这确保了加密和解密算法中的求逆运算有效。

❑ 该集合中可以找到 α，使得集合中任何一个元素都可以用 α 的幂来表示。这种情况下，称 α 为该集合的生成元。这个性质就使得以 α 为根来构造离散对数问题比较简单。

在数论中，有经典算法可以帮助我们根据 p 和 Z_p^* 快速找到适合的 α。除此之外，算法中的乘法、求幂和求逆都是比较简单的操作。

至此，我们便可更加形象地理解 ElGamal 算法的原理了。简单地说，由于 Z_p^* 的特殊构造，集合中所有元素都可以表示为 α 的幂，当然 β 也可以表示成 α 的 t 次幂。由于 β 很大，

以 α 底来求解其对数很难，因此只有 Bob 知道私钥 t，其他人只知道公钥 $\{\alpha,\beta,p\}$。剩下的过程非常简单：Alice 利用 β^i 对明文进行加权，而 Bob 用 $[(k^a)^t]^{-1}$ 去除加权效果。因为：

$$\beta^i \times [(k_a)^t]^{-1} = [(\beta/\alpha^t)^i] = 1$$

在后续讨论中可以看到，ElGamal 利用的离散对数问题也是数学难题，利用穷举或通用算法破解离散对数的计算复杂度非常高。并且，和 RSA 算法相比，ElGamal 具有概率的特征，由于 Alice 选择随机密码 i 时有不确定性，对于相同的明文 m_1 和 m_2，加密的密文是不同的。由于 i 也是在一个很大的集合中随机选择的，这显著增加了穷举型破解方式的计算复杂度。

3.2.3　椭圆曲线算法

ElGamal 算法的思路可以从 Z_p^* 中推广到其他类型的群。椭圆曲线加密算法就是一个很好的例子。椭圆曲线算法于 20 世纪 80 年代被提出，稍晚于 RSA 和 ElGamal 算法。在相同密钥长度的情况下，攻击椭圆曲线算法的计算复杂度远高于 RSA 和 ElGamal 算法。而且，一般情况下椭圆曲线算法的计算复杂度也较低。但是，椭圆曲线的数学原理比之前提到的大整数分解、离散对数等都更复杂。在下面的篇幅中，我们试图以较为简明的语言阐述其基本原理。

在代数中常用方程式来定义曲线，例如直线、圆周和抛物线等。椭圆曲线也一样，它由一个二元方程来定义。

为了构建加密算法，我们先要在椭圆曲线上构建数学运算，这就是椭圆曲线上的"加法"。这里的加法运算和简单的加法或模和是完全不同的。从几何的角度来看，椭圆曲线上两个点 $\{P, Q\}$ 的加法 $P+Q$ 过程等效为定位一个点 U，使得 U 是" P 和 Q 点连线的延长线与曲线的交点的 x 轴对称点"。

依此类推，可继续利用 P 和 $2P$ 在椭圆曲线上定位 $3P$ 这个点。通过合理地构造椭圆曲线，我们可以保证在 n 足够大的时候，nP 总是曲线上的某个点。这里又一次用到了"生成元"的概念。在一定条件下，椭圆曲线上所有的点都可以用 P 的多次"加法"来得到。

于是，引申出椭圆曲线加密中用到的数学难题，即：

给定两个点 P 和 Q，若已知 $P=nQ$，求 n。

由于 n 足够大，通过 P 和 Q 求解 n 是很困难的。Bob 确定椭圆曲线上的某个点 G，然后根据一个秘密的随机数 k 来计算出 $F=kG$，其中 $\{G,F\}$ 为公钥，k 为私钥。

然后是基于上述密钥的加密和解密过程。现简要介绍如下。

当 Alice 得到公钥后，分两个步骤构建密文。

❏ Step 1：找出一个随机数 r，然后在椭圆曲线上找到 rG；

❏ Step 2：用公钥加密明文 m，即 $s=m+rF$。Alice 把两部分密文 $\{rG, s\}$ 一并发给 Bob。

Bob 解密的过程比较简单。当 Bob 收到密文后，利用私钥和两部分密文进行运算，计算方式为：

$$m = s - krG$$

由于 $krG = rF$，所以很容易验证上述加密、解密过程成立。

实际上，上述算法的几何意义非常容易理解。Bob 生成私钥的过程，就是利用点 G 和随机选择的秘密参数 k 来找到点 F。Alice 利用 rF 加法操作将明文对应点在椭圆曲线上搬运到密文对应的点，然后 Bob 利用 krG 加法操作把密文映射回明文。

研究表明，当椭圆曲线的参数 p 很大时，从 G 和 F 来推算 k 是非常困难的。例如，如果 p 是一个 200 位的数，那么椭圆曲线上可能的点的数量级是 2^{160}。在这样一个巨大的集合中，在椭圆曲线上回溯 k 基本是不可能做到的。但是反过来，如果已知 n，则有快速算法可以直接由 P 求出 Q。这和公钥加密算法中"易验证，难推算"的精神是一致的。

3.2.4 公钥密码的安全性分析

RSA 算法的核心是大整数分解。在过去数十年中，许多学者对该难题进行了研究，提出了诸如二次筛选法、椭圆曲线算法、数域筛选法等一系列的算法，在这个方向上做出了一些成绩。但是，从 20 世纪 90 年代至今，算法或架构上并没有跨越性的新突破。这是 RSA 算法成立的重要基础。在花费大量财力和物力、组织大规模计算能力的前提下，目前已有学者提出可以分解 512 位甚至是 768 位长度的大整数。有研究表明，分解算法每十年约能多提升 100 位的分解长度。到目前为止，分解 1024 位乃至更大的整数在工程实现上基本是不可能的。因此，RSA 一般选择 1024 或 2048 位的大整数长度。

ElGamal 利用的离散对数问题也是数学难题。如果在集合 Z_p 中遍历地寻找密钥 d，其复杂度为 2^p。ElGamal 算法一般选择 p 为 1024 位或 2048 位，这意味着暴力破解基本是不可能的。离散对数也有相应的通用算法，例如 Shanks 算法和 Pohling-Hellman 算法等。研究表明，这些算法的计算复杂度不低于 $2^{(p/2)}$。

在密钥长度相同的情况下，椭圆曲线的破解是最困难的。椭圆曲线的基本运算（求"和"是在曲线上做点的映射）比 RSA 和 ElGamal 复杂得多，因此一般认为密钥长度为 160 位的椭圆曲线算法和密钥长度为 1024 位的 RSA/ElGamal 算法安全性相当。实际中，常用的椭圆曲线算法密钥长度为 256 位。

3.3 数字签名

现实生活中，我们常用签名来验证某个文件或许可的授权者。签名的动作是授权，验证笔迹的过程是确认签名的真实性。在多种信息系统中，我们也会用到相似的数字签名方案。

签名方案一般包括签名和认证两个算法。下面依然以 Alice 和 Bob 的交互为例来说明。

假设 Bob 要发给 Alice 一条信息 m，而且两人希望建立一套机制，帮助 Alice 在收到信息时能验证这条信息是否真的来自于 Bob，而不是 Carl 伪造出来的。算法的基本过程如下。

- ❑ Step 1：Bob 生成私钥 k_r 和公钥 k_p 等参数，并将公钥 k_p 公开。
- ❑ Step 2：Bob 利用私钥 k_r 为信息 m 生成签名 s，生成签名后的数据为 $\{m,s\}$，并将该数据发送给 Alice。
- ❑ Step 3：Alice 利用公钥 k_p 对 $\{m,s\}$ 进行验证。如果验证通过，则确认该条信息来自 Bob，反之则否认。

可以看到，数字签名方案背后的基本原理和非对称密码算法是相似的，但似乎公钥和私钥的使用过程反过来了。下面简要介绍哈希函数和几种常见的数字签名算法。

3.3.1 哈希函数

实际中，信息 m 可能很长，直接对 m 进行签名是低效的。一般的方法是先为信息 m 生成"摘要"，然后对摘要进行签名，这并不影响签名的安全性。哈希函数就是生成数字摘要的有效手段。

哈希函数的计算过程可用 $y=h(x)$ 表示。x 是原始信息，y 是 x 的短摘要。哈希函数有几个重要特点。第一，它是单向的，即只能由 x 求解 y，而不能轻易用 y 反推 x。第二，它要抗碰撞，即在计算上很难找到两个不同的原始消息 x_1 和 x_2，使它们的摘要相等，即 $h(x_1)=h(x_2)$。

最常见的哈希函数有 MD5 和 SHA-1 算法。它们的哈希摘要长度不同，SHA-1 算法的哈希摘要长度为 160，而 MD5 算法的摘要长度为 128。

1979 年，Merkle 提出了一种统一的哈希函数构造。该构造中，消息 m 被划分为若干等份，然后迭代式地运用一个压缩函数 f 对每一块进行处理，最终得出摘要。这个过程如图 3-3 所示。

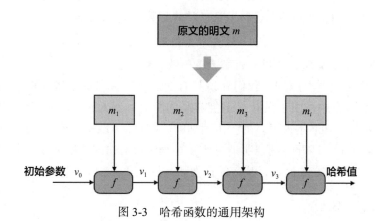

图 3-3　哈希函数的通用架构

MD5 函数和 SHA-1 函数都采用上述通用架构。

MD5 将原文消息划分为长度为 512 比特的等份。由于原文消息的长度是任意的,在 MD5 算法的开始阶段首先要对消息进行填充,使得它恰好为 512 的整数倍。对每一个 512 长度的分块,按照通用架构的过程,利用函数 f_{MD5} 进行迭代式的处理。f_{MD5} 函数的内部结构也是迭代的,它包含 64 步操作,主要由逻辑与、或、异或和否等运算组成,中间结果保存在 4 个 32 位的寄存器中,非常便于计算机实现。上述两个层次的迭代和多种逻辑运算,使得 MD5 输出的 128 位摘要值的每一位都和输入消息 m 的每一位相关,充分地混淆和扩散了数据。由于具有这样的效果,因此人们也将哈希函数称为"散列"函数。

SHA-1 算法对原始信息的分块预处理、整体的运算架构和 MD5 算法并无重大区别。但在每一轮迭代的压缩函数 f_{SHA-1} 比 MD5 算法设计更精妙。SHA-1 算法中的每个数据块要经过 80 轮的运算,每一轮计算的中间结果保存在 5 个 32 位的寄存器中。进一步来说,在每一轮运算中,f_{SHA-1} 引入了可变的运算子函数和加法常量,冗余度和复杂性都比 MD5 更高。SHA-1 的哈希摘要长度比 MD5 长 32 位,因此一般认为 SHA-1 的抗攻击性稍高,但是其计算复杂度也更高一些。

一般认为,摘要长度越长,哈希函数的安全性越高。在 SHA-1 之后,美国标准局又引入了 SHA-256、SHA-384 和 SHA-512,进一步扩展了摘要长度。

3.3.2 RSA 签名

我们已经学习过 RSA 非对称加密算法。RSA 签名方案就是基于该算法构建的,其过程如下。

❑ Bob 计算密钥参数:$\{p,q,h\}$ 为私钥,$\{n,t\}$ 为公钥。将公钥发送给 Alice。

❑ 假设原始信息 m 的摘要为 x,Bob 利用签名函数对 x 进行签名,生成 y。计算函数如下:

$$y=x^h \bmod n$$

然后,Bob 将信息和签名数据发给 Alice。

❑ Alice 利用公钥参数对签名进行验证。计算函数如下:

$$x^v=y^t \bmod n$$

如果 $x^v=x \bmod n$,则验证通过;否则验证失败。

基于 RSA 算法的数学原理,我们知道只有通过私钥签名的函数才能够被公钥参数验证。在 RSA 签名方案中,由于只有 Bob 拥有私钥参数,当 Alice 验证签名成功后,就可以直接确定该签名来自 Bob 本人了。另一个附加的功能是,Alice 也可以验证原始信息 m 和 x 的匹配性,如果 m 和 x 匹配,则证明消息传输过程中没有遗漏。RSA 签名算法一般选择参数 n 的长度为 1024 或 2048 比特,签名的长度和 n 相同。

3.3.3 ElGamal 签名

ElGamal 数字签名方案的过程和 RSA 签名方案相似,但采用的参数和签名函数不同。

回顾 ElGamal 加密算法，密钥参数中 $\{\alpha,\beta,p\}$ 为公钥，d 为私钥。Bob 签名的计算过程如下。选择一个临时的随机密钥 w，满足 $w<=p-2$，且 w 和 $p-1$ 的最大公约数为 1。计算：

$r=\alpha^w \bmod p$

以及

$s=(x-dr)\ w^{-1} \bmod p-1$。

上述计算中的 $\{r,s\}$ 即为签名的结果。

Alice 利用公钥参数对签名进行验证，其过程如下。计算：

$$t=\beta^r \times r^s \bmod p$$

如果 $t=\alpha^x \bmod p$ 则验证通过；否则验证失败。

ElGamal 签名方案的证明过程不像 RSA 方案那么直接，需要利用数论中的费马小定理，在这里不做叙述。一般情况下，选择 ElGamal 数字签名算法参数 p 的长度为 1024 或更大。由于输出为 $\{r,s\}$，因此该算法的签名长度是原文摘要长度的三倍。

3.3.4 DSA

DSA 的中文全称是"数字签名算法"，是美国政府 1994 年颁布的签名标准，它的应用范围远比 RSA 和 ElGamal 签名方案广泛。和其他签名算法一样，它包括密钥参数生成、签名和验证等几部分。下面对该算法进行简述。

DSA 的密钥参数生成分为以下几个步骤：

❏ Step 1：找到一个长度为 1024 比特的素数 p。

❏ Step 2：找到长度位 160 比特的 q，使得 q 为素数且被 $p-1$ 整除。

❏ Step 3：找到集合 Z_p^* 的本原元 α。

❏ Step 4：随机选择整数 d，使得 $0<d<q$。计算 $\beta=\alpha^d \bmod p$。

上述过程中，$\{p,q,\alpha,\beta\}$ 为公钥，d 为私钥。

Bob 签名的计算过程如下：

❏ Step 1：随机选择整数 $0<t<q$。

❏ Step 2：计算：$r=(\alpha^t \bmod p)\ \bmod q$ 以及 $s=[SHA(x)+dr] \times t^{-1})\bmod q$。

这里 $SHA(x)$ 表示进行 SHA-1 计算，输出的是 160 比特的摘要信息；上述过程中，$\{r,s\}$ 即为签名信息。

Alice 验证的计算过程如下：

❏ Step 1：计算 $w=s^{-1} \bmod q$。

❏ Step 2：计算 $u_1=w \times SHA(x) \bmod q$，以及 $u_2=w \times r \bmod q$。

❏ Step 3：计算 $v=(\alpha^{u_1} \times \beta^{u_2} \bmod p)\bmod q$。

❏ Step 4：进行验证，如果 $v=r \bmod q$，则通过，否则不通过。

上述计算过程看似复杂，实际上和 ElGamal 加密算法的数学过程相似，其核心是 Bob

所选择的随机整数 t，以及 Alice 所计算的辅助变量 u_1 和 u_2 满足如下关系：

$t = u_1 + du_2 \bmod q$。

所以验证函数就是验证 v 和 r 是否模相等。当 ElGamal 签名方案选取参数 p 的长度为 1024 时，其签名长度也为 1024。通过一些对算法的改变，DSA 算法的签名长度减少为 320 比特。出于算法安全性的考虑，除 p 为 1024 比特长度外，还可以选择 p 长度为 2048 或 3072，分别给出长度为 448 或 512 比特的签名。

3.3.5 椭圆曲线 DSA

由于椭圆曲线在密钥长度和安全性方面具有优势，美国政府在 1998 年将椭圆曲线 DSA 写入标准。椭圆曲线 DSA 算法的过程和前述 DSA 算法基本相同，其签名也由一对整数 (r,s) 构成，其差别在于计算过程是基于椭圆曲线进行的。为方便起见，下面仅对差别部分进行描述。

在算法中，B 和 A 都是椭圆曲线上的点，且 $B=mA$。我们已经知道，椭圆曲线上的数学难题是已知 B 和 A，很难找到 m。因此，m 是私钥，椭圆曲线采用的其他参数都是公钥。

在签名的过程中，Bob 选择一个随机数 k，使得 $1 \leqslant k \leqslant q-1$，然后找到曲线上点 kA 的坐标 (u,v)。Bob 很容易通过坐标 (u,v) 确定签名 $\{r,s\}$，即：

$$r=u \bmod q$$

以及

$$s=k^{-1}[SHA(x)+mr] \bmod q$$

验证的过程中，Alice 计算：

$$w=s^{-1} \bmod q$$

$$i=w \times SHA(x) \bmod q$$

$$j=w \times r \bmod q$$

如果 Alice 计算点 $F=iA+jB$ 的横坐标 u 满足 $u \bmod q = r$，则通过验证；否则不通过。

3.3.6 数字签名方案的安全性分析

在本章各方案中，RSA 目前运用最为广泛。ElGamal 方案是 DSA 的基础。椭圆曲线和 DSA 的区别是把运算转移到椭圆曲线上。

如果 Carl 能够破解 RSA、ElGamal 等非对称加密的密钥，当然也可以破解相应的数字签名方案。我们知道，为了保障 RSA 算法的安全，也就是确保大整数分解是计算困难的，至少要保证密钥长度为 1024 比特或更大。ElGamal 的离散对数难题也要求 p 的长度至少为 1024 比特。根据理论分析，当 p 为 1024 比特时，Carl 至少要执行 2^{80} 次运算才可能破解离散对数难题。我们将这称为"80 位"的安全性。椭圆曲线的安全性明显更优。密钥长度为 192 或 256 比特的椭圆曲线加密方案，就可以获得等同于 1024 或 3072 比特的 DSA 算法安全性能。

　　数字签名虽然可以验证信息是否来自 Bob，但是无法保护明文消息。Carl 知道公钥参数，也可以验证签名并获得全部明文消息。因此在实际中，Bob 在对消息的摘要进行签名后，需要再用 Alice 的公钥对消息进行加密得到密文；Alice 接收信息后先用自己的私钥解密得到原文，然后利用 Bob 的公钥进行签名认证。整个流程如图 3-4 所示。

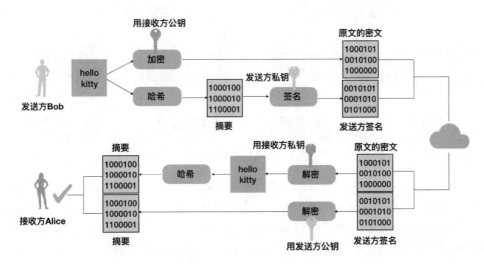

图 3-4　非对称加密和数字签名

　　数字签名还面临一个挑战。如果 Carl 冒充 Bob 的身份，用自己的公钥顶替 Bob 的公钥，那么 Alice 依然可以收到 Carl 的签名信息，并通过验证，因为 Carl 采用的也将会是合法的数字签名算法。为了规避这种情况，在实际应用中又有了"证书"的概念，它引入可信的第三方，对 Bob 的公钥正确性提供流程和算法上的保障。

3.4　区块链中的密码学算法

　　哈希函数、非对称加密和数字签名等在区块链系统中都有较广泛的应用。在比特币区块链中，哈希函数 SHA-256 用于计算区块头和交易数据的哈希摘要。并且，我们知道比特币区块链中采用的 PoW 共识机制也采用"寻找一定前缀的哈希值"作为数学难题。以太坊中采用的哈希算法是 SHA-3 的变种。

　　哈希函数的另一个应用是 Merkle 树，这种树形结构能够高效地验证数据是否曾被篡改。例如，在比特币区块链系统中每一个区块的 Header 中都包含 Merkle 根，其计算方法就是用 Merkle 树的结构，基于该区块涉及的所有交易数据计算"组合"哈希。Merkle 根的计算过程示意图如图 3-5 所示，主要使用 SHA-256 算法。在比特币区块链中，每向区块数据中添加一笔新交易，都会引起 Merkle 计算过程的变化。Merkle 树对数据完整性的检验高效、快捷。

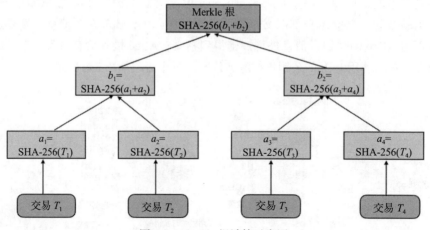

图 3-5　Merkle 根计算示意图

公钥加密体制应用于区块链系统的最典型案例是椭圆曲线算法。在比特币区块链系统中采用的是经典的 Secp256k1 椭圆曲线。比特币钱包地址生成的过程分为几步。客户端首先用一个随机数生成私钥，然后将私钥用椭圆曲线 Secp256k1 进行加密得到公钥，最后利用公钥的哈希计算钱包地址。这样通过钱包地址是很难反推用户私钥的。

3.5　密码学新纪元

3.5.1　同态加密技术

同态加密是现代密码学发展的新分支。所谓"同态"，笼统地说是指将密文进行一系列数学运算然后再解密所得的结果，跟对明文进行同样的数学运算所得的结果一致。在现代信息系统中，同态加密有很多的应用场景，简述如下。

❑ 密文检索：当数据以加密形式存放在服务器端时，如果用户想对数据进行全文检索，一种直接的方式是将数据解密后发给用户，用户利用传统的索引和查表算法进行检索。这种方法既不安全，效率也低。在加密算法具备同态特性时，用户可以将需要检索的关键词加密后发给服务器，服务器直接利用密文进行相应的检索操作，并将密文的检索结果返回给用户。

❑ 可信云计算：在金融、医疗等行业中，通常需要对大规模的数据进行计算处理。用户在本地无法完成的大型计算分析任务，可以提交给云端进行处理。但是，多数行业的数据都会涉及隐私保护，例如病人的基因数据、商户的账单数据等。在这类场景中，用户可以先将数据进行加密，然后将密文提交到云服务器。云服务器对密文数据进行相关处理运算，将结果返回给用户。在同态的前提下，用户将运算结果解密，也可以得到相同的处理效果。

❑ 电子投票：在电子投票中，要兼顾公正性和隐秘性。为了保护隐私，每个投票者的投票数据需要先用公钥加密成密文，再提交给统计方。如果统计方只负责计票而并不掌握私钥，那么他只能对各个投票者提交的密文进行叠加计票处理，然后将一系列密文的运算结果反馈给数据的最终审核方。最终审核方已知私钥，可以将密文数据解密。在同态的前提下，上述过程和直接对明文进行计票处理的结果是一致的，不会影响投票的公平性。

从广义上讲，如果函数 f 作用于明文 m 后再加密的结果 $e[f(m)]$ 等于直接作用于密文的结果 $f[e(m)]$，则称这种效果为同态。当 f 是加法或乘法时，如果以上过程成立，则表示加密函数 $e(x)$ 是加同态的或乘同态的。举例来说，RSA 加密算法显然是乘同态的，因为其加密函数是密文的幂，两个密文相乘的幂和各自求幂之后再相乘的结果是相等的；此外，前文介绍过的移位密码等线性操作加密函数都是加同态的。如果函数 $e(x)$ 既满足加同态也满足乘同态，则称它是全同态加密函数。对于全同态加密来说，对于由多个加、乘组合而成的混合运算，也能达到同态的效果。

图 3-6 形象地展现了同态加密的效果。函数 f 对数据的处理如同是在看不见的黑箱中对数据进行操作，但是操作人只能进行运算，看不到原始数据，这样既完成了操作的效果，也保障了信息的安全性。

图 3-6 同态加密的示意图

同态加密的概念早在 20 世纪 70 年代就被提出，但是之后的 20 余年一直没有非常系统地发展。直到 2009 年，IBM 的密码学专家 Craig Gentry 的开创性研究才将全同态加密算法研究带入了新的阶段。Gentry 在 2009 年发表的论文 "Fully Homomorphic Encryption Using Ideal Latices" 中提出了基于"理想格"的全同态加密体质。Gentry 采用了一种分步构造的方式，先找到一个部分同态的体制，然后利用类似于叠加公钥、密钥空间映射的方式找到满足要求的全同态体制。Gentry 的第一代全同态加密方法的复杂度较高，密钥占用的存储空间过大，因此许多学者在此基础上继续研究性能更优的体制。2010 年 Dijk 等学者将 Gentry 的研究拓展到了整数的全同态加密体制，类似于我们之前了解过的大整数分解难题，但算法的复杂度还是较高。后续的研究方向集中在如何突破 Gentry 所提出的基本思路，找到更高效、更能应用于实际的算法。例如，Brakerski 等学者在 2012 年提出了基于 Learning With Errors（LWE）困难问题构建的同态加密方案，探索了抛弃理想格难题以及 Gentry 最初的分布构建框架；Gentry 在 2013 年提出了基于"近似特征向量"构建加密方案的新思路。

虽然目前同态加密算法实现还较为复杂、在应用中还主要处于探索阶段，但随着越来越多学者和专家的关注，它将会不断走向成熟并得到广泛应用。

3.5.2 抗量子攻击密码

由于密钥空间是有限的，只要运算时间足够，最终都能找到真实的密钥并破解算法。目前所讨论的密码算法的安全性都是构建在"计算安全"的基础上的。但是，一些具有前瞻性的科学家已经指出了这其中蕴含的风险。1994 年，美国贝尔实验室的学者 Shor 指出，利用量子计算机能够在短时间内破解大整数分解的数学难题。这预示着，如果量子计算成为现实，大整数分解、离散对数乃至椭圆曲线等数学难题都不再"计算安全"。量子计算距离我们是否遥远？

常见的计算机算法都是基于二进制构建的，因为 1 比特的单位信息只有 0 和 1 两种状态。以二进制为基础的存储和运算，构成了现有算法的基本单元。在前述章节中，我们也以二进制为基础来分析密钥长度、破解复杂度等。在量子计算的世界里，故事完全不同。量子计算基于量子力学的机理，通过量子信息单元的状态变化实现信息的存储和运算。这种情况下，突破原有数字逻辑中 0 和 1 的两态限制成为可能。简言之，量子力学中的"量子比特"允许存在叠加态，其效果是将二进制中的每一个比特升维成 n 个量子比特，从而指数级地增加存储和运算能力。当然，将理论的可能性转化为计算机工程实践，还有很长的路要走。但一如既往地，创新的脚步只会加速。在 Shor 的研究基础上，人们开始加速推进量子计算机的研发和量子计算的具体算法。2011 年，加拿大量子计算公司 D-Wave 发布了全球第一款商用量子计算机。近年来，全球诸多的研究机构和企业开始了对量子计算机和量子计算方法的探索。2015 年，美国 NSA 正式发布了向抗量子密码算法迁移的通告；2016 年 8 月 16 号，中国的量子科学实验卫星"墨子号"在酒泉卫星发射中心成功发射。这些标志性事件似乎向全世界宣告量子计算时代即将到来。

在量子计算来势汹汹的背景下，抗量子攻击密码算法的研究得到了许多关注。

抗量子攻击密码主要有四个技术方向，即基于哈希的密码体制、基于编码的密码体制、基于多变量的密码体制和基于格的密码体制。基于哈希的密码体制，其理论基础是哈希函数的碰撞性，该研究方向的主要课题是优化哈希签名的长度和算法的运行速度。基于编码的密码体制的主要框架由 McEliece 在 1978 年提出，它的基础是通信领域中常见的信道编码。该方向的基本思路是将明文看作一个编码的输入，然后给明文码字引入随机的错误 e，然后将解密的过程建模为译码过程。基于编码的密码体制所遇到的主要挑战是公钥尺寸大、运算复杂度过高，这也是该方向未来的研究重点。基于多变量的密码体制近年来受到的关注较多。这类密码的数学基础是求解有限域上随机的非线性多变量方程组是困难的。这一类体制由于在有限域上进行运算，所以计算复杂度不高，但是随着变量数量的增加，密钥长度也会快速提高。基于格的密码体制是最重要、最有潜力的技术方向之一，目前没有算法可以借助量子计算对其格上的"最短向量"和"最近向量"困难问题进行求解。

诚然，上述密码体质都面临各自的难题和挑战，包括密码系统本身的完善、加/解密算法、签名算法和密钥管理等，也需要不断探索更短的密钥和更高效的计算。幸运的是，世界范围内许多主流的研究和标准化组织，以及知名企业都在积极开展抗量子攻击密码方面的研究探索。国际密码逻辑研究联合会在 2006 年就举办了以"后量子"时代的密码学为主体的国际会议，覆盖了后续各个主要的学术分支。欧洲电信标准化协会（ETSI）从 2013 年也开始组织该方向的专题会议和论坛。我国在 2016 年召开了首届亚洲抗量子密码论坛。预计以后抗量子攻击密码将会得到更多关注，进而实现技术上的快速发展。

区块链核心技术最佳实践——比特币

区块链本质上是一个基于 P2P（Peer-to-Peer，点对点）网络的分布式大账本，也是比特币系统的底层支撑技术。区块链的产生和发展离不开比特币，比特币是迄今为止商业上最成功的区块链落地项目。相对于后续的其他区块链变种，如以太坊、超级账本 Fabric 和 Quorum 等，比特币区块链从技术上和共识机制上来讲，可以说是最精炼、最纯粹的区块链。在有效地学习 Quorum 之前，先系统地学习一下比特币区块链。

本章将基于比特币系统，深入探讨区块链的基本概念、运行原理、安全机制、扩容及侧链技术。

4.1　比特币要解决的问题

比特币系统在 2009 年 1 月 3 日上线运行，在 18:15:05 UTC 时间产生了第一个区块，中本聪在这个区块里面留下了这样一句话：

The Times 03/Jan/2009 Chancellor on brink of second bailout for banks。

这句话来自当天英国泰晤士报头版的文章标题——财政大臣正站在第二轮救助银行业的边缘，当时正处于 2008 年金融危机，如图 4-1 所示。

比特币的出现和当时的时代背景有密切关系，2008 年美联储推出了大规模的"量化宽松"政策，华尔街的金融杠杆和相关的衍生品多如牛毛，货币超发，催生了房地产巨大的泡沫，进而引发了美国次贷危机，并最终导致了全球金融危机。

当时，一个名叫中本聪的人对中央银行非常不满，在 2009 年 2 月 11 日，中本聪在 P2P Foundation 网站中公开发布比特币开源代码 v0.1 和白皮书时谈到："我开发了一个新的开源的 P2P 电子现金系统，叫作比特币。它完全是去中心的，没有中央服务器或信赖的第三方，因为所有的一切都建立在密码学证明的基础上，而不是依赖于信任。传统货币最根本的问题正是源自维持它运转所需的东西——信任。中央银行必须让人们信任它不会让货币贬值，但是从历史上看法币充满了对这种信任的背叛。银行必须让人们信任它将保管并电子化地流转我们的金钱，但他们却在只缴纳很少保证金的制度下把大笔金钱在一轮轮的信贷泡沫中借贷出去。我们必须以我们的隐私为代价被动地相信银行，相信他们不会让窃贼盗用我们的账户……"。

图 4-1　2019 年 1 月 3 日英国泰晤士报头版

从中本聪的言论中可以看出，他在建立比特币之初最主要有三个目标：一个目标是建立一个去除中心化的交易系统，使两个交易个体不用依赖第三方的信任背书，直接进行点对点的交易；第二个目标是防止货币超发及通货膨胀；第三个目标是保护个人在资产交易中的隐私。

4.2　技术解决方案

中本聪在建立去中心化的方案中使用了分布式的账本数据库，在网络结构上使用了 P2P 网络模型。每个网络节点都维护一份完整的比特币交易账本，账本的每一页以区块（block）的形式来表现，将区块与区块之间首尾相连，形成一条单向链表，通过引用前一个区块的头部数据的哈希值作为链接指针，区块里存储了比特币交易记录和所存储交易的哈希值所形成的树状结构——Merkle Tree，保障了区块中每个交易的记录和区块间的链接都无法被篡改。

为了防止货币超发和通货膨胀，中本聪在比特币系统上线之初就设定好总的货币发行量，共计发行 2100 万枚，且永不超发。对于比特币系统的任何重大改进和发布，都需先经由比特币社区提议，然后由比特币核心开发团队开发测试，并由所有维护网络节点的"矿工"（矿工是对维护并生成区块的人的昵称）进行投票，只有达到一定的投票通过比例才能对比特币系统软件进行发布和更新。比特币社区、核心开发团队和矿工中任何一方都没有权利独自决定对比特币系统进行修改和发布，这使得任何个人或组织都无法通过篡改比特币系统代码来实施超发货币等扰乱比特币金融系统的行为。中本聪还引入了 PoW（Proof-of-Work，工作量证明）的"挖矿"机制，根据特定算法，发行的货币量每 4 年递减一半，这种机制不但解决了比特币系统的运维，还解决了传统法定货币中新发行货币超发所造成的通货膨胀问题。

中本聪认为，随着互联网的发展，个人在逐步丧失资产、数据及个人身份信息等隐私权，这些隐私数据都被大型中心机构所控制。通过传统银行或第三方支付平台交易时，需要填写双方的个人信息，这些也极有可能被银行或第三方平台泄漏。在保护个人资产交易的隐私方面，中本聪的解决方案是基于非对称加密技术建立 UTXO（Unspent Transaction Output，未花费交易输出）模型，通过非对称加密技术生成公私钥对，对公钥的哈希值做处理后生成比特币地址（类似于银行账户卡号，用于接收付款）对外公布，私钥用作支付时对 UTXO 的交易签名（类似于银行账户密码，用于付款）。交易前后除了公钥和私钥之外，完全不需要填写其他个人信息，用户只需要保护好自己的私钥就可以进行交易，不会泄露任何的个人信息，极大程度上保护了个人隐私。

4.3　P2P 网络

P2P 网络又称为对等网络，如图 4-2 所示，其特点是网络中每个节点之间的关系都处于对等地位，每个节点功能相同，没有主从之分，与相邻节点直连并形成一个巨大的网络，共享网络上的内容资源，每个网络节点既是内容资源的提供者（Server，服务器），同时又是内容资源的索取者（Client，客户端）。

在传统的 CS（Client-Server）架构中，一台服务器或服务集群服务所有的客户请求，比如当我们浏览网页的时候，浏览器就是一个客

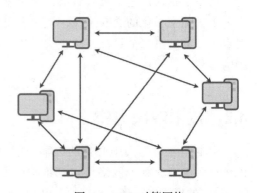

图 4-2　P2P 对等网络

户端，通过点击某个图片链接来向 Web 服务器发送请求，服务器收到请求后将相应的图片发送给客户端。这种架构有个弱点，即一旦服务器由于某种原因无法响应请求，比如被恶意 DDoS（Distributed Denial of Service，分布式拒绝服务）攻击，整个服务就瘫痪了。

而在对等网络中，节点可以直接向相邻节点进行文件的检索、下载和上传，同时也为相邻节点提供相应的服务。对等网络中的每个节点都是服务器，天生具有抗攻击、高容错的优点，相对于中心化的架构，对等网络中的服务器数量是中心化网络架构的成千上万倍，因此对 P2P 进行有效的 DDoS 攻击是很难的，除非对所有节点进行攻击。这也正是迄今为止比特币系统运行超过 11 年，历经全球黑客对系统进行各种攻击，系统却从来没有出现过瘫痪的原因。

采用中央服务器的方式，当出现用户并发访问量大的时候，下载速度会变得很慢。而 P2P 网络恰好相反，在线的节点越多，上传下载的速度反而越快，对等网络能很好地解决高并发问题，也可有效地利用各种闲置的计算和存储资源。

比特币网络中某个节点保持完整的区块链数据，能够独立校验新的交易，并实时更新或添加新的区块，这样的节点被称为"全节点"。在比特币区块链中每个全节点都是平等的，每个全节点所存储的区块内容也都是一致的，当有新的区块生成时节点之间会实时同步更新。我们之前说的大账本，就是被保存在全节点上的这些比特币记录交易。除全节点之外，还有一些节点被称为"轻节点"，轻节点只存储区块链中每个区块的头部，它们借助全节点所提供的信息来完成交易验证，在后续的轻钱包章节会详细讨论相关内容。

4.4　账本——区块链

我们可以简单地把区块链看成一个会计账本，每一个区块链全节点都是一个记账员，大家都在记录和维护一个一模一样的账本（ledger）。记账员各自把接收到的交易信息进行验证，然后把验证通过后的合法交易信息共享给邻近的节点。同时，这些记账员也会把合法交易记录按照规定的格式写在一个新的区块中，存储在本地节点，等抢夺到记账权以后再把存储在本地节点的区块发给邻近的节点，并把这个新区块添加到本地维护的区块链的链尾。其他节点收到这个新区块后先进行验证，验证通过后也同样把这个新区块添加到本地维护的区块链的链尾，如果验证不通过则放弃这个区块。

4.4.1　区块结构

比特币的所有信息，包括比特币的发行和交易记录都记录在一个个的区块里面，每个区块就像会计记账本里面的账页，每一页账页里都记录了新的交易信息，这里说的"新"并不是指新发生的交易，而是之前的账本中没有记录的交易，有很多在时间上先发生的交易被区块收录的时间要晚于后发生的交易，只要这两笔交易没有直接或间接关联就不会影响区块链系统的运行。

我们来看一下比特币区块的结构，如图 4-3 所示，区块由区块头（Header）和区块体（Body）两个部分组成，区块的头部封装了系统当前的版本号、前一个区块的哈希值、本区块所有交易的 Merkle 树根（Merkle Root）、时间戳、区块的难度目标值 Bits（挖矿的难度）和 Nonce 值。如同 TCP/IP 协议里的 payload，区块体内包含了实际的交易记录数据。比特币区块链系统规定区块内包含的第一条交易必须是 Coinbase 交易，Coinbase 是一笔特殊的交易，又叫"铸币交易"，是系统自动产生用于奖励矿工的交易，收款人为产生此区块的矿工，Coinbase 交易是比特币系统发行新比特币的唯一渠道。Coinbase 交易后面记录的是普通交易，普通交易是由比特币用户发起的转账交易，通常是由用户的比特币钱包软件生成发起的。

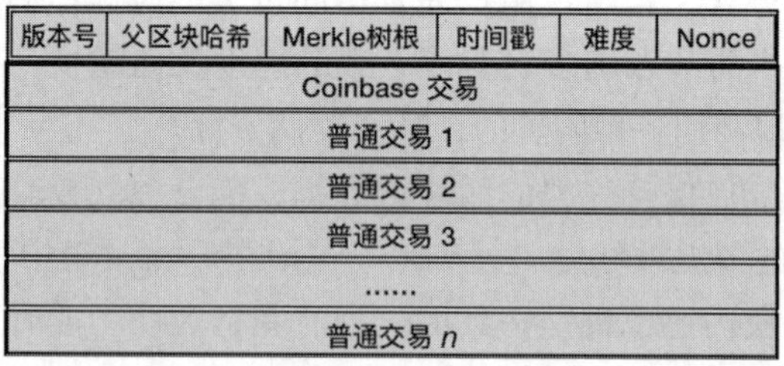

版本号	父区块哈希	Merkle树根	时间戳	难度	Nonce
Coinbase 交易					
普通交易 1					
普通交易 2					
普通交易 3					
……					
普通交易 n					

图 4-3　比特币区块结构

父区块哈希实际上存储的是前一个区块头部的哈希，是一个通过 SHA-256 算法对区块头部进行两次哈希计算而得到的数字指纹，而不是整个区块的哈希，这是为了减少运算量只计算了区块头部。当前区块头部的哈希值并没有被本区块存储，而是被存储在后一个区块的头部中，父区块哈希值就像 C/C++ 中的指针一样把区块串成一条链，一条单向无环的链式结构，后面的区块能回溯到前一个区块，但前面的区块没有后面区块的信息。

Merkle Root 是一个二叉树结构，是由本区块所记载的所有交易的哈希再层层做哈希所生成的，如果篡改某个区块中的交易记录，势必会造成 Merkle Root 的改变，鉴于哈希函数的特性，即使对源数据修改一个比特，修改后的哈希和原值的哈希值也是天壤之别。这样不仅会造成当前区块可能成为非法区块，还会造成后一个区块头部所存储的前区块哈希值和这个修改后的哈希值不一致而变成非法区块，然后依次类推，整条后续的区块链都是非法的。

为什么说当前被修改的区块有可能会成为非法的呢？原因是 Merkle Root 改变后会造成当前区块头部的哈希值变化，这个新的值大于、等于或小于难度所表示的难度目标值，如果改变后的头部哈希值小于难度目标值，那么这个区块倒可以蒙混过关，不过即使是基于当初中本聪设立的初始挖矿难度，改变区块数据大概率会造成区块变为非法区块的后果。

时间戳（Timestamp）记录的是从格林威治时间 1970 年 01 月 01 日 00 时 00 分 00 秒起到现在的总秒数，用以记录当前的时间，采用和 UNIX 时间戳一样的机制。在比特币系统中，获得记账权的节点在生成区块时需要填写当前时间，用以记录当前区块数据的写入时间。每一个后续区块的时间戳都要大于前一个区块时间戳，形成一个以时间为序列的链条，这就增强了区块链的防篡改和防伪造性，也为数据增加了时间的维度。

Nonce 是一个随机数，就是矿工为了争夺记账权而争相计算的一道题的答案，即俗称"挖矿"的计算结果。简单来讲，这道题就是把当前区块头部做哈希，所得的数值要小于难度目标值，如果没有满足要求，则这个区块不是一个合法区块，会被其他节点拒绝收录，因此矿工节点会不停地将不同的值填入 Nonce 字段来碰撞，关于难度目标值 Bits 和 Nonce 的内容，本章后面将详细介绍。

通过利用交易记录生成的 Merkle Root、区块头部哈希值作为链接的锚定物，再加上 Nonce 和难度值的组合，仅仅用 80 字节的数据就解决了区块以及整条链防篡改的问题，没有任何多余的东西在里面，设计非常精巧。比特币系统开放地运行了 11 年，迄今为止，比特币系统没有遭到任何有效的攻击，这也证明了比特币区块链设计的伟大之处。

```
class CBlockHeader
{
    public:

    // header
    int32_t nVersion;           // 版本号
    uint256 hashPrevBlock;      // 前一个区块的 hash
    uint256 hashMerkleRoot;     // 本区块交易的 Merkle Root
    uint32_t nTime;             // 时间戳
    uint32_t nBits;             // 难度目标值的 bits 格式
    uint32_t nNonce;            // 随机数
    ...
}
```

系统对所能记录的最大交易数量没有限制，但对区块的大小是有限制的，在"隔离见证"被比特币激活使用之前，一个区块总的大小不能超过 1MB，超过的话将会被其他节点拒绝，因此在有限的空间内每个区块所能记录的交易数量还是有限的。

从区块头部的数据结构，我们可以计算出区块头的大小一共只有 80 字节，比一个完整的区块所占空间要小得多。如果在移动设备上只存储区块头数据，根据头部 Merkle Root 的数据就可以判断某个交易是否存储在区块链上，这使得在存储空间有限的移动设备上进行比特币交易验证成为可能。

4.4.2　创世区块

比特币系统于 2009 年所产生第一个区块被称为"创世区块"（Genesis Block）。创世区块是所有区块的祖先，从任何一个比特币区块或其他从比特币区块链分叉出来的区块都可以回溯到创世区块。可以通过浏览器查看创始区块的内容：https://www.blockchain.com/btc/block/0，如图 4-4 所示。

虽然用区块头部的哈希值可以定位到一个区块，但比特币区块链往往用区块的"高度"

（Height）来定位一个区块，甚至用区块高度来代替时间点，比如在重大版本升级、社区投票以及区块链分叉时都会用区块高度来作为事件的触发点。

Summary	
Height	0 (Main chain)
Hash	000000000019d6689c085ae165831e934ff763ae46a2a6c172b3f1b60a8ce26f
Previous Block	0000000000000000000000000000000000000000000000000000000000000000
Next Blocks	00000000839a8e6886ab5951d76f411475428afc90947ee320161bbf18eb6048
Time	2009-01-03 18:15:05
Difficulty	1
Bits	486604799
Number Of Transactions	1
Output Total	50 BTC
Estimated Transaction Volume	0 BTC
Size	0.285 KB
Version	1
Merkle Root	4a5e1e4baab89f3a32518a88c31bc87f618f76673e2cc77ab2127b7afdeda33b
Nonce	2083236893
Block Reward	50 BTC
Transaction Fees	0 BTC

图 4-4 比特币系统第一个区块——创世区块

区块的高度从 0 开始计数，创世区块是第一个区块，因此区块链浏览器显示的 Height 值为 0。我们看到区块高度值 0 后面的括号里显示"Main chain"，Main chain 代表这是区块链的主链的区块，主链是相对于测试链（Testnet）和回归测试链（Regtest）来说的，Testnet 和 Regtest 都是用于开发测试的比特币网络，Testnet 用于公共测试网，Regtest 主要用于本地的调试。这两条链虽然也都有各自的比特币，但这些测试链的比特币是没有价值的，也没有交易所可以交换交易。如果想体验比特币的转账，又不想使用或没有条件获得比特币，可以通过一些发放 Testnet 比特币的网站来免费获取，在 Testnet 客户端中体验真实的比特币转账。笔者在调试比特币系统时曾在以下网站申请过测试网比特币，感兴趣的读者可以尝试：

https://testnet.manu.backend.hamburg/faucet

https://coinfaucet.eu/en/btc-testnet/

Hash 所对应的值是创世区块的头部哈希值：

000000000019d6689c085ae165831e934ff763ae46a2a6c172b3f1b60a8ce26f

比特币区块的数据结构里并没有 Hash 这个字段，浏览器里显示这个值是为了方便用户而加进去的，当系统在验证区块合法性的时候会用到并计算这个值，但并不会将其存储在系统里。

Previous Block 对应的是前一个区块的哈希值：

0000000000000000000000000000000000000000000000000000000000000000

我们看到了一段全零的值，这是因为创世区块是第一个区块，不存在前置区块，因此表示为全零。

Next Blocks 对应的是下一个区块的哈希值：

00000000839a8e6886ab5951d76f411475428afc90947ee320161bbf18eb6048

这个字段其实也没有在区块的数据结构中定义，和当前区块的哈希值一样，都是为了方便用户而特意加入的。

Time 对应的是时间戳，区块生成的时间，UNIX 时间戳转换后为 2009 年 01 月 03 日。

Difficulty 对应的是难度值，即挖矿的难易程度。这里的值为 1，对应的难度目标值为：

0x00000000FFFF0000000000000000000000000000000000000000000000000000

这个难度值和区块头部所包含的 nBits 字段（难度目标值的 Bits 格式）不是一个概念，这个难度值是一个比例的概念，中本聪在把创世区块的难度目标值的难度比例规定为 1。挖矿的难度值越大，所对应的难度目标值就越小，挖矿所需要的算力也就越大。

当前区块的难度值计算公式为：

$$创世区块难度目标值 / 当前区块难度目标值$$

Bits 所对应的是区块头部定义的 nBits 字段，是难度目标值的压缩格式，由系数和指数组成。这里显示的是十进制数值 486604799，其所对应的十六进制为 0x1D00FFFF，其中 0x1D 为指数，0x00FFFF 为系数，计算公式为

$$难度目标值 = 系数 \times 2^{(0x08 \times (指数 - 0x03))}$$

即 0x1D00FFFF 的难度目标值 $=0xFFFF \times 2^{(0x08 \times (0x1D - 0x03))}$。

Number Of Transactions 表示有多少交易被记录在本区块中。创世区块只有一个 Coinbase 交易，是系统发行新的比特币奖励给矿工的交易，因此这个值为 1。

Output Total 表示区块所记录的总的交易输出额，只有一个 Coinbase 奖励交易，金额为 50 BTC。比特币的奖励金额并不是一成不变的，基本上每隔 4 年奖励金额就会减半，在比特币系统上线的前 4 年中每个区块的奖励为 50 BTC，而到了 2013 年奖励降为 25 BTC，到了 2020 年就已经降为 6.25 BTC 了。照此下去，大约到 2040 年比特币总量 2100 万枚将被全部挖出。

Estimated Transaction Volume 表示除去系统奖励和给自己找零外，有多少是真正用于转移支付的比特币，由于是系统奖励，因此值为 0。

Size 表示区块的大小，这里是 0.285KB。

Version 表示当前系统的版本号。

Merkle Root 表示所有交易所构成的哈希二叉树根。

Nonce 表示挖矿的结果。

Block Reward 表示对矿工的奖励，当时的奖励是 50 个 BTC。

Transaction Fees 表示矿工收取的交易手续费。除了 Coinbase 交易之外没有其他交易，Coinbase 交易是不需要付矿工费的，因此这个区块的手续费为 0。

开头讲过，创世区块包含一个隐藏的信息，从源代码中可以看出创世区块的这个信息都被硬编码进比特币区块链系统中，src/chainparams.cpp 中的代码如下：

```
static CBlock CreateGenesisBlock(uint32_t nTime, uint32_t nNonce, uint32_t
nBits, int32_t nVersion, const CAmount& genesisReward)
{
const char* pszTimestamp = "The Times 03/Jan/2009 Chancellor on brink of second
bailout for banks";
const CScript genesisOutputScript = CScript() << ParseHex ("04678afdb0fe55482719
67f1a67130b7105cd6a828e03909a67962e0ea1f61deb649f6bc3f4cef38c4f35504e51ec112de5c384d
f7ba0b8d578a4c702b6bf11d5f") << OP_CHECKSIG;
return CreateGenesisBlock(pszTimestamp, genesisOutputScript, nTime, nNonce,
nBits, nVersion, genesisReward);
}
genesis = CreateGenesisBlock(1231006505, 2083236893, 0x1d00ffff, 1, 50 * COIN);
```

代码中显示 Nonce 的值 2083236893 也被硬编码进去了，所以严格来说创世区块不是被中本聪实时挖出来的，而是手工构造出来的。

4.4.3 区块的验证和链接

当一个节点成功地构造出一个新的候选区块（计算出了正确的 Nonce 随机数）后，节点会将这个候选区块在 P2P 网络中传播，每一个节点转发这个区块到其节点之前，会进行一系列的验证，没有通过验证的区块会被节点拒绝收录和传播。每个节点都将按照以下检查项对新区块进行验证：

❏ 检查区块头部，验证 PoW 的 Nonce 值是否符合难度值；

❏ 检查 Merkle 树根是否正确；

❏ 检查区块 Size 是否小于区块 Size 的上限；

❏ 第一笔交易必须是 Coinbase 交易，有且只能有一个 Coinbase 交易；

❏ 验证每个交易是否合法有效。

src/validation.cpp 中的区块验证代码如下：

```
bool CheckBlock(const CBlock& block, CValidationState& state, const
Consensus::Params& consensusParams, bool fCheckPOW, bool fCheckMerkleRoot)
{
if (!CheckBlockHeader(block, state, consensusParams, fCheckPOW))
return false;
```

```
// 验证 Merkle 根
if (fCheckMerkleRoot)
{
bool mutated;
uint256 hashMerkleRoot2 = BlockMerkleRoot(block, &mutated);
if (block.hashMerkleRoot != hashMerkleRoot2)
return state.DoS(100, false, REJECT_INVALID, "bad-txnmrklroot", true,
"hashMerkleRoot mismatch");
```

// 检查 Merkle 树的延展性 (CVE-2012-2459)：侦测即使在区块 Merkle 根没有被改变的情况下，如发现有重复的交易则依然拒绝该区块

```
if (mutated)
return state.DoS(100, false, REJECT_INVALID, "bad-txns-duplicate", true,
"duplicate transaction");
}
```

```
// Size 限制
if (block.vtx.empty() || block.vtx.size() * WITNESS_SCALE_FACTOR > MAX_BLOCK_
WEIGHT || ::GetSerializeSize(block, PROTOCOL_VERSION | SERIALIZE_TRANSACTION_NO_
WITNESS) * WITNESS_SCALE_FACTOR > MAX_BLOCK_WEIGHT)
return state.DoS(100, false, REJECT_INVALID, "bad-blk-length", false, "size
limits failed");
```

```
// 第一笔交易必须是 coinbase 交易，且其他位置不能是 coinbase 交易
if (block.vtx.empty() || !block.vtx[0]->IsCoinBase())
return state.DoS(100, false, REJECT_INVALID, "bad-cb-missing", false, "first tx
is not coinbase");
for (unsigned int i = 1; i < block.vtx.size(); i++)
if (block.vtx[i]->IsCoinBase())
return state.DoS(100, false, REJECT_INVALID, "bad-cb-multiple", false, "more
than one coinbase");
```

```
// 检查交易
for (const auto& tx : block.vtx)
if (!CheckTransaction(*tx, state, true))
return state.Invalid(false, state.GetRejectCode(), state.GetRejectReason(),
strprintf("Transaction check failed (tx hash %s) %s", tx->GetHash().ToString(),
state.GetDebugMessage()));
}
```

当区块通过验证后，节点把这个新区块转发给邻近节点，并把这个区块收录到本地存储中，区块的链接就算完成了。如果这个节点是一个挖矿节点，节点将基于这个新区块的头部哈希值重新构造新的区块，并基于新区块的数据信息开始新一轮的挖矿。

如果一个区块被拒绝，那么发起这个区块的矿工不但得不到任何奖励，还会损失挖矿所付出的电费以及硬件成本。比特币价格的逐步上涨将吸引更多的矿工加入，这会导致挖矿的难度和挖矿的成本增加，大大增加了矿工的"作恶"成本，所以矿工会严格按照系统的规定进行操作。比特币价格越坚挺，系统将越健壮，恶意节点也将越少。

4.5 比特币地址

我们进行银行转账的时候需要收款方的账号，比特币转账也需要一个类似于账号的转账地址——Bitcoin Address。比特币地址是一个由数字和字母组成的字符串，就像银行卡号一样，比特币地址可以放心地发送给任何人用于收款。"1Lsqcv4cg5zUctNi2qwNxMkrv1GeBboSUJ"这个地址据说就是曾经失联的某区块链著名人士的地址，在他失联后大家曾经一度非常担心他的人身安全，但后来在区块链上看到这个地址的频繁交易，大家也就放心了。

和传统银行账号不一样的是，比特币地址是不记名的，作为一个账号，它没有密码，但却比有密码的银行账号更安全，比特币系统上线运行了11年，没有哪个黑客能成功地对其暴力破解。比特币地址是由公钥经过哈希运算得到的，只有用与此公钥相对应的私钥才能花费该比特币地址上的钱。

4.5.1 比特币地址的生成过程

下面看一下生成比特币地址的过程，如图4-5所示。首先要随机生成一个私钥，再用Secp256k1椭圆曲线算法生成公钥，然后对公钥进行两次哈希运算，其目的是增加破解难度，第二次哈希用RIPEMD160是为了产生比SHA-256更短的值，RIPEMD160生成的哈希值是160比特，少于SHA-256的256比特，有效缩短了比特币地址的长度。然后对这个公钥哈希做两次SHA-256哈希，取哈希值前4个字节加到公钥哈希的后面，其目的是用于做Base58Check校验，可以便于发现输入错误的比特币地址，一个错误的比特币地址是致命的，比特币的转出一旦上链是不可逆的，转到错误的比特币地址就如同把比特币转入了一个黑洞，再没有人能够把这笔比特币转移出来。

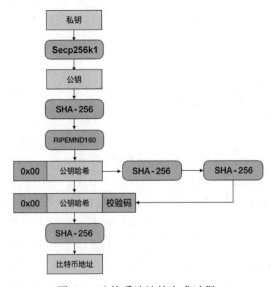

图4-5　比特币地址的生成过程

使用 Base58 的另一个好处是可以大大缩短比特币地址的长度，Base58 的 58 进制比 16 进制能产生更短的地址，并且去掉了容易混淆的 0（数字 0）、O（大写字母 o）、l（小写字母 L）、I（大写字母 i），以及 "+" 和 "/" 两个字符，如图 4-6 所示。

Value	Character	Value	Character	Value	Character	Value	Character
0	1	1	2	2	3	3	4
4	5	5	6	6	7	7	8
8	9	9	A	10	B	11	C
12	D	13	E	14	F	15	G
16	H	17	J	18	K	19	L
20	M	21	N	22	P	23	Q
24	R	25	S	26	T	27	U
28	V	29	W	30	X	31	Y
32	Z	33	a	34	b	35	c
36	d	37	e	38	f	39	g
40	h	41	i	42	j	43	k
44	m	45	n	46	o	47	p
48	q	49	r	50	s	51	t
52	u	53	v	54	w	55	x
56	y	57	z				

0123456789ABCDEFGHJKLMNOPQRSTUVWXYZabcdefghijkmnopqrstuvwxyz+/

图 4-6　Base58 编码表

最终，把合并后的公钥哈希及校验码用 Base58 进行编码，就形成了比特币的地址。我们可以把比特币地址看成是账号，把私钥看成是密码，当转账的时候，钱包 App 会用私钥签名的方式来解锁比特币地址所关联的比特币。

4.5.2　比特币公钥格式——压缩和非压缩

比特币公钥从格式上讲分为压缩格式和非压缩格式，非压缩格式的公钥是由椭圆曲线的 X 轴和 Y 轴的值所组成的，我们知道公钥是由私钥推导出来的，公钥是一个椭圆曲线上的点，由 X 轴和 Y 轴的值组成，椭圆曲线是一个数学方程，曲线上的每个点是该方程的一个解。当我们得到公钥的 X 轴坐标后，就可以通过解方程得到 Y 轴坐标值，因此只需存储公钥 X 轴坐标的值就可以了，从而将公钥的大小减少了 256 比特。

私钥：

DDB22D25DA187BC962E3B48C4630021C0D1B08C34858921BC7C662B228ACB7BA

根据私钥推导出 X 轴的值：

E9505DDA410906BD2008C2E43D3A7C950AAD99798DEF4479AB74B43CC39C8A9B

根据 *X* 轴可以推导出 *Y* 轴的值：

FB844C325889737EDFDE068920562A854F858C78E94B8004B96B76CA62985C49

非压缩格式公钥由 *X* 轴和 *Y* 轴的值合并组成，并在开头添加前缀 04：

04E9505DDA410906BD2008C2E43D3A7C950AAD99798DEF4479AB74B43CC39C8A9B FB844C3258897 37EDFDE068920562A854F858C78E94B8004B96B76CA62985C49

也许是中本聪当时疏忽或者对椭圆曲线没有那么精通，中本聪使用了由 *X* 轴和 *Y* 轴组成的完整公钥。由于交易的解锁脚本中包含公钥，相对于使用非压缩公钥，使用压缩公钥可以使每个区块包含更多的交易，也加快了交易的传播速度和交易速度。后来由于越来越多的人参与比特币的交易，比特币交易开始出现拥塞，于是人们对此进行了改进，增加了压缩公钥。为了区分压缩公钥和非压缩公钥，非压缩公钥以 04 开头，压缩公钥地址以 02 或 03 开头。

为什么压缩公钥会有两种不同的前缀呢？根据椭圆曲线方程对 *Y* 求解，得到的是一个平方根，平方根的值有正有负，如果我们不存储 *Y* 的坐标值，那么就需要把正负符号记录下来。当在素数 *p* 阶的有限域上进行二进制计算椭圆曲线时，*Y* 轴的值要么为偶数要么为奇数，正好对应于 *Y* 轴值的正负符号。因此，为了区分 *Y* 轴的值的正负，在生成压缩格式公钥时，如果 *Y* 轴值是偶数就添加 02 前缀，如果是奇数就添加 03 前缀。

压缩格式的公钥和非压缩格式的公钥生成的比特币地址是不同的，但不论哪种格式生成的比特币地址，它们所对应的私钥还是同一个。

4.5.3 比特币私钥导入的格式——WIF

压缩格式的公钥现在已经成为新钱包 App 的默认格式，用以生成更短的交易。由于并非所有钱包 App 都支持压缩格式的公钥，代表私钥格式的 WIF(Wallet Import Format) 钱包导入格式在新的钱包 App 中被处理的方式不同，用来表明该私钥被用来生成压缩的公钥和比特币地址。

WIF 是私钥的导入格式，私钥的原始长度是 256 比特，在导入时输错你是不会知道的，WIF 格式有内建的纠错机制和校验码，在导入时可以自动侦测到私钥错误。为了在使用和复制中不出错，后来新的钱包 App 都开始使用 WIF 格式，WIF 也经过了 Base58 编码，长度上也短了很多。

产生压缩格式公钥和比特币地址的私钥格式被称为"压缩格式私钥"，这个名字其实有些歧义，因为私钥是不能被压缩的，不但没有被压缩，反而比"非压缩格式的私钥"多了一个字节，这个多出来的字节是后缀 01，用以表示该私钥只用于生成压缩的公钥和比特币地址。

下面，在比特币客户端命令行输入一个原始私钥来看一下压缩格式和非压缩格式所产生的不同结果：

```
$ source ~/bitcoin.sh
$ newBitcoinKey
0xddb22d25da187bc962e3b48c4630021c0d1b08c34858921bc7c662b228acb7ba
```

产生如下输出：

```
Secret exponent:
0xDDB22D25DA187BC962E3B48C4630021C0D1B08C34858921BC7C662B228ACB7BA

Public key:
X:E9505DDA410906BD2008C2E43D3A7C950AAD99798DEF4479AB74B43CC39C8A9B
Y:FB844C325889737EDFDE068920562A854F858C78E94B8004B96B76CA62985C49

Compressed :
WIF: L4efAvNdGqTrzpK13L7ZE52RvxGLbE3ocXGx9TzaZLyRv7k6ngkg
Bitcoin address: 1BGShz3zwa1ewLme8VeUuqEP1ZA4WcnTAG

Uncompressed:
WIF:5KVvWSEWWsQJfvmQa9ryEqVRE8Y7hqGb89DgEFGmJkVeNAqvNiV
Bitcoin address: 16vKK1eEostt6pbKN4xG37AHBapBZ7Q5yQx
```

newBitcoinKey 命令后面是随机输入的私钥，Secret exponent 0xDDB22…B7BA 是原始私钥，除了生成公钥之外，系统还生成了两组 WIF 格式的私钥和相应的比特币地址。可以看到，第一组（Compressed）压缩的 WIF 格式的私钥比第二组（Uncompressed）未压缩 WIF 格式的私钥还要多一个字节，由于 WIF 是经过 Base58 编码后的，因此看不到被添加的 01 后缀。由于在私钥尾端添加了一个字节，导致 Base58 编码的第一个字符从 5 变成了 K 或 L，因此可以从私钥 WIF 导出格式上分辨出这个钱包 App 是否是一个较新的钱包。

4.5.4 生成自己的比特币地址

下面以 Mac 电脑为例生成自己的比特币地址。

从 https://github.com/grondilu/bitcoin-bash-tools/ 下载 bitcoin.sh：

```
$ bash -- version // 检查 bash 版本，如小于 4 则需要升级
$ brew update && brew install bash // 更新 brew 和 bash
$ sudo bash -c'echo /usr/local/bin/bash >> /etc/shells // 把新的 shell 添加到 shell 列表
$ chsh -s /usr/local/bin/bash  // 启用新的 shell
```

运行脚本，把私钥转换成比特币地址：

```
$ source ./bitcoin.sh    // 在你存储 bitcoin.sh 的目录运行
$ newBitcoinKey [0x 你的私钥]
```

4.6 比特币交易——Transaction

比特币区块的总大小为 1MB，除了区块头部的 80 字节之外，剩余的空间大都被交易记录占据了。交易在比特币区块链里被称为 Transaction，是比特币系统中最重要的部分，整个比特币系统都是以交易为主线而设计的，Coinbase 既是比特币的铸造发行，同时又是一笔交易。

Transaction 有两种状态，上链前的未确认状态和上链后的确认状态。当用户 A 向用户 B 的钱包地址进行比特币转账时，A 的比特币钱包 App 会创建一个 Transaction，然后把这个 Transaction 发给相邻的 P2P 网络节点，该节点首先对 Transaction 做验证，验证通过后会把该 Transaction 存储到本地的 Transaction Database 中用于记账（把 Transaction 添加到新的区块中），然后再将该 Transaction 转发给邻近的其他节点。这时候 Transaction 并没有上链，属于未确认状态，B 从钱包 App 里是看不到这笔钱进账的，就好比别人给你跨行转账了，但你的银行没有收到钱。

只有当某个节点在构造新区块时收录了这个 Transaction，向全网广播后并被接收了，这个交易才算是上链了，后续再经过几个区块的确认，从接收者 B 的比特币钱包 App 中才可以看到这笔钱到账。

由于有成千上万个节点都在竞争计算新区块的 Nonce 值，经常会出现不止一个矿工节点同时算出了 Nonce 并同时向全网广播，由于地域和传播速度的不同，全网节点按照不同的顺序收到了不止一个相同高度的新区块，这时节点只接收第一个收到的区块而放弃后面的区块。这时候会暂时出现一种情况，即全网的账本不一致，各个节点会基于自己认可的区块开始构建新的区块并向全网广播，这种情况被称为分叉（Fork）。这种分叉只是临时的，区块链有个"最长链"的共识，就是当出现不一致的情况后，大家基于自己认可的分叉链继续构建新区块，一旦收到其他分叉链比自己链当前高度更高的区块时，要立刻放弃自己维护的链而转到具有新高度的链上，即用最长链上的区块链替换掉自己链上的区块。

如果发生这种情况，B 钱包里之前收到 A 转给 B 的比特币就会突然消失，因为被放弃的分叉链上的所有 Transaction 都将"作废"，这里作废的意思是 Transaction 还存在，会被放回 Transaction 数据库中，只是 Transaction 的状态从上链确认状态变成了非上链状态。但 Coinbase 的 Transaction 是一个特例，这个 Transaction 本身并没有在 Transaction 数据库中存储，区块的作废导致这个 Coinbase 的消失，之前奖励给矿工的比特币也就会随之消失。

这种临时分叉的情况会经常发生，但不大可能在多个分叉链上在同一时间产生第二个区块，往往在第二个或最多第三个新区块产生时就结束了这种竞争分歧。因此比特币钱包 App 大都会有一个区块数量确认设置，设置该笔 Transaction 所在区块后面又累加了多少个区块的确认后才在 UI 界面显示这笔交易被区块链确认，默认设置一般为 6 个，因为分叉链连续 6 次都在同一时间产生相同高度的区块的概率接近为零。对于收款方来讲，对超大额的转账确认要更慎重一些，可以把转账的确认数设置得更大，比如比特币系统对 Coinbase 新发行的比特币使用也有时间限制，只有在其"深度"达到 100 后才可以使用，以防止出现新发行的比特币被花费后又要由于临时分叉而被销毁所造成的潜在问题（Coinbase 奖励被取消了，但被花费的交易却存储在数据库中，且该交易所产生的 UTXO 也同时存在，因此会造成某种意义上的货币超发，UTXO 将在后续章节中讲述）。

深度和高度是比特币区块链里区块长度的两个不同概念，如图 4-7 所示，区块的高度从创世区块 0 开始计数，新增加的区块高度是前一个区块的高度数 +1，区块被赋予的高度值是固定的，不会随着区块链长度的增长而变化，而区块的深度是随着区块链长度的增长而增大的，新添加的区块深度初始值为 1，每增加一个新区块时各区块的深度同步增加。

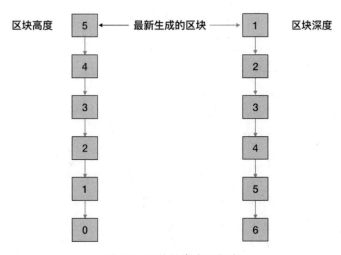

图 4-7 区块的高度和深度

4.6.1 交易的输入和输出

比特币交易的最小单位是以中本聪的名字命名的，"Satoshi"中文翻译为"聪"，1 个比特币 = 100 000 000 聪，比特币的总发行量看似很少，只有 2100 万枚，但每一枚都可以分割成 100 000 000 聪的单位，其发行体量完全可以满足作为全球流通货币的体量。

比特币的交易由两部分组成，即交易的输入和输出，当你要支付比特币给其他人时，钱包 App 会构造一个交易，交易的输入是别人过去转给你的比特币，交易的输出是你转给别人的比特币。除 Coinbase Transaction 没有输入之外，每个交易都至少有 1 个输入。一个交易可以有 1～n 个输入和 1～n 个输出，也就是说，每个交易可以由不同比特币地址里的钱组合起来一起花费，同时也可以转给不同的比特币地址，如图 4-8 所示。

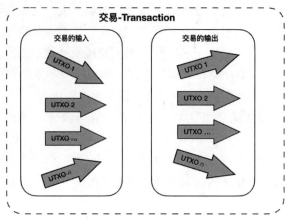

图 4-8　交易有 $1-n$ 个输入和 $1-n$ 个输出

4.6.2　UTXO——未花费交易输出

未花费交易输出即 Unspent Transaction Outputs。在比特币社区里，Transaction 被简称为 TX，因此 Unspent Transaction Outputs 被简称为 UTXO。UTXO 是比特币区块链中非常重要的概念，也是一个非常巧妙的设计。

UTXO 也有两个状态，即"未花费的交易输出"和"已花费的交易输出"。当"未花费的交易输出"UTXO 作为某个交易的输入被打包进区块链后，这个 UTXO 就变成了"已花费的交易输出"，即这个 UTXO 将被废弃掉，并从存储 UTXO 的数据库中删除掉。

当一个新节点在下载比特币区块链时，系统会从第一个区块开始遍历所有的区块，搜集区块里所有 TX 所产生的 UTXO，把这些新产生的 UTXO 放到一个被称为 UTXO Set 的集合里面，同时也会把区块中 TX 所消耗掉的 UTXO 从 UTXO 集合中删除掉，当有新的区块被接收并放到链上后，系统会实时地从 UTXO 集里把被消耗的 UTXO 删除并把新生成的 UTXO 放入 UTXO 集合里面，每一个上链的交易都会导致修改 UTXO 集合。

其实在比特币系统中，钱包地址下并没有余额这个记录，我们在钱包中所看到的比特币余额只是钱包 App 把我们所拥有私钥相对应的钱包地址下所有的 UTXO 汇总的结果，这个余额有可能是几百个 UTXO 的集合。当我们花费比特币或用比特币向外转账的时候，钱包 App 只是把这些 UTXO 汇集起来一起转出去，就像我们在现实生活中使用钱包里的零钱付款一样。如果一个 UTXO 比要转出的金额大，它仍然会被消耗掉，同时会在交易中产生找零的零头。比如你有 2 个比特币，需要支付给别人 1 比特币，钱包 App 将会生成一个 TX 消耗掉你这个 2 比特币的 UTXO，并产生两个新的 UTXO，一个用于支付 1 比特币给接收人，另一个找零到你的钱包地址。

从图 4-9 的实例中可以看到，这个交易有 11 个输入和 13 个输出，一旦这个交易被记录在区块链上，作为输入的 11 个 UTXO 就被花掉了，会被系统从 UTXO 集合中删掉，新生成的 13 个 UTXO 将被记录在 UTXO 集合中。

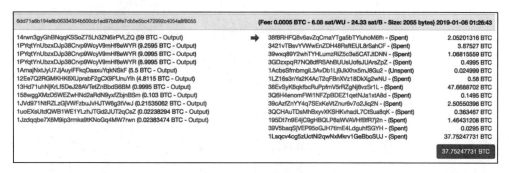

图 4-9 交易的实例

接下来看看 UTXO 产生和销毁的过程，前提是假设这些交易都被节点所接受，且被打包进区块上链了。

如图 4-10 所示，比特币地址 A 通过挖矿获得一笔 Coinbase 奖励，即 Coinbase 的输出。假设 Coinbase 奖励为 12.5 BTC，由于是系统自动生成的 Coinbase 奖励，因此这个 Coinbase TX 没有输入，只有一个输出，这个输出就是 UTXO。这个 UTXO 是由 A 地址的公钥哈希锁定 12.5 BTC 所构成的，只有用 A 地址的私钥签名才能解锁这笔钱。

然后，A 地址向 B 地址、C 地址各转 5 个 BTC，余下 2.5 个 BTC 转给自己作为找零。这时 A 地址的这个 UTXO 就被消耗掉，变成了已花费的交易输出，每个节点会自动把这个 UTXO 从集合中删除掉。这个交易同时也新生成了 3 个 UTXO，一个是用 B 地址的公钥哈希锁定的 5BTC，一个是用 C 地址的公钥哈希锁定的 5BTC，最后一个是用 A 地址自己的公钥哈希锁定的 2.5BTC，每个节点会自动把这 3 个 UTXO 添加到 UTXO 集合里面，如图 4-11 所示。

图 4-10 A 地址通过挖矿获得 12.5 比特币的奖励　　　图 4-11 A 地址向 B、C 地址转账

为了简化说明，这里忽略给矿工的小费，根据交易热度的不同，每笔转账的矿工小费在 20 ~ 100 元人民币以内。

如图 4-12 所示，B 地址向 C 地址转了 2 个 BTC，余下 3 个 BTC 转给自己作为找零。这时 B 地址包含 5 个 BTC 的 UTXO 被消耗掉，并产生了 2 个 UTXO，分别是用 C 地址的公钥哈希锁定的 2 个 BTC 和用 B 地址自己的公钥哈希锁定的 3 个 BTC。

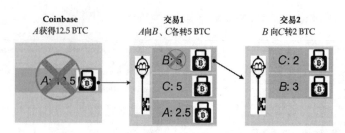

图 4-12   *B* 地址向 *C* 地址转账

最后，*C* 地址向 *B* 地址转了 6 个 BTC，余下 1 个 BTC 转给自己作为找零。这次消耗了 *C* 地址下的两个 UTXO，一个包含 5 BTC，另一个包含 2 BTC。在消耗 2 个 UTXO 的同时也产生了 2 个 UTXO，分别是用 *B* 地址的公钥哈希锁定的 6 个 BTC 和用 *C* 地址自己的公钥哈希锁定的 1 个 BTC，如图 4-13 所示。

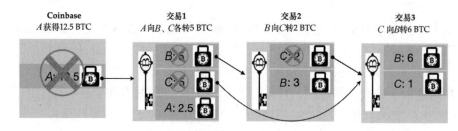

图 4-13   *C* 向 *B* 转账

最终经过三次转账交易，由最初的 *A* 地址的一个 UTXO 演变成 4 个 UTXO。我们看到交易的过程就是消耗 UTXO 和产生新的 UTXO 的过程，所有作为输入的 UTXO 都被消耗掉，所有的输出都是新的 UTXO。

由此可见，比特币系统里没有比特币的概念，只有 UTXO。比特币系统里也没有账户的概念，不分是哪个比特币地址下的钱，只看由公钥哈希锁定的 UTXO。比特币系统里没有账户余额的概念，只有 UTXO 集合，账户余额只是比特币钱包 App 的概念。

4.7   脚本语言

比特币交易的验证依赖于比特币专有的脚本语言，比特币的脚本语言使用栈的数据结构，可以把栈视为一叠扑克牌，只能从上端（称为栈顶）对数据项进行添加和删除操作。栈允许两个操作，即 push 和 pop，push 用于在栈的顶部添加数据项，pop 用于从栈的顶部删除数据项。栈这种数据结构也被称为 LIFO（Last-In-First-Out），即"后进先出"。

脚本语言从左到右来执行脚本，遇到操作数就将数字压到栈上，遇到操作符就从栈顶弹出一个或多个操作数，并将结果压到栈上，弹出几个操作数取决于操作符的特性，比如操作符 Add 会把两个数字从栈顶弹出，并将计算结果压入栈上。

比特币的脚本是一种使用逆波兰表达式（Reverse Polish Notation）的脚本语言。我们在大学的数据结构或算法课程中应该学过这种表达式，逆波兰表达式又被称为"后缀表达式"，将操作符写在操作数的后面，整个算数表达式不需要用括号来表示操作符的优先级。我们平时使用的算数表达式叫中缀表达式，即把 +、−、×、/ 操作符写在操作数的中间，比如 (1 + 2) × (3 + 4)。波兰表达式的写法为 (× (+ 1 2) (+ 3 4))，将操作符写在操作数的前面，因而也被称为前缀表达式。逆波兰表达式和波兰表达式的操作符位置恰恰相反，把操作符写在了操作数后面，即 ((1 2 +) (3 4 +) ×)，因而也被称为后缀表达式，在实际使用中是没有括号的，比如 ((1 2 +) (3 4 +) ×) 被写成 1 2 + 3 4 + ×，在计算过程中遇到操作数就将数字压栈，遇到操作符就将栈顶的元素取出做计算，然后再将计算结果压栈。逆波兰表示式天生适合基于栈的语言，在自动机和编译器中也经常用到。

比特币脚本语言是非图灵完备语言，意味着只能编写复杂性有限的程序，这带来的一个很大的好处是可以避免恶意代码或代码安全漏洞。当年以太坊上的著名项目 TheDAO 被攻击，正是黑客利用 TheDAO 的智能合约代码的编写漏洞，递归调用了 splitDAO 函数，使得黑客从资金池里重复分离出来理应被清零的 DAO 资产，这次攻击致使 300 多万以太币资产被窃取，最终导致以太坊的硬分叉，分为两个链 ETH 和 ETC。所以不能说比特币区块链比以太坊等区块链要弱，选择非图灵完备语言应该是中本聪有意设计的，他是想打造一个纯粹的数字货币，安全和稳定是第一原则。

4.7.1　脚本操作码

在学习锁定和解锁脚本之前，先简单了解一下操作码，下面的 opcodetype 是从比特币源代码中摘录的相关操作码枚举值。

```
enum opcodetype
{
// push value
OP_0 = 0x00,
OP_FALSE = OP_0,
OP_1 = 0x51,
OP_TRUE = OP_1,

// control
OP_VERIFY= 0x69,

// stack ops
OP_DUP = 0x76,

// bit log
OP_EQUALVERIFY = 0x88,

// numeric
OP_ADD = 0x93,
```

```
OP_SUB = 0x94,
OP_MUL = 0x95,
OP_DIV = 0x96,

// crypto
OP_HASH160 = 0xa9,
OP_CHECKSIG = 0xac,
…
}
```

操作数 OP_0、OP_FALSE、OP_1 和 OP_TRUE 是用于被压栈的布尔数值，大多被用于逻辑运算。流控制操作符 OP_VERIFY 用于检查栈顶元素值，如果非真，则标记交易无效，以 VERIFY 结尾的操作符都不把结果写在栈上。OP_DUP 操作符用于对栈元素进行操作，DUP 是 dump 的意思，就如同操作系统里的 Core Dump 一样用于复制，OP_DUP 把栈顶的元素复制后压入栈顶。操作码 OP_EQUALVERIFY 用于验证栈顶的两个操作数是否相等，并将结果压栈，然后检查栈顶结果，如为真则将栈顶值出栈，如为非真则返回错误 SCRIPT_ERR_ EQUALVERIFY 并进一步进行错误处理。OP_EQUALVERIFY 操作逻辑源代码如下：

```
case OP_EQUALVERIFY:
{
…
popstack(stack);
popstack(stack);
stack.push_back(fEqual ? vchTrue : vchFalse);
if (opcode == OP_EQUALVERIFY)
{
if (fEqual) popstack(stack);
else return set_error(serror, SCRIPT_ERR_EQUALVERIFY);
}
}
```

操作符 OP_ADD、OP_SUB、OP_MUL 和 OP_DIV 分别用于两个数值的加、减、乘和除，并将运算结果压回到栈上。OP_HASH160 是用于加密的一元操作符，用于对一个数值做出栈，进行哈希运算后再把哈希结果（RIPEMD160(SHA-256(data))）压回栈中。为什么要用 RIPEMD160 而不用 SHA-256 呢，这是因为使用 RIPEMD160 可以使得生成的地址比 SHA-256 更短，但如果只使用 RIPEMD160 做一次哈希会存在潜在的安全漏洞，所以先使用 SHA-256 做一次哈希可以起到安全加固作用。OP_CHECKSIG 是一个条件操作符，条件操作符用于对一个条件进行评估，产生一个 TRUE 或 FALSE 的布尔结果并将其压栈。

4.7.2　交易脚本——锁定和解锁

比特币的交易验证依赖于两个脚本，即 scriptPubKey 和 scriptSigs。ScriptPubKey 用于锁定被转出的比特币，通过接收方的公钥哈希值来设定花费这笔钱的前置条件，可以形象地把这个脚本理解成在转出的比特币上上了一把锁，只有接收方的"钥匙"（私钥签名）才可以打开，在比特币社区，scriptPubKey 被称为"锁定脚本"。ScriptSigs 是用来满足锁定脚本所设置的前置条件，这里面包含要花费这笔钱的发送方的数字签名 Signature，可以形象地把 scriptSigs 想象为一把钥匙，它用来解开 scriptPubKey 所上的锁。

每一个比特币节点在验证交易的时候都会通过执行解锁脚本和锁定脚本来验证。每个输入都包含一个解锁脚本，用以解锁被锁定的 UTXO。节点的验证程序将解锁脚本和锁定脚本放在一起，依次压栈执行解锁脚本和锁定脚本，如果解锁脚本满足锁定脚本条件，则被认定解锁成功，交易的输入是合法的。

只有解锁脚本正确且这个交易被打包上链后，这个交易输入的 UTXO 才会被消耗，从节点的 UTXO 集合中被删除掉，任何其他情况都不会导致 UTXO 被消耗和删除。

比特币系统中最常用的锁定脚本有两种，分别是 P2PKH（Pay-to-Public-Key-Hash，付款至公钥哈希）和 P2SH（Pay-to-Script-Hash，付款至脚本哈希），P2SH 主要用于多重签名，这里以这两种脚本为例进行讨论。

4.7.3　锁定脚本——P2PKH

P2PKH 脚本将交易的输出锁定到一个公钥哈希值，即我们常说的比特币地址，用接收者的比特币地址加把锁，就好比用公钥加密后只有用相对应的私钥才能解密一样，这笔被公钥哈希加密过的比特币只有用接收者的私钥才能解开以花费这笔钱。这个用公钥哈希锁定的输出就是我们常说的 UTXO。下面来看一下锁定脚本：

```
OP_DUP OP_HASH160 <接收者的公钥哈希>  OP_EQUALVERIFY
OP_CHECKSIG
```

脚本里面接收者的公钥哈希解码后是十六进制的字符串，和通常看到的以 1 或 3 开头的比特币地址不一样。不一样的原因是为了生成更短的比特币地址以便于人们记录和避免写错而使用了 Base58 的编码，Base58 是五十八进制，所以生成的编码比十六进制要短得多，并且去掉了容易混淆的 0（数字 0）、O（大写字母 o）、l（小写字母 L）、I（大写字母 i），以及"+"和"/"两个字符。因为验证过程是机器的事情，不会犯人类常犯的错误，所以锁定脚本就没有必要用 Base58 进行多一道编码，直接使用哈希值就可以了。

4.7.4　锁定脚本——P2SH

P2PKH 是用接收者的公钥哈希来锁定交易输出，顾名思义，P2SH(Pay-to-Script-Hash) 是用脚本哈希来锁定交易输出。P2SH 是为了便于使用多重签名和减少多重签名的 UTXO 的大小而发明的。如果用 P2PKH 创建多重签名交易，使用复杂且在锁定脚本中需要放置所有接收者的公钥哈希，将大大增加 UTXO 的大小，因此也会增加交易的成本。

使用 P2SH 时，只需要把赎回脚本 Redeem Script（包含所有公钥哈希）的哈希值用来锁定交易输出即可，无论有多少公钥哈希。只有在解锁时才会用到赎回脚本中的公钥哈希，也就是在转一笔钱到多重签名地址时，生成的交易较小，在花费或解锁这笔多重签名的钱时会生成相对较大的交易。比特币交易费的多少是受到交易大小影响的，用 P2SH 使创建交易的人支付更少的手续费，把这笔费用转移到要求多重签名的接收者头上，这听起来也是合理的。

4.7.5　解锁脚本

由 P2PKH 锁定的脚本可以用锁定用的公钥哈希所对应的公钥，加上配对的私钥所创建的数字签名来解锁。解锁脚本结构很简单，和上面的锁定脚本相对应的解锁脚本如下：

```
< 发送者的签名 > < 发送者的公钥 >
```

在锁定脚本中的公钥哈希写的是接收者的公钥哈希，而解锁脚本用的是发送者的公钥和私钥签名，这是不是不匹配了呢？其实锁定脚本里的接收者和解锁脚本里的发送者是同一个私钥持有者，只有收到了一笔比特币后才能使用比特币，所以解锁脚本中的比特币发送者即锁定脚本中比特币的接收者。

4.7.6　交易验证——组合验证脚本

图 4-14 ～图 4-21 展示了交易验证的全过程，在进行比特币交易验证时，验证程序将解锁脚本和锁定脚本组合在一起，依次压栈执行解锁脚本和锁定脚本。

```
< 发送者的签名 > < 发送者的公钥 > OP_DUP OP_HASH160 < 发送者的公钥哈希 >    OP_EQUALVERIFY
OP_CHECKSIG
```

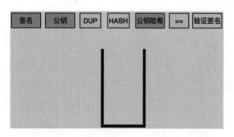

图 4-14　交易验证脚本初始状态

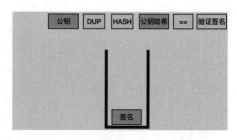

图 4-15　验证开始执行，把操作数
发送者的签名压栈

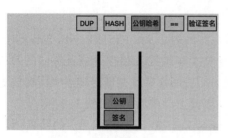

图 4-16　把操作数公钥压栈

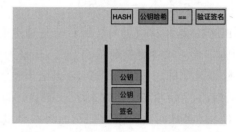

图 4-17　操作符 OP_DUP 把栈顶的
公钥复制并压栈

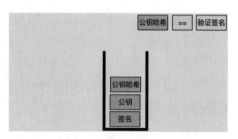

图 4-18　操作符 OP_HASH160 把栈顶公钥弹出，对公钥做 RIPEMD160(SHA-256(发送者公钥)) 哈希运算，并把公钥哈希结果压栈

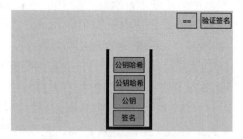

图 4-19　把操作数公钥哈希压栈

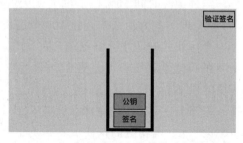

图 4-20　操作符 OP_EQUALVERIFY 把栈顶两个操作数公钥哈希弹出做比对，两者相等并继续执行验证

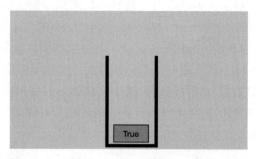

图 4-21　操作符 OP_CHECKSIG 验证公钥和签名是否匹配，并把结果压栈

比特币交易验证的设计非常简洁、有效，每个节点单独验证，不需要依赖任何第三方，

也不信赖任何第三方，只有基于数学的信任，在此不由地想起张首晟教授说过的：In Math, We Trust。

4.7.7 挖矿——PoW

中本聪是杂家，他可能是代码界最懂密码学的，密码学界最懂经济学的，经济学界最懂代码的。

比特币是一个去中心化的电子货币系统，没有哪一个政府或组织拥有它或控制它，去中心化就是没有一个中央银行，不过是货币总得有账本吧，那么谁来维护这个金融系统呢？答案是每个人都可以。只要你愿意，硬盘足够大，安装一个 Bitcoin Core 客户端运行就可以加入。

每个人都可以在自己的 PC 上拥有比特币银行记账系统，人人都可以记账，比特币系统鼓励大家都来记账，记账的人越多，系统防攻击能力就越强，但是如果不加约束也会出现问题。在 P2P 网络里，大家互相是不完全信任的，会有些恶意的节点，就如同现实生活中有骗子和小偷，怎么证明你是个好人？怎么能避免有人恶意捣乱？在 P2P 的世界里，想证明你是个好人是很难的。完全杜绝"犯罪"是不可能的，那就增加"犯罪"成本，先干体力活，谁干得快谁就抢到记账权（还能得到奖励，先不给钱，只打一张欠条，欠 50个 BTC），你要老老实实地把账记好了，发出来让大家检查，检查通过后才把你发起的这个账（区块）放到区块链上，经过一段时间 50% 以上的人认为没有问题（经过 100 个区块的确认），给你打的欠条就自动兑现了。为什么要经过 100 个区块的确认呢？前面解释过，Coinbase 的奖励需要经过 100 个区块的确认才可以花费，因为比特币区块链会有临时分叉，经过 6 个区块确认后临时分叉的可能性就很小了，但 Coinbase 涉及比特币的发行，系统为了更保险就设置了 100 个区块的限制。

根据当前比特币的价格，每挖出一个区块的记账权会有 6.25 个 BTC 的奖励，加上手续费收入，折合人民币大概 40 多万元，而相应的挖矿成本平均也要 30 多万才有可能挖到记账权。当一个节点耗费了这么大的成本挖到一个区块，如果作恶的话所有奖励将被全部取消，那么这个节点的作恶动机会小很多，这样就从经济学角度遏制了作恶机。

如果大家都在记账，每个人记的账目先后顺序都不同，怎么同步大家的账本呢？这就用到了共识机制工作量证明，即 Proof-of-Work，简称为 PoW，每个人都有记账的权利，但在一个时间点或一个区块只能由一个人决定账本上记载什么，大家都需要努力工作（消耗算力和电力）来争取记账权，只有最先完成任务的人才能获得当前区块的记账权，PoW 也顺带解决了分布式系统的数据一致性问题。这个完成任务的过程被称为 Mining，俗称"挖矿"，因为在获得区块记账权的同时也获得了系统的奖励，就如同当年旧金山的矿工开采金矿一样，争相完成任务的节点被称为 Miner，俗称"矿工"。

挖矿也是比特币唯一的货币发行方式，这时会生成一定数量的比特币奖励给矿工，这些奖励的比特币通过交易所或场外交易的方式进入市场。

传统意义上的挖矿是一种强体力劳动，矿工在某个矿场中不停地挖掘、不停地尝试，最终挖出一颗价值连城的钻石或一块狗头金。比特币挖矿是一种强脑力劳动，把挖掘改成了计算，不是用人脑而是用电脑来计算，通过穷举方式来求解一道非常简单的数学题。为什么是穷举呢？因为人们没有发现更好、更快的算法（目前还没有人能破解哈希算法），只能去猜答案。比如，在高考时有一个解 3 元 5 次方程的单选题，有 4 个备选答案，用手算肯定很耗时，那最简单的办法就是依次把选择答案带入，看结果是否正确。

比特币挖矿大概也是这个原理，给你两个已知数 x 和 z，求另一个未知数 y，要求满足 $x + y < z$，同时还有一个先决条件，不可用 $x - z$ 或 $z - x$ 来求 y（原因是哈希算法不可逆）。计算这道题唯一的办法可能就是随机找某个数值带入 y 来不停尝试，直到满足不等式。

比特币真正的挖矿公式是：SHA256(SHA256(nVersion + hashPrevBlock + hashMerkleRoot + nTime + nBits + nNonce)) < target。其中 nVersion + hashPrevBlock + hashMerkleRoot + nTime + nBits 是 x，nNonce 就是我们要求的 y，难度目标值 target 是 z。

比特币挖矿的过程如图 4-22 所示，对左上角区块的头部做哈希运算，把得到的值和目标难度值对比，如果没有满足难度的要求就继续更改 Nonce 的值，挖矿的过程就是不断地碰撞 Nonce 的值，直到满足系统当前设定的难度。

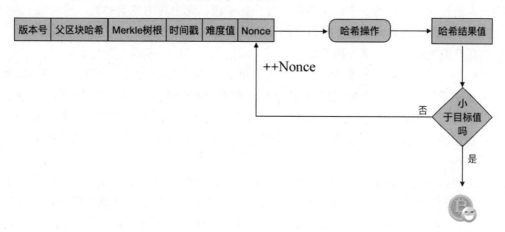

图 4-22　比特币挖矿流程

其实在真正的挖矿过程中，还会修改 Merkle Root 的值。因为比特币价格的暴涨，在巨大利益的驱使下越来越多的人进入比特币挖矿领域，开始了挖矿领域的"军备竞赛"，导致比特币挖矿难度大幅提升，从而导致穷举 Nonce 所有的比特都无法满足挖矿的难度要求。这时候矿工只好通过修改 Coinbase 交易或者交易顺序来获取新的 Merkle Root，然后再开始新一轮的 Nonce 值穷举，直到满足难度条件或其他节点先挖到了当前区块。

为了保证比特币的平稳发行，中本聪除了设定了 2100 万枚的总量和每个区块的发行数额之外，还设定了发行的速度，比特币区块链平均每 10 分钟生成一个区块。随着硬件技术的发展，挖矿算力会逐步提升，比特币的价格波动会影响矿工挖矿的动力（币价上升则导致挖矿算力增加，币加下跌则算力下降），为了维持比特币平稳的发行速度，比特币区块链规定每 2016 个区块变更一次挖矿的难度。

难度值的调整公式如下：

$$新难度值 = 当前难度 \times (前 2016 个区块所耗费的时间 / 20\,160 分钟)$$

挖矿难度的调整会发生在某个特定的高度（每 2016 个区块），每个节点自动执行，如果某个节点没有按算法的结果在区块头部调整难度值，那么这个节点挖到的区块将被全网拒绝。

目前有很多解决 P2P 分布式网络问题的方案，比特币区块链通过挖矿来限制某一个时间点只有一个节点有信息发送权的方法，这虽然降低了效率，但完美地解决了一致性问题。

4.8 矿场和矿池

4.8.1 矿场

随着比特币越来越被人们所熟知，比特币的价格也在逐步上涨，加入挖矿的人也变得更多，人们投入了大量的资金购买最新、最快的矿机，无论算力变得多大，平均每 10 分钟生成一个区块的规则是无法改变的，这就导致了用 CPU 挖到矿已经不大可能，Bitcoin Core 客户端甚至把挖矿的功能都去掉了。

挖矿是一个全球竞争的游戏，是一个平均每 10 分钟就结束的零和游戏，在暴利的驱使下有人买了数千台，甚至数万台矿机做成矿机集群放在一起统一挖矿，这就形成了矿场。由于矿机的高速运转会散发出巨大的噪音和热量，也会消耗巨大的电能，这就需要一个拥有稳定和低廉价格的电力的空旷场地，慢慢地，一个个矿场在中国西南部水电站边上建立起来了。

在这种商业竞争的情况下，自己买几台甚至十几台矿机放在家里独立挖矿已经变得不大可行了，自己挖矿还会经常碰到系统升级、机器过热产生故障、断电和邻居投诉等各种情况，于是小矿工们就把自己的矿机托管到一些大的矿场，或购买矿场的矿机或算力，这样不但有矿场专职人员维护系统，还能享受到低廉的电价。

不过加入矿场也存在一些潜在的风险，有时机器被托管在千里之外的某条小河边，如果矿场说你的矿机坏了，需要购置新矿机，自己是不可能跑过去查看的。还有具体怎么分润、你的矿机所占矿场的算力多少也是黑盒子。有些矿场声称自己拥有一批高性能的新型矿机，但实际上矿机根本不存在，欺骗矿工购买，甚至有些矿场可能就不存在，而是拿其他矿场的照片来欺骗矿工，于是就有聪明的人发明了矿池的概念。

4.8.2 矿池

矿池是一个纯软件的挖矿平台，矿工们通过安装矿池软件加入这个平台，不需要运行全节点来维护区块链，根据各个矿工的矿机算力由平台分配任务。矿池管理员维护全节点，并把任务分段，给矿工布置挖矿任务，例如让矿工 A 尝试 0 ～ FFFFFF，让矿工 B 尝试 1000000~1FFFFFF。矿工上报工作量证明给系统来完成工作考核，例如矿工把至少前三位数为 0 的哈希值上报给系统，谁上报的多就代表谁的贡献力大。就像过去生产队记"工分"一样，不管是哪个矿工挖到了区块，到最后系统统一按照"工分"的多少来给大家分润。矿池的分润形式有多种，主流的有 PPLNS、PPS 和 FPPS 等模式。

PPLNS 模式是根据过去一段时间所做的贡献，即获得了多少"工分"来获得比特币奖励，挖到区块才分润，挖矿收益会有一定的延迟。比如你刚加入一个新的矿池，在前面几个小时的收益通常会比较低，那是因为在此之前别人在这个矿池里已经贡献了很多个份额，即使你的算力比别人大，但是在这个时间段内你的总体贡献还很少，所以在分红时你的收益会比较低。

PPS 模式，即 Pay-Per-Share，是把 Coinbase 的奖励分配给矿工，矿工小费则不分配或只分配很少的比例给矿工。

FPPS 模式，即 Full-Pay-Per-Share，Coinbase 和小费都给矿工分配，但矿池方抽取一定比例的佣金。

目前全球大约有 70% 的算力在中国矿工手中，全球算力比较靠前的比特币矿池有 BTC. com 、AntPool 和 F2Pool。矿池之间的竞争也很激烈，谁能吸引更多的矿工入驻这个平台，谁就有更大的概率赢得挖矿这个零和游戏，挖到矿的概率越大，就越能吸引更多的矿工入驻，这有种强者恒强的趋势，所以矿池也在不断地推出各种激励分配机制。

4.9　SPV 轻钱包

比特币的所有交易记录都被收录在每一个比特币"全节点"中，全节点相对于"轻节点"而言，记录了完整的交易信息（即所有的区块），而轻节点只记录了交易的部分信息，严格来讲，轻节点只记录了区块的头部信息。

为什么会有全节点和轻节点之分呢？比特币区块链创立之初大部分都是普通用户，大家用最普通的 PC 配置来挖矿并运行区块链全节点，当时的区块链所占磁盘空间也就不到几个 G，也没有人用手机进行比特币支付转账，只有全节点，没有轻节点。不过中本聪在他的比特币白皮书中高瞻远瞩地规划了轻节点："不运行全节点也可以验证支付，用户只需要保存所有的区块头（Block Header）就可以了。用户虽然不能自己验证交易，但如果能够从区块链的某处找到相符的交易，他就可以知道网络已经认可这笔交易，而且得到了网络的多个确认。"

后来随着移动设备的普及，很多区块链投资者没有挖矿，只要求便捷地使用手机进行转账支付，于是就有了手机钱包，但移动设备的存储空间有限，很难承载所有区块，因此出现了轻节点。区块链头部的空间只有 80 字节大小，相对于区块 1MB 的空间（隔离见证后达到了 1.8MB 左右，后面的章节会讨论隔离见证的相关内容），轻节点所占存储空间比全节点要少得多。

简单支付验证（Simplified-Payment-Verification，SPV）是一种无须完整的区块链信息就能对一笔支付进行查验的技术。轻节点或手机钱包正是使用了 SPV 技术，做到了只需下载区块的头部，就能够实时地进行转账交易的查询，查看某笔交易是否上了区块链，以及有多少个确认数（所在区块的深度）。SPV 技术不涉及交易的验证，交易的验证仍需要全节点才能做到，因为 UTXO 集合的维护需要存储完整的区块链。

SPV 的工作原理很大程度上使用了 Merkle Tree 的特性，其工作流程如下：

❏ 建立一个 Bloom Filter 并发送给邻近全节点，设定所关注的比特币地址相关交易信息，通常是当前手机轻钱包所存储的私钥所对应的比特币地址；

❏ 接收邻近全节点发回的 MerkleBlock 消息，从中解析出包含所关注比特币地址相关交易的 Merkle Path 验证路径，即构建 Merkle Root 所需的哈希值；

❏ 根据这些 Merkle Path 哈希值计算出 Merkle Root；

❏ 若计算结果与某区块头部中的 Merkel Root 相等，则证明交易已经上链；

❏ 根据该区块头部所处的位置，确定该区块的深度，即该交易已经得到多少个确认；

❏ 如果交易确认数大于等于手机轻钱包所设定的确认数（一般默认是 6 个），则显示交易成功。

4.10　区块链安全

比特币系统中每个人都可以记账，账目也是公开的，那你在系统中的比特币安全吗？虽然听起来有点不安全，但只要你保管好你的私钥不被泄露，你在区块链上的资产是非常安全的。非对称加密技术确保了比特币的安全性，公钥加密后只有用配对的私钥才能解密，即使账本公开在每个人的手上，也知道每个账户的余额，只要非对称加密算法没有被破解，你的资产比存放在银行的地下金库里还要安全。

4.10.1　私钥碰撞

私钥就是一个随机数，有 2^{256} 种组合，有一些私钥并不能使用，只有介于 1~0xFFFF FFFF FFFF FFFF FFFF FFFF FFFF FFFE BAAE DCE6 AF48 A03B BFD2 5E8C D036 4140 区间的私钥才可以使用。即使这样，比特币的有效地址也有大概 2^{160} 个。2^{160} 这个数字已经超过了宇宙中原子的总数，想要遍历所有私钥，按照当前的算力是不可能的。比特币系统并没有设置特殊的安全机制，任由黑客攻击，如果黑客非常幸运地碰撞到一个有币的私钥并把币转走，整个比特币体系不但不会对其惩罚，还会坚决地捍卫这笔"赃款"的安全。

4.10.2　哈希破解

如果非对称加密无法破解，那么哈希算法呢？前几年，王小云教授破解了 MD5 哈希算法的消息曾引发热议。如果哈希算法真的被破解了，所有基于区块链的数字货币体系都将坍塌。攻击者可以快速算出 Nonce 抢夺记账权，或者私下里分叉区块链，然后挖出一条长链后突然向全网广播，使正常挖矿的短链变得无效，基于工作量证明的安全机制也就形同虚设。其实王小云教授找到了一种办法能够构造出两个 MD5 值相同的数据，而不是通过哈希反推出明文，所以 MD5 还是相对安全的，那就不用说比 MD5 更安全的 SHA-256 了。

从过往的经验来看，大部分加密算法都是逐步被发现漏洞的，因此有相对充足的时间来修补漏洞。比如现在大家担心量子计算机商用后，当前的密码将不堪一击，中科院的张振峰研究员在研究抗量子攻击的格密码领域有了突破性的进展，希望不久的将来就可以尝试商用。

4.10.3　私钥或钱包 App

从目前看，大部分普通用户的风险都出现在私钥或钱包 App 上，比如有人忘记了私钥或钱包 App 密码、误删了钱包文件 wallet.dat、手机损坏或丢失但没有备份 wallet.dat、电脑或手机系统中病毒使 wallet.dat 被盗等，都会造成比特币的丢失。

私钥一定要放在安全的地方并做好备份，大额的比特币地址私钥最好离线存储，不要存在钱包 App 里，更不要使用脑钱包。简单来说，脑钱包就是用比较容易记忆的一句短语所生成的私钥或由数字组成的有规律的私钥，比如一句古诗或人的名字等。有不少黑客针对这种办法用电脑程序暴力生成私钥来碰撞比特币地址，有不少人因此损失了比特币资产。

4.10.4　51% 攻击

区块链有一个"最长链"的共识，就是当区块链不一致而造成区块链分叉的情况后，一旦收到其他分叉链比自己链当前高度更高的区块，就要立刻转到具有新高度的链上，即最长的链上。

一个人如果拥有全网超过 50% 的算力，他就有能力把区块链恶意分叉，然后和全网算力竞争，最终造成诚实节点的短链作废。图 4-23 中有两条分叉链，上面长的一条链是恶意节点维护的，下面的短链是诚实节点维护的。在区块高度 1 的地方，恶意节点默默地生成了高度为 2 的区块，并没有向全网广播自己生成的节点，然后一直在默默地建造上面的链，直到率先构建出高度为 6 的区块，然后立即向全网广播这条分叉链，根据最长链共识，所有诚实节点都将放弃自己正在维护的链，都转移到上面的最长链上挖矿。这样就造成了短链上的 2、3、4、5 区块里的所有交易作废，包括奖励矿工的 Coinbase 交易也会作废。这些交易的接收者钱包 App 里曾经收到的比特币也将不翼而飞。

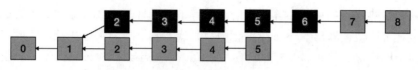

图4-23   51%攻击造成诚实节点的短链作废

4.10.5   双花

Double Spending，中文译为"双花"或"双重支付"，是指同一笔钱花了两次或两次以上。在数字货币出现之前，双花是不可能出现的。当一张钞票支付给一个人后，这张钞票就不再属于支付者，支付者就没有机会再把这张钞票支付给其他人了。但是在去中心化的数字货币的世界里，由于数据的可复制性，使双花变得可能发生。

在51%攻击的例子里，如果攻击者从自己的比特币地址 A 里支付了一大笔比特币给汽车经销商，购买了一辆法拉利超级跑车，这个交易被打包在下面高度2的区块里，他又发起了一笔交易，把自己比特币地址 A 中的那笔比特币转给自己的比特币地址 B，把这笔交易放在了自己私挖的高度2的区块里，然后在挖到高度6的时候向全网广播自己的最长链，所有节点都放弃了下面的短链，包括里面买法拉利的交易也随着区块链的作废而作废了，因为这笔交易的输入已经不再是UTXO，在攻击者创建的高度2的区块中被消耗了。攻击者免费开走了法拉利，而车商原本收到的钱却没有了。

如果你真的掌握了比特币50%的算力，你会为了免费得到一辆法拉利而这么做吗？经济学里面有个"理性经济人"假设，这个假设最早是由英国的一位经济学家亚当·斯密提出来的，他认为人的行为动机根源于经济诱因，每个人都会尽量争取自身利益或效用的最大化。作为一个理性经济人，你应该不会这么做的，因为这么做必然会使人们对比特币失去信心，从而引发比特币价格大跌，由此给你造成的损失要比免费获得一台法拉利的收益大得多。理性经济人都是逐利的，比特币系统从经济学的角度遏制了51%攻击的动机。

4.10.6   可塑性攻击

可塑性又被称为延展性，指物体在外力的作用下所造成的物理性状改变，但并不引起其质量和物理化学属性的变化。比如一块黄金，无论是将其打造成金条还是戒指，黄金的特性都没有发生改变，人们仍然认可它的黄金属性。

在比特币转账交易时，钱包 App 构造交易并用发送者的私钥对交易做签名，然后把交易发送出去供其他节点来验证和打包。签名算法有一个特性，即签名按某种规则被更改后，这个签名依旧有效，这笔交易仍会被验证通过。就如同一道数学题的正确答案有两个，比如求平方根，因此这两个数据都能使签名合法有效，之所以被称为可塑性攻击就是因为签名的变更不影响交易的有效性。

既然不影响交易的有效性，区块也能验证通过，那为什么还把它称为攻击？因为它确实会被人利用来实施攻击使他人的比特币受损。延展性攻击的一个应用场景是这样的：攻击者从交易所发出提币申请，交易所给攻击者转币的 TX 被交易所广播出去之后，立即捕获 TX 并修改签名的一个字节，使 TX 的哈希值（TX ID）发生变化以生成新的变种交易 ID，并立刻将变种交易向周边节点发送。一旦变种交易被其他节点接收，那么原交易就会被其他节点拒掉，因为这个交易的 UTXO 已被花费了。攻击者给交易所打电话说没收到币，这时交易所会查看给攻击者转币的那笔交易，但交易所是无法在链上找到原 TX ID 的，于是交易所就认为是工作失误或者是不知道哪里出错，然后再给攻击者转一次币，这样攻击者就得到了两笔钱。

在数字签名的取余运算中，对 6 取余，8%6 和 2%6 的答案是一样的，但这两个运算的哈希值却截然不同。还有，整数最高位前面的 0 是可以忽略不计的，比如 11 和 0011 是相等的，但这两个数值的哈希值也不一样。在 OpenSSL 的编码实现中可以修改一个字节，签名依然能够通过校验。

比特币系统使用了 OpenSSL 版本的 ECDSA 签名算法，比特币社区早在 2011 年就发现了这种方法的缺陷并提出了修改提议，但当时比特币核心开发团队的首席开发者 Gavin Andresen 认为这对交易不构成威胁，只是把这个修改加入了待办事项列表（TODO List），但优先级比较低。这确实不是大问题，并没有威胁到比特币的系统安全，但也确实给攻击者提供了一个攻击的机会。

4.11　隔离见证

见证（Witness）就是对交易的合法性的一个证明，即发送者私钥对 TX 所做的数字签名。隔离见证（Segregated Witness，SegWit）就是把包含在比特币交易里的证明信息——数字签名，从交易中隔离开来另外存放。

中本聪当初设计比特币系统时，并没有把交易和签名分开，导致交易 ID 的计算混合了交易状态和见证。由于可塑性攻击的存在导致签名可以被篡改，这样伪造签名之后只是改变了交易的 ID，交易依然能成功进行。为了解决这个问题，比特币核心开发团队决定把可伪造的签名部分移出 TX 数据结构，把签名另外存放，这样交易 ID 完全由交易的内容而构成，和签名没有关联，即使改了签名交易，交易 ID 也不会变，也就从源头上堵住了可塑性攻击的漏洞。

4.12　比特币分叉

隔离见证的实施在 2017 年引起了比特币核心开发团队和中国矿工的一场大战，并导致比特币的硬分叉（Hard-Fork），诞生了比特币的克隆兄弟 Bitcoin Cash，简称 BCC 或 BCH。

4.12.1 硬分叉和软分叉

比特币的分叉大致有几种不同的类型，一个是之前提到的临时分叉，不涉及代码升级，完全是系统运行中的一些小突发事件。大家听到比较多的是硬分叉和软分叉（Soft-Fork）。

硬分叉比较好理解，是指比特币共识机制发生改变后，有些节点不愿意或没来得及升级、未升级的节点拒绝验证已经升级的节点产生的区块，已经升级的节点拒绝未升级节点产生的区块，然后大家各自在自己认为正确的链上挖矿，所以分成两条链。

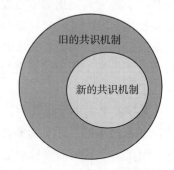

软分叉是指比特币共识机制发生改变后，新的机制是旧机制的一个子集，未升级的节点可以验证已经升级的节点产生的区块，但已升级的节点会拒绝未升级的节点产生的区块，如图4-24所示。

图4-24 软分叉中新旧共识机制的关系

网上对软分叉的很多解释让人迷惑，有些认识甚至是错误的，即使是比特币官网（www.bitcoin.org）对软分叉的定义也很模糊："non-upgraded nodes will accept as valid all the same blocks as upgraded nodes, so the upgraded nodes can build a stronger chain that the non-upgraded nodes will accept as the best valid block chain. This is called a soft fork."

笔者认为比特币官网的定义有一个假设前提，就是已升级节点挖矿算力要超过50%才会达到软分叉的目的，已升级节点会生成最长链，而未升级的节点（非挖矿节点）不用必须升级也可以验证这个最长链，接收已升级节点矿工产生的区块，就可以平滑地升级过渡了。

如果已升级节点算力未超过50%，肯定是会硬分叉的，未升级节点会挖出一条最长链，但已升级节点会拒绝这条链并自己在一条短链上挖新版本的区块，新旧区块不可能混合在一条链上，软分叉产生的结果和硬分叉没有区别。

笔者是这样理解软分叉的：软分叉概念是针对非挖矿节点的，只要不挖矿，节点不需要升级，也可以无感地正常维护区块链的验证。软分叉和硬分叉一样，肯定是要分叉的，如果未升级节点算力大且已升级节点不妥协，软分叉就会变成硬分叉；如果已升级节点算力大，未升级的矿工节点肯定比不过已升级的矿工节点，则所有维护节点会无感地接收已升级节点的最长链。

软分叉又分为UASF（User Activated Soft Fork）和MASF（Miner Activated Soft Fork）。UASF是指经过广大用户同意的软件更新，MASF是指经过矿工一致同意的软件更新。以前并没有UASF这个概念，在用PC挖矿的年代，生成区块和接收区块上链都是矿工的工作，所有使用比特币客户端的也都是矿工，在每次软分叉的时候，核心开发团队都要和矿工们达成一致，由矿工投票同意升级使用。UASF出现的原因是核心开发团队和中国矿工对扩容方案有分歧，矿工反对核心开发团队单方面强推的隔离见证，核心开发团队则把用户节点搬出来，拿非矿工的意见来说事儿。

4.12.2　核心开发团队与中国矿工

为什么一个普通的功能改进会造成这么严重的后果呢？这要从比特币的交易拥堵说起。由于近年来比特币的交易量越来越大，交易开始出现阻塞，一笔交易需要很久才能够进入到区块链，原因是区块的容量只有 1MB，中本聪在当初设计的时候区块容量最大能到 30+MB，因为当时的交易较少，就没有设置很大。

增大区块的好处是一来可以加速交易的确认，二来矿工可以得到更多的交易费，矿工一直力推区块扩容，但核心开发团队一直不同意把区块增加到 2MB，希望用隔离见证的方案实现间接扩容（把签名移出 TX，由此每个区块可以容纳更多的 TX）。2016 年 2 月在中国香港召开了扩容方案的大会，主要参会者是矿业代表和核心开发团队。当时核心开发团队的代表同意在实施隔离见证后把区块链容量扩大到 2MB，即 SegWit+2MB，这个约定后来被称为"香港共识"。但核心开发团队代表回去后被团队成员责难，坚决反对扩容 2MB 的方案，最终核心开发团队撕毁这一共识约定，从此核心开发团队和矿工就产生了矛盾。

2017 年 5 月 23 日，代表全网 80% 算力的矿业代表在纽约开会，完全把核心开发团队排除在外，独自达成 SW+2MB 的比特币协议升级方案，即"纽约共识"。在纽约共识签署之前，一种叫 Bitcoin Unlimited（BU）的扩容方案在社区得到了广泛支持，甚至一度达到了全网 40% 的算力支持，或许是 BU 团队编写代码技术水平有限，系统客户端出现了多次重大 Bug，BU 的方案最终未被社区接受。这时候有人创建了 Bitcoin ABC（Bitcoin Adjustable Blocksize Cap）团队，该团队吸引了更多的优秀开发者进入，他们基于 BU 的代码打造了一个 BCC（后来被称为 BCH），并在 2017 年 08 月 01 日对比特币区块链进行了硬分叉。

比特币是一款开源软件，开源社区的开发者基本是不拿工资的，比特币价格暴涨并没有为核心开发组成员的收入带来变化。核心开发团队的几个重要成员一起组建了一家叫 Blockstream 的公司，Blockstream 开发了一个叫闪电网络的侧链，支持比特币的交易在比特币区块链之外的闪电网络上执行。Blockstream 的愿景是比特币的高频交易都在闪电网络上进行，一来可以解决比特币交易的拥塞问题，二来或许可以通过收取交易手续费盈利。从技术上看，可塑性攻击确实给闪电网络带来了威胁，需要闪电网络在开发上做很多额外工作，这也是为什么核心开发团队一直要强推隔离见证。核心开发团队在推行隔离见证的同时极力反对矿工的区块扩容要求（把每个区块的容量大小从 1MB 扩大到 2MB 可以使比特币的交易速度加倍，也可以收取更多的手续费），核心开发团队的理由是区块扩容会导致区块链的存储空间加大。

笔者认为核心开发团队的这个理由有些牵强，因为隔离见证同样会变相增加区块的整体大小。隔离见证方案就好比在长途汽车后面加挂一个小货车，用于存放大家的行李（签名数据），所有乘客都要把行李放到这个小货车上，原先放行李的空间可以容纳更多的乘客。虽然乘载量变大了，但多出的小货车空间也是要上链的，所以隔离见证同样增加了区块链的存储空间。

核心开发团队控制着代码的修改权，在比特币社区也有很高的声望和控制力，核心开发团队在隔离见证的推行和反对扩容方面一直很强势。笔者认为不排除核心开发团队希望通过主链的拥塞导致高额的手续费，然后把日常高频交易引流到到闪电网络上，最终把比特币主链变成结算网络。如果交易都放在链外的闪电网络上执行，比特币矿工就很难收到交易费，收益将受到很大影响。挖矿的 Coinbase 奖励越来越少（每 4 年减半），到 2040 年 Coinbase 奖励结束后，闪电网络等于砸了矿工的饭碗。

矿工的态度从最开始的合作（同意隔离见证方案，但要求区块增加到 2MB 空间），到后来与核心开发团队的决裂，拒绝隔离见证并直接采用了扩容的硬分叉方案。核心开发团队认为扩容会导致个人不能运行全节点，因为每个区块太大了，最终只有公司能运行导致中心化。而矿工认为闪电网络将会导致交易的中心化，并且是被一家商业公司 Blockstream 所控制，这也违背了比特币去中心化的初衷。

笔者认为双方分歧的根源在于交易手续费以后谁来收，其实就是利益之争。

4.13　侧链——闪电网络

侧链（SideChain）的概念是相对主链而言的，侧链一词起源于 2012 年的比特币社区，是指依附于比特币的辅助链，使比特币资产可以向辅助链上转移，也可以从辅助链安全地返回到比特币主链。现在侧链的概念更加宽泛，不仅限于比特币区块链的辅助链，泛指可以支持不同区块链之间的资产转移和流通的一种协议。

侧链实现的方案是双向锚定（Two-Way Peg），将主链上的资产锁定，在侧链上释放等价的侧链资产并在侧链流通，使用完毕后把侧链上的资产在侧链上锁定，然后在主链上释放。只要符合侧链协议，所有的区块链都可成为某个区块链的侧链，侧链和主链之间有一道"防火墙"，即侧链上的 bug 不会影响主链的运行，如图 4-25 所示。

侧链的发起源于解决比特币的交易拥塞，比特币平均每秒 7 个交易的承载量是无法支持日常高频小额支付的。侧链可以被理解成特定为比特币高频支付所设的一个临时账本，该账本用于临时记录交易双方的高频交易，等到双方交易完成后再到比特币总账本上结算。就如同打麻将时用的筹码，大家每打完一圈并不立即用现金结账，暂时用筹码结账（交易只记录在侧链上），打麻将结束后大家根据筹码的多少再用现金结账（在主链上存储交易记录），由此一来比特币的链上交易量将大为缩减。

区块的扩容和隔离见证等技术只能在一定程度上增加比特币的交易处理能力，这些方式远无法达到像信用卡支付确认一样的速度，交易处理能力和区块大小是一对不可调和的矛盾，闪电网络（Lighting Network）概念的出现为比特币高频支付提供了可能。闪电网络主要由两个基于微支付通道的新型合约组成：序列到期可撤销合约（RSMC）和哈希时间锁定合约（HTLC）。

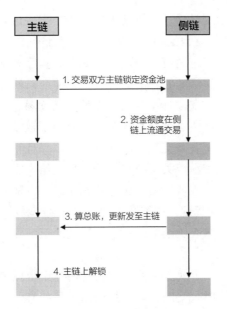

图 4-25　数字资产在主链与侧链间双向锚定

4.14　支付通道

4.14.1　微支付通道

微支付通道是闪电网络的核心基础，是在比特币区块链之外建立的一种不依赖信任机制的交易。如果交易双方有很频繁的交易，其他人并不在意他们的交易细节，其实没有必要把他们交易的中间过程都上链，只需要把交易的最终结果上链即可。微支付通道中的交易都在比特币链外执行，不需要等待比特币区块的确认，因此微支付通道可以支持极高的TPS（Transaction Per Second），即每秒交易量。

支付通道并不是真的有一个专门的通道用于支付，而是指一种中间的交易状态。微支付通道的建立是交易的买方向一个 2-of-2 的多重签名地址转一笔钱作为交易保证金，用以保障通道的执行。

为了保障买方利益，以防卖方跑路造成买方的保证金被锁死，在向比特币网络发送保证金交易之前，买方构造了一个"退款交易"发给卖方要求卖方签名，以此保障在卖方不回应的情况下买方可以拿回自己的保证金。但退款交易有最早时间（区块高度）限制，例如从本交易上链后的 1000 个区块以后，限制买方只有在一定的时间以后才能退还保证金。在后续的高频交易中，所有的交易时间锁都要短于退款交易，以保障卖方在双方交易完成后能在退款交易执行之前兑现。退款交易只是买方的一个保障，买方并不会向全网广播这个退款交易，其实即使当时发送了也是无效的交易，共识机制规定早于锁定时间的区块是无效区块。有了买方签名的退款交易后，买方就可以放心地把保证金交易向全网广播了，因为买方知道最差的情况下也可以在设定的时间以后拿回保证金。

在保证金交易被确认后，支付通道就算建立起来了，卖家开始提供服务或商品，买家收到服务后用保证金里的钱支付给卖家，例如每看1分钟视频就自动支付1聪BTC。支付的方式是买家的App重新构造并签署一个包含2个输出的交易，一个输出支付给卖家，另一个输出用于给自己的地址找零。这个交易的时间锁要小于退款交易时间锁，并且后续的新交易的时间锁都要早于之前所签署交易的时间锁，用以保证新的交易能够在老交易之前进行广播提现的方式来废除老交易。买家把交易签名后发给卖家，卖家收到后签名并发回给买家，这时双方都有带有双方签名的最新交易状态，每一方随时都可以通过向系统广播最新的交易状态关闭交易通道而提现，或继续进行交易直到交易结束。

最后，只有两个交易记录在区块链上，一个是建立通道的保证金交易，另一个是买卖双方最终结算的交易。

微支付通道有两个缺点。一个缺点是使用时长受限，设定保护买方的退款交易中的时间锁所造成的支付通道的使用时长受限，如果想使用更长的支付通道时间，当卖家不合作时，买家就要忍受同等长度的退款时间。另一个缺点是使用交易次数的限制，每个中间交易的时间锁都要早于前一个交易，如果用区块作为时间粒度的话，一个交易通道最多只能容纳退款交易的区块高度和当前区块高度之差。

不同于中间交易，最后上链的结算交易是没有时间锁的，这意味着买卖双方好好配合签署结算交易，大家就都可以很快在比特币主网兑现提现，如果有一方不合作，迫使另一方单方面关闭支付通道，那么大家都要等到最后一笔中间交易的时间锁到期限后才能兑现。

4.14.2　RSMC

RSMC（Revocable Sequence Maturity Contract，序列到期可撤销合约）通过拓展微支付通道，解决了微支付通道只能单向支付的限制和交易笔数的限制，并增加了用"撤销私钥"撤销中间交易的功能。RSMC的工作原理如下：

❑ 交易双方各拿出一笔保证金在比特币主链上锁定，建立微支付通道；

❑ 同微支付通道类似，在保证金交易发送到主链之前，交易双方各自为这笔钱生成退款交易并要求对方签名发回，主动中断交易的一方要晚于交易对手兑现资金；

❑ 交易双方每签署一笔新的交易之前，交易一方通过发送撤销私钥给另一方将上一个合约作废；

❑ 其中任何一方可随时根据最新的合约发起提现请求，另一方没有在规定时间内反对，则按分配方案上链；

❑ 如果一方用旧合约申请提现作弊，另一方若能及时举证其作弊，则将作弊方资金罚没给举证方；

❑ 鼓励长期链外交易，先提出提现的一方资金到账时间晚于交易对手方。

下面举例看一下 RSMC 的交易过程：

1）甲乙共同签署合约，甲方 1 个 BTC，乙方 2 个 BTC，共计 3 个 BTC 锁定在比特币主链上。

2）第一次交易：甲给乙转 0.9 BTC，双方更新合约，甲方 0.1 BTC，乙方 2.9 BTC，旧合约作废。

3）第二次交易：乙给甲转 0.5 BTC，双方更新合约，甲方 0.6 BTC，乙方 2.4 BTC，旧合约作废。

4）双方不再交易，甲用最新的合约向系统发出提现请求，乙没有异议。

5）根据 RSMC 合约规则鼓励长期链外交易，由于是甲提出提现请求，因此在时间上甲要晚于乙获得交易资金余额返还，乙获得 2.4 BTC，甲获得 0.6 BTC。

6）在第 4）步中，如果甲作弊用了第一次交易后的合约申请提现，乙在规定时间内举证甲作弊，甲的 0.6 BTC 将被罚没并奖励给乙，乙最终获得全部 3 BTC。

4.14.3 HTLC

HTLC（Hashed TimeLock Contract，哈希时间锁定合约）利用智能合约对支付通道进行了进一步扩展，使用了哈希锁和时间锁来锁定交易。用以锁定交易的哈希值是接收方生成并发给发送方的，这个哈希值是接收方预先设一段秘密随机数，并针对该随机数做哈希然后把哈希值发送给发送方，解锁则需要接收方提供秘密随机数来解锁。如果在一段时间内接收方没有提供相应的秘密随机数，时间锁将自动解锁，并将金额返还给发送方。

比特币对交易和 UTXO 的锁定时间有不同的加锁方式，对交易加锁通过设定 nLocktime 字段来实现，对 UTXO 加锁通过 CLTV 脚本来实现。

如果 nLocktime 被设定的值大于 5 亿，系统将把它解读为 UNIX 时间戳，如果 nLocktime 的值大于 0 且小于 5 亿，则将其解释为区块高度。如果 nLocktime 的值被设为零，则表示没有限制，所有含有非零值 nLocktime 的交易都被视为在此指定的时间或区块高度之前，这个交易是不能被打包进区块的，所有节点在收到这个交易时会拒绝这个交易，也不会将其传播给其他节点，因此交易发送方只能在 nLocktime 到期之后发送才有效。付款者可以把这个交易只发给收款者，作为一种延期付款方式，等到期后由收款者发送到比特币网络，但是这样做有一个漏洞，如果在付款者在这笔交易到期之前再创建一笔交易，花费同样的 UTXO 但收款方是其他人，比如付款者自己，这样就造成了双花，因此单独使用 nLocktime 对交易上时间锁没有意义，需要同时也给 UTXO 上一把时间锁来配合使用。

CLTV（Check Lock Time Verify）用以对 UTXO 设定何时可以花费的时间锁。例如，甲给乙发送比特币，但限定乙只有在 3 个月后才可以花费这笔钱，锁定脚本如下所示：

```
<now + 3 months> OP_CHECKLOCKTIMEVERIFY OP_DROP OP_DUP OP_HASH160 <乙的公钥哈希>
OP_EQUALVERIFY OP_CHECKSIG
```

在乙构造一个交易要花费这笔钱时，乙需要把 nLocktime 设置为等于或更大于甲设置的 Check Lock Time Verify 时间锁，然后再把这个交易广播出去。

HTLC 的时间锁就是使用 CLTV 来实现的，如果乙在过期时间之前提供秘密随机数，这笔钱就会支付给乙，如果乙未能如期提供秘密随机数，则这笔钱返还给甲。HTLC 的脚本如下所示：

```
OP_IF
OP_HASH160 <乙的秘密随机数> OP_EQUALVERIFY OP_DUP OP_HASH160 <乙的公钥哈希>
OP_ELSE
<过期时间> OP_CHECKLOCKTIMEVERIFY DROP OP_DUP OP_HASH160 <甲的公钥哈希>
OP_ENDIF
OP_EQUALVERIFY
OP_CHECKSIG
```

4.14.4　闪电网络

闪电网络（Lighting Network）是由 Blockstream 公司开发的比特币侧链，闪电网络提供了一个微支付通道网络，只要交易双方预先设置点对点的支付通道，就可以实现高频交易的瞬间确认。即使双方没有预设点对点支付通道，只要网络中存在一条连通交易双方的间接支付路径（由多个点对点支付通道构成），交易双方就可以利用这条支付路径实现双方的资金转移。

RSMC 在使用中有一定的局限性，用 RSMC 完成交易的前提是两个交易账户需提前签订建立转账支付通道，和每一个交易伙伴都建立这种通道是比较烦琐的。

有了 HTLC，就可以基于六度人脉理论把系统中现有支付通道连接成一个网络，使得没有直接建立支付通道的两个账户可以利用其他账户的通道作为中转进行转账。

下面举例看一下闪电网络是如何工作的。如图 4-26 所示，在这个例子中，有甲、乙、丙和丁 4 个参与者。甲和乙、乙和丙、丙和丁分别开通了支付通道，但甲和丁之间没有开通支付通道。

图 4-26　闪电网络中 HTLC 限时转账流程

当甲需要给丁转账 1 BTC 时，甲不想和丁开通支付通道，因为开通支付通道需要支付保证金，并且甲和丁只是偶尔转钱。这时候甲可以通过闪电网络查询他和丁之间是否有一个基于支付通道的"六度人脉网络"，发现有连接的路由后发生了以下的事情：

- 丁生成一段密文 secret，并把该密文的哈希值发送给甲，甲用这个哈希值 Hash（secret）构建一个 HTLC 合约，这个 HTLC 约定，如果乙能在 3 天之内提供 secret，则甲同意从他俩的支付通道中扣除 1.2 BTC 给乙，如果 3 天后乙没有提供 secret，则 1.2 BTC 退回给甲，甲把这个 HTLC 发给乙；乙收到后也构建一个 HTCL，约定如果丙能在 2 天之内提供 secret，则支付给丙 1.1 BTC，并把这个 HTLC 发给丙；丙收到后也构建一个 HTCL，约定如果丁能在 1 天之内提供 secret，则支付给丁 1 BTC，并把这个 HTLC 发给丁；
- 丁收到后，在 1 天之内给丙发送了 secret；
- 经过对 secret 的证，丁收到了和丙的支付通道中的 1BTC；
- 丙在 2 天之内将丁发送给丙的 secret 发送给了乙；
- 经过对 secret 的证，丙收到了和乙的支付通道中的 1.2 BTC，丙从中赚得 0.1 BTC 的通道费；
- 乙在 3 天之内将丙发送给乙的 secret 发送给了甲；
- 经过对 secret 的证，乙收到了和甲的支付通道中的 1.2 BTC，乙从中赚得 0.1 BTC 的通道费。

最终甲在不用和丁建立支付通道的情况下，以支付 0.2 BTC 通道费成本的方式完成了对丁的支付，同时也确保了用户的隐私性，在这个支付过程中甲和丙，以及乙和丁都不知道对方的存在。

Chapter 3 第 5 章

区块链应用场景及政府监管

5.1 跨境支付

区块链具有去中心化、去中介化、去信任、不可篡改等特性,这些特性能够弥补当前传统金融机构的不足,国际上很多金融机构也都在探索运用区块链来解决高成本和效率低下的问题。

5.1.1 SWIFT

SWIFT(Society for Worldwide Interbank Financial Telecommunication,环球同业银行金融电讯协会)是一个国际银行同业间的国际合作组织,运营着一个全球性的金融电报网络,金融机构可以通过这个网络与同业机构进行电子化交换来完成金融交易。例如,位于北京的中国银行可以通过 SWIFT 网络与位于纽约的花旗银行进行银行间的资产清算、支票清算,以及客户信息交换等金融交易。

SWIFT 有两个缺点。一个是手续费比较贵(大概在本金的 0.1% 左右),除了银行自身收取用户的手续费之外,还需要给 SWIFT 支付电报费(大概是人民币 150 元左右),如果两家银行没有直接业务,还需要通过中间银行周转,每家中间银行也要收取几美元到几十美元的过路费,经过的中间银行越多,手续费就越高。另一个缺点是时效性,银行间款项的实际结转都尽量延迟到晚上,统计与其他对手方银行的转入转出金额,最后只需要实际转入或转出与对手方银行的差额即可。因此一笔 SWIFT 汇款快则 2 天到账,慢则需要一周的时间,对于小额的跨境汇款更显现出 SWIFT 的低效和昂贵。

SWIFT 在目前还是最主流的跨境支付渠道，众多银行等金融机构的参与就像如今社交领域的支付宝，短时间内是很难改变的。面对一个个竞争对手利用区块链技术的碾压，SWIFT 也开始积极着手应对。SWIFT 启动了 SWIFT 全球支付创新服务 SWIFT GPI（Global Payments Innovation），将跨境支付的时间从过去的几天降低到如今的十几分钟。

SWIFT 也认识到了区块链的重要性，作为 SWIFT GPI 技术路线的一部分，SWIFT 与超级账本合作，一起探索区块链在跨境支付中各个环节的有效性和可行性，并完成了产品的概念验证，目前已经邀请了数十家金融机构参与沙盒实验。

5.1.2 Ripple

Ripple 为了解决跨境支付问题，建立了世界上第一个开放支付系统，其愿景是打造一个升级版的 SWIFT。Ripple 是由 OpenCoin 公司开发和维护的一个 P2P 支付软件，任何人都可以随时下载该软件并创建一个 Ripple 账户进行交易。目前可以支持比特币、人民币、美元、欧元等世界主流货币，交易可以在几秒钟内完成。

Ripple 的早期版本是一种基于信任链的设计模式，只支持朋友之间或通过共同的朋友进行转账交易，这无疑限制了 Ripple 的发展。在 2013 年，Ripple 为了解决信任链的限制，推出了瑞波币（XRP）和网关系统。XRP 就像比特币一样是一种数字货币，用于在 Ripple 网络中作为支付的介质。网关系统类似于你要进行委托汇款的银行等金融机构，用户用法币在网关进行充值，网关给用户生成一种称为 IOU（I Owe You）的欠条，IOU 是网关发行的一种自定义的 token，网关为自己发行的 token 提供了信用背书，任何人只有持有该网关的 IOU，都可以将此 IOU 兑换成法币。

下面举一个 Ripple 转账的例子，在中国的用户 A 要给在美国的用户 B 转账 100 元人民币。首先，用户 A 需要找一个可信任的网关进行充值，A 找到了网关甲并充值 100 元人民币，并收到甲发行的 100 元人民币 IOU，然后把该 IOU 转给在美国的用户 B，B 收到该 IOU 后可以直接向在美国的网关乙提现 100 人民币，就此完成转账。网关甲和乙之间按照约定的时间进行结算，乙把该 IOU 发给甲，甲给乙支付 100 元人民币，该 IOU 随即被销毁。

上面的跨境转账例子中转的是同一种货币，我们再来看看如果 B 要求接收美元的转账流程。在 A 收到网关甲的 IOU 后，可以在系统中通过交易系统把 100 元人民币的 IOU 换成 XRP，然后把 XRP 支付给 B，B 将收到的 XRP 换成某个网关发出的等值美元 IOU，然后把这个美元 IOU 通过网关乙提现，就此完成转账。网关甲和乙会和其他的网关进行 IOU 结算，销毁人民币和美元 IOU。

Ripple 支持大部分主流货币，也在逐步实施对其他数字货币的支持。Ripple 不但转账速度非常快，在几秒钟就能完成交易的确认，而且其转账手续费非常低，几乎可以忽略不计。

Ripple 是一个开放性的网络，几乎任何人都可以建立一个网关，这也会造成网关的良莠不齐。因此 Ripple 设立了 IRBA（Internal Ripple Business Association），IRBA 设置了网关的转入门槛，只有符合 IRBA 设置条件的网关才能获得 IRBA 认证标志。这些条件包括网关必须符合当地的法律、公开收费标准以及充值提现账号。Ripple 是一个基于信任的网络，合作伙伴对网关"用脚投票"，对于信誉好的网关，其合作的网关也就越多，共同搭建信任链以吸引更多的用户，这就形成了马太效应，最终淘汰掉那些不好的网关，形成了网关的可信度。

Ripple 也在积极地签约金融机构，宣称已经签约了包括美国运通、西班牙桑坦德银行、CIBC、西联等 120 多家金融机构。Ripple 签约的大都是些不知名的小金融机构，对于跨境支付这块大蛋糕，传统金融巨头不甘被第三方主导，于是花旗银行、汇丰银行、德意志银行、高盛、J.P. 摩根、瑞银等 80 多家金融巨头相继加入了 R3 联盟。R3 联盟是由一家总部位于纽约的区块链创业公司 R3CEV 发起的区块链联盟，其主打产品 Corda 致力于运用区块链技术，通过数字版法币提升跨境支付及同业结算的效率。

随后 R3 联盟开始计划用其他更稳健的方案替代区块链方案，加上对 R3 的投票前以及区块链专利注册等矛盾，J.P. 摩根、高盛和桑坦德银行相继退出 R3 联盟，转而自研或投资其他的区块链公司，后面章节中着重介绍的 Quorum 就是典型范例。

5.1.3 J.P. 摩根——JPM Coin

J.P. 摩根又称摩根大通或小摩，是在 2001 年由 J.P. 摩根公司与大通银行合并成立的。2019 年 02 月 14 日，J.P. 摩根宣布将在私有链平台 Quorum 上发行自己的加密货币——摩根币（JPM Coin），用以支持基于区块链的跨境支付和证券交易。J.P. 摩根已经在 Quorum 上进行了债券发行的测试，未来机构投资者不需要再使用电汇而直接用 JPM Coin 来购买债券，从而实现实时结算。

JPM Coin 不是法定电子货币，是一种类似 USDT 的稳定币，和美元挂钩，每一枚 JPM Coin 的价值相当于 1 美元。它和 USDT 的区别是，JPM Coin 的发行对象是机构客户而非个人，只用于银行企业客户的交易结算而不会在二级市场进行交易。USDT 的作用是用于投资，而 JPM Coin 目前则仅用于支付。

当 J.P. 摩根的客户通过区块链向另一个客户进行转账交易时，需要先将法币存入指定账户并换取 JPM Coin，然后用 JPM Coin 进行转账支付，收款方收到 JPM Coin 后可继续用 JPM Coin 交易或选择提现，大大提升了结算效率。

5.1.4 蚂蚁金服

马云非常看好区块链技术，他不止一次地公开表示，比特币也许是一个泡沫，但区块链不是。阿里巴巴的愿景是"让天下没有难做的生意"，跨境支付的低效率是让人难以忍受的。在马云的支持和推动下，蚂蚁金服在持续多年探索区块链技术和应用落地场景之后，终于在 2018 年 6 月 25 日，中国香港支付宝钱包 AlipayHK 上线了基于区块链的电子钱包跨境汇款服务，由渣打银行作为核心伙伴银行，为 AlipayHK 及有"菲律宾支付宝"之称的 GCash 提供结算及即时外汇汇率和流动性服务。第一笔汇款由 AlipayHK 钱包发起转账到

GCash 钱包，总耗时仅用了 3 秒钟。

此前也有基于银行内部区块链的法币跨境转账，或如 Ripple 基于数字货币为载体的跨境转账，但基于区块链的跨机构法币转账，且没有发行数字货币为转换媒介还是第一次。

区块链技术在跨境支付中的应用目前大概有两种。第一种是以 Ripple 为代表的，发行并使用数字货币作为不同币种兑换的媒介；第二种是将区块链技术用于金融机构汇款报文传输的接口，把区块链当成共享存储和消息传送工具，从而达到防篡改并提高效率的目的。蚂蚁金服的方案应该归属于第二种。

由于跨境支付涉及多个参与方，传统模式下汇款信息需要每一方确认并串行地传递下去，串行的效率比较低。而在运用区块链的模式下，用户提交汇款申请后，交易各参与方可通过分布式账本与智能合约将交易流程最大化并行处理，对一些隐私数据又可以用非对称加密技术进行隐匿和隔离。在监管方面，整个汇款流程更加透明，易于各家金融机构进行监管，增加了非法洗钱的打击力度。

5.2 数据存证

电子数据的复制成本非常低，几乎接近于零，且复制没有磨损。电子数据的时间属性也不好界定，因此很难判定两份内容一样的电子数据的时间先后顺序，这导致了数据的盗版横行。

互联网的蓬勃发展为文化作品的传播提供了很大的便利，然而原创作品在互联网上传播时的侵权事件也屡屡发生。剽窃者对侵权行为往往不承认，原创者在维权时需要提供被法律认可的证据。由于启动法律程序进行维权成本高，取证难，大多原创者最终都选择了放弃维权。

在大数据时代，每个人都可能面临对数据主权的维护，或提供数据存证的司法有效性，基于区块链的不可篡改性，数据存证也是一个很好的应用场景。2018 年 6 月 28 日，全国首例区块链存证案在杭州互联网法院一审宣判，法院支持了原告采用区块链作为存证方式并认定了对应的侵权事实。

有些数据比较大，例如视频文件大则几个 GB，并不适合直接存储在分布式的区块链账本上，通常上链的数据存证都以哈希值的形式，即"数据指纹"，存放在链上。根据哈希函数的特性，无论多大的文件，它的哈希值都很小且哈希值都是唯一的，用户的原始数据都保存在用户本地电脑上，不会被公开存放到区块链，也保护了数据的隐私性。

5.2.1 保全网

目前国内做数据存证的公司也很多，做得比较早、比较知名的是保全网。保全网是一家位于杭州的区块链公司，成立于 2015 年 5 月，提供一站式的数据存证和提取共证材料的服务，支持文件、图片、视频、流程数据的存证。保全网和公证处及鉴定机构合作，由保全网保全保存的数据具备完整的法律效力，可线上直接申请出具相关鉴定报告。

2018年，杭州互联网法院受理的区块链存证第一案中所采用的存证数据就是通过保全网获取的。案件中原告诉讼被告在其运营的网站上发表了原告享有著作权的作品，原告在保全网平台对被告的侵权网页进行取证，将网页截图、源代码等信息计算出哈希值，并上传到区块链上存证。互联网法院认可保全网平台的中立性，也认可对侵权网页生成的存证数据具有真实性、完整性与不可篡改性，最终杭州互联网法院基于保全网的取证，判定被告公司侵权。

保全网当前的公式节点有7个，平均数块时间为3秒钟，已存储保全数据2700万条。其用户量有100多万，主要分布在北京、上海、深圳和杭州。

5.2.2 Factom

Factom是一家位于美国德州的区块链创业公司，致力于利用比特币的区块链技术来革新商业和政府的数据管理和数据记录方式。Factom在数据存证方面在国际上有很高的知名度，在2018年的杭州的区块链存证第一案中，用户也用了Factom作为数据存证的载体。

Factom对外提供API和BaaS服务，用户可以在Factom系统上开发新的应用程序，把数据保存在区块链上，又不受制于比特币区块链的成本和效率限制。Factom涵盖的领域包括审计系统、医疗信息记录、供应链管理、投票系统、财产契据、法律应用和金融系统等。

比特币区块链在设计之初是为了建立一个纯的电子先进系统，出于安全考虑，比特币区块链的脚本语言不是图灵完备的，这就限制了比特币区块链技术对较复杂的智能合约的支持，因此基于比特币区块链上开发的应用要少于以太坊。Factom当初为什么使用比特币网络呢？主要原因是当时以太坊技术还不够成熟，另外因为比特币区块链的矿工节点最多，所以抗攻击性也最强。

并不是说不能基于比特币区块链开发应用程序，比特币交易里的交易输出有一个OP_RETURN扩展指令，可用于传递信息，就如同在支票上做备注一样，能够将信息写在交易中并添加到区块链上，而Factom就是基于这个协议。其实不支持图灵完备的智能合约也有好处，就像机械部件要比电子部件可靠、不容易出故障，比特币区块链很少因为自身的漏洞造成财产损失，大部分都是交易所的bug或管理不善导致被黑客攻击。而以太坊就是因为智能合约SDK的漏洞造成了资产的被盗。

Factom虽然利用了比特币区块链网络，但也有自己的一套账本，用来记录数据指纹哈希值，每隔10分钟就把所记录存证的Merkle Root Hash通过OP_RETRUN放到比特币区块链上。Factom存证信息的指纹通过Merkle Root Hash锚定到了Bitcoin上，如果要想篡改Factom上的一个存证，不仅要篡改Factom上的数据，还要篡改比特币区块链上存储的Merkle Root Hash数据，这无疑增加了攻击难度。所以Factom不仅没有受到比特币区块链平均每10分钟的出块速度的影响，还有了比特币区块链的抗攻击性做背书。

5.2.3　仲裁链

由微众银行联合广州仲裁委、杭州亦笔科技利用区块链技术搭建了用于司法仲裁的"仲裁链"。2018 年 2 月，广州仲裁委基于"仲裁链"出具了业内首个裁决书。

仲裁链是基于金融区块链合作联盟（简称"金链盟"）区块链底层开源平台 FISCO BCOS 所打造的司法应用落地项目。BCOS（BlockChainOpenSource）是由微众银行、万向区块链、矩阵元三方共同研发，为推动区块链商业场景落地共同打造的区块链技术基础设施及服务平台。FISCO BCOS 又是基于 BCOS 平台进行深度定制的金融版区块链底层平台，用于打造一个深度互信的金融区块链价值共同体。

通过仲裁链，仲裁机构也参与到存证业务过程中，一旦发生纠纷，仲裁机构可以直接从链上获取证据的数字指纹，与申诉人和被诉人提供的数据，进行校验，确认证据真实有效后，仲裁机构依法做出仲裁并出具裁决书。仲裁链使仲裁机构能够快速完成证据的核实，有效缩减了仲裁流程，快速解决了纠纷，降低了仲裁成本，从而提升了司法效率。

5.3　防伪溯源

随着科技的发展，假奶粉、地沟油等假冒伪劣产品逐渐充斥市场，即使头部的电商平台也被假货所困扰。不仅消费者深受其害，被仿冒的企业也苦不堪言，每年电商平台和知名企业投入大量人力、物力进行打假，但收效甚微。贵州的"老干妈"，为了打假专门组建了律师打假团队对抗山寨产品，虽然有些效果，但成本太高。

目前传统的防伪溯源手段主要以查询码和二维码为主，通过刮涂层获得查询码然后输入查询码查询认证，或扫描包装上的二维码通过服务器认证。这两种防伪效果对于低客单价的商品也许有效，但对高客单价的商品很难做到有效防伪，相对于制假所获取的高额利润，获得伪造的查询码和二维码的成本可以忽略不计。通过买通生产企业、防伪技术提供商的内部人员可以在服务器上添加仿冒信息，或买通包装的内部人员获得查询码或二维码数据进行复制，任何一个环节出问题都可以令传统防伪手段形同虚设。

区块链恰恰可以很好地解决这些问题，由于数据库分布在不同组织的节点上，要想篡改数据就需要买通每个组织的内部人员，篡改难度相对于中心化的数据库呈指数级增加，大大增加了伪造的成本。传统防伪技术的数据如同一个黑盒，对用户不可见，即使验证通过，用户也会半信半疑。区块链上的数据公开透明，增强了验证溯源的公信力，因此防伪溯源被认为是区块链技术落地最有前景的领域。

国内电商巨头阿里巴巴和京东都运用区块链技术搭建了防伪溯源平台。阿里的天猫国际通过区块链技术开始实施全球溯源计划，通过对进口商品生产、通关、商检、运输等全链路信息进行上链追踪，为每个跨境进口商品添加"身份证"。随着茅台酒价格的暴涨，假冒茅台数量也跟着暴涨，即使是最先进的二维码锯齿防伪技术也不能阻止假茅台在市场上横行，让茅台酒厂苦不堪言。阿里和茅台酒厂合作，为茅台定制开发了防伪溯源系统，通过在茅台酒瓶盖内的 RFID，可以很容易地自动跟踪记录茅台酒灌装、出厂、运输、入库、销售的所有时间和路径，用户通过扫描特殊设计的二维码可以很方便地查询所购买茅台酒的所有信息。

除电商平台之外，国内的区块链公司布比、唯链也都开发了防伪溯源的技术方案。布比的"物链追溯"主要服务于厂商、仓储物流、供应链等行业，产品可双向追溯、辅助防伪、供应链关键信息的实时采集与共享。唯链与欧洲知名奢侈品品牌合作，通过将 NFC 防伪芯片植入商品内，通过区块链技术实现对商品的防伪、追踪乃至整个生命周期的管理。

5.4　区块链电子发票

我们都有开发票的糟糕体验，尤其是在酒店退房只剩几秒钟时，而开发票有时要排队等十几分钟。除了要在手机上找出开票信息之外，有时还遇到发票抬头打错或密码区折叠，还需要再跑到这家店重开。有时会碰到店家的发票机器故障，或连不上网，要等到下次出差到这个城市再开，对于金额不太大的消费干脆自己掏腰包了结。由于报销流程烦琐，经常出差的人会积攒几次出差的票据一起报销，除了粘贴发票和回忆费用的用途外，还经常碰到发票丢失的情况。

商家的体验也不是很好，商家不但要购买配置相应的硬件设备，还要支付人力成本手工填写单位名称、税号等信息，在营业高峰期也很容易出错，这不仅影响用户体验，对于小微企业来讲也都是成本。

传统的电子发票能被篡改信息或重复使用，财务人员很难有效辨伪，最后造成利用电子发票的漏洞进行虚假发票报销，即使税务部门正在对这种行为大力治理，在巨大的利益驱使下，虚假发票问题仍然无法得到根治。

通过借助区块链技术，这些痛点都将被解决。在 2018 年 8 月 2 日，蚂蚁金服和航天信息合作开发的区块链医疗电子发票系统试运行上线，在杭州、台州、金华三地医院的患者用支付宝缴费后，相关电子票据就会自动发送到患者的支付宝"发票管家"里，使用现金等其他支付方式的患者，只需扫描检查单上的二维码，就能获得相应的电子发票。区块链医疗电子发票可以有效地杜绝重复报销，区块链医疗电子发票在使用的过程中都加盖了戳，比如一张电子票据报销后会被加盖上"已报销"的戳，并将信息上链，这些信息可追溯且不可篡改，从而根治了纸质发票和传统普通电子票的问题。

5.5　政府监管

货币对于一个国家的经济和金融具有重要意义，而金融的动荡将直接引发一个国家政治局势的变动。比如，2008 年冰岛的金融危机中银行业出现了问题，导致总理宣布国家面临破产。比特币等数字货币去中心化的发行、可匿名性以及无国界的流通性，对一个国家的法定货币和金融监管是一个很大的威胁和挑战。

各国对数字货币的发行持有不同的态度，对数字货币政策比较友好的国家有委内瑞拉、马耳他、瑞士、德国、日本、新加坡和澳大利亚，其他国家大都对数字货币的发行 ICO 有比较严格的监管，中国对 ICO 的政策尤其严厉，采取严格禁止的态度。

中国虽然对 ICO 和数字货币的监管非常严格，但是对区块链技术却是报以积极和肯定的态度。然而，监管方面始终严守政策红线，监管手段和监管力度会继续升级，在技术研究探索方面给予政策扶持，鼓励企业探索区块链技术与实际应用场景结合，并加大对区块链产业的扶持力度。

区块链技术在全球还没有统一的标准，政府也在积极推动区块链行业标准的建设和发展。工信部牵头，以相关附属机构为主导，积极探索区块链技术的标准化与统一化，并于 2016 年发布了《中国区块链技术和应用发展白皮书》。白皮书从技术角度描述了区块链的演进路径、主要技术模块构成以及典型应用场景，并给出了区块链技术在中国的发展建议。

2018 年 10 月，中国信息通信研究院、中国通信标准化协会和可信区块链推进计划联合主办了"2018 可信区块链峰会"，大会发布了首批可信区块链标准评测结果，腾讯、华为、百度、太一云等 20 家企业的产品通过了功能评测。大会也进行了十大区块链落地案例的评选，入选的有腾讯和深圳税务局的"区块链电子发票"、百度的"图腾区块链版权服务平台"和中化能源科技的"原油跨境贸易应用"等项目。

以百度、阿里巴巴、腾讯、京东为代表的中国企业，以及各大高校、科研机构先后成立区块链研究中心，尝试将区块链技术应用于商业领域。在供给侧结构性改革的政策背景下，利用区块链等新兴技术推动传统产业的转型升级，成为改革思路之一。为了抓住区块链技术带来的机遇，中国政府及相关机构开始研究制定区块链技术国家标准。在产业政策方面，各部委和地方政府陆续出台文件，加强产业引导。

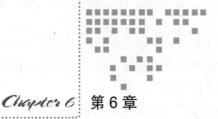

Quorum 架构

由于超级账本 Fabric 早期版本没有引入数字货币机制，无法满足金融行业的落地需求，以美国的金融巨头摩根大通和微软为主的企业以太坊联盟（Enterprise Ethereum Alliance，EEA）基于以太坊公链打造了企业级的以太坊区块链平台 Quorum，也被称为企业以太坊。

Quorum 是一个基于以太坊开发的开源联盟链，在以太坊的基础上增加了隐私保护，通过引入私有状态、私有交易等功能对交易数据进行加密，以保护企业间交易的私密性。目前 Quorum 已经被广泛应用于金融行业，如摩根大通的 JPM Coin 以及大宗商品交易领域。

6.1 架构概述

Quorum 是在以太坊 Go-Ethereum 的基础上进行的二次开发和特性增强。交易在以太坊上都是公开可见的，任意以太坊客户端都可自由加入和退出以太坊网络。而在商业环境中，隐私和权限是非常重要的一环，以太坊缺少相应的隐私特性来支持商业保密性要求。Quorum 扩展了以太坊应用场景和使用范围。

企业以太坊随着以太坊的演进而变化，以借力以太坊社区开发者的智慧和技术成果，Quorum 设计之初就考虑到与以太坊架构的兼容性。Quorum 的隐私管理模块单独实现了一个子系统，该子系统称为交易管理器，用于专门存储和传输企业以太坊上的私有交易的原始数据。通过这种方式，把私有交易与以太坊上的公开交易分离开，使得私有交易参与者的企业以太坊客户端才可以使用这些数据，非私有交易参与者则无法使用这些私有交易的数据。Quorum 与交易管理器之间通过 HTTPS 通信，交易管理器之间通信方式是 P2P 或 HTTPS。企业以太坊的高层级架构如图 6-1 所示。

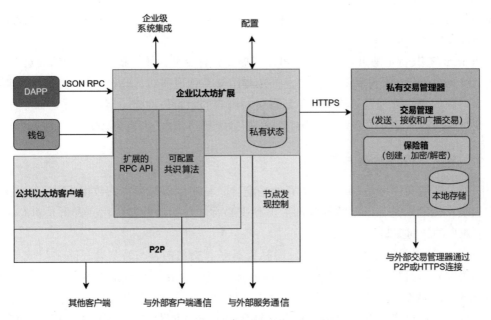

图 6-1　企业以太坊高层级架构

Quorum 提供了有别于以太坊的可配置的共识模块、扩展的 RPC API 与权限管理、隐私交易相关的专用接口，还提供了一个私有状态数据库以存储节点的私有交易。Quorum 对企业以太坊客户端建立了清晰的分层业务模型，该模型从上到下分为五层：应用层，工具层，隐私、性能和许可层，核心区块链层及网络层。

6.1.1　应用层

Quorum 的应用是在企业以太坊客户端之外提供特定业务逻辑实现的去中心化应用。这些应用包括以太坊命名服务 (ENS)、节点监控系统、区块浏览器、去中心化钱包，以及一些实现企业业务逻辑的行业应用等。

去中心化应用通过 RPC API 接口与 Quorum 节点交互。相较于以太坊区块链，Quorum 节点在应用调用其 RPC API 时会进行一系列的权限检查，唯有经过授权的 API 调用才是合法和有效的。这些权限检查由 Quorum 的权限管理智能合约实现，它能够实现节点级别或账户级别的访问控制权限。在当前版本的 Quorum 代码实现中，只进行节点级别的访问控制管理，用以管理 Quorum 节点加入和退出企业以太坊区块链平台。

6.1.2　工具层

工具层包含与企业以太坊交互的 API：以太坊基础的（例如，提交交易和发布智能合约等）API，Quorum 扩展的提交私有交易和部署私有智能合约的 API，以及权限管理相关 API 等。以太坊实现基础的 JSON-RPC API，用来提交交易、部署智能合约等操作。这些是由不同语言实现的公共 web3j、web3 和 Nethereum 软件库实现，使用这些软件库可以很方便地与以太坊节点交互。

Quorum 有其特定的 JSON-RPC API，当提交私有交易、部署私有智能合约时会调用到此类 API。例如，在提交私有交易时，首先调用交易管理器的 API 把私有交易发送到私有交易参与者的交易管理器，然后基于私有交易内容的哈希值构建一笔透明的交易发送到企业以太坊区块链上。当这笔交易在企业以太坊区块链上链时，该笔交易便正式完成。

6.1.3　隐私、性能和许可层

隐私、性能和许可是 Quorum 特有的功能。隐私用以保护用户的数据不被不相关的第三方知晓，性能则是在以太坊的基础上提高交易吞吐量而做性能优化，许可是对 Quorum 节点或账户的访问控制。

Quorum 通过私有交易支持隐私。隐私组是私有交易的参与者集合，隐私组成员能够解密和读取发送给隐私组的私有交易。Quorum 节点有世界状态（publicState）和私有状态（privateState）两个数据库，世界状态是全局共享的账户信息（账户树），私有状态是交易的参与者独有的账户信息（账户树）。私有交易会同时导致世界状态中的状态转换和私有状态中的状态转换。交易是在区块链上执行更改一个或多个账户状态的请求，这些账户状态的更改被存储在世界状态或私有状态数据库中。私有交易信息包括交易数据、发送方或接收方，在发送私有交易的 JSON-RPC API 中 privateFrom 和 privateFor 参数分别指定了私有交易的发送方和接收方的公钥。私有交易有两类：一是受限制的私有交易，其中有效交易数据被传输到交易的各个参与者，并且只有交易参与者可读交易数据；二是不受限制的私有交易，其中加密的有效交易数据被传输到企业以太坊区块链中的全部节点，但只有交易参与者可读交易数据。

性能是企业以太坊的一个重要功能，企业以太坊区块链需要支持大量的交易，或者支持计算量很大的任务。企业以太坊区块链的整体性能受到区块链系统中性能最慢节点的限制。目前性能解决方案大致有两类：第一类解决方案是在底层协议层使用分片和简单可平行性（EIP-648）等技术实现；第二类解决方案是不更改底层的基础协议层而是在应用层实现，例如 Plasma、State-Channels 和 Off-Chain 可信计算机制等。

许可是一个系统的访问控制属性，对于企业以太坊来说，许可是指节点加入企业以太坊区块链的权限，以及单个账户或节点执行特定功能的权限。例如，企业以太坊区块链可能只允许某些节点充当区块验证器，并且只允许某些账户部署智能合约。企业以太坊支持对等节点连接许可、账户许可和交易类型许可。节点许可是指企业以太坊网络中的节点具有的网络操作权限，该权限经网络中的其他节点授权。

6.1.4　核心区块链层

核心区块链层是企业以太坊区块链的核心，实现企业以太坊区块链的业务逻辑，包括区块和链管理、交易执行和区块数据共识。区块和链管理用于维护区块，使之成为一条不可篡改的单向链表。区块及其相关数据以键值对的方式存储在 LevelDB 数据库中。交易的执行由以太坊虚拟机（EVM）实现，交易执行会导致世界状态转换和私有状态转换。企业以太坊区块链节点操作一个以太坊虚拟机。共识提供了一种在节点间建立数据一致性协商的机制，是区块链节点对区块链当前状态达成一致意见的过程。在企业以太坊中采用的共识算法包括 IBFT、Raft 和 PoA 三种。

6.1.5　网络层

企业以太坊区块链网络 Quorum 沿用以太坊网络的相关协议，以在节点之间传递消息、建立和维护通信通道。此外，如果企业以太坊区块链节点的共识算法是使用 Raft，还会使用 Raft 服务特有的通信协议在节点之间传输区块数据。以太坊协议的网络子协议包括但不限于如下几种：enode 对等节点唯一标识协议、对等节点发现协议（Devp2p-Node-Discovery）、在对等节点之间进行消息传递以建立和维护通信通道的协议（Devp2p-Wire-Protocol）和实现应用程序之间的密语通信协议（Whisper-Protocol）。

6.2　节点结构及启动过程

Quorum 在以太坊节点结构的基础上增加了新的特性，实现 Raft 共识算法及其区块交互网络的 Raft Service 和实现权限管理模块的 PermissionService 都会被注册至 services 列表，对于隐私交易和 Off-Chain 计算，则使用单独子系统（交易管理器）实现。本节只讲述 Quorum 节点的结构和启动，而不会讲述其子系统——交易管理器的结构和启动。Quorum 节点的主要数据结构及其主要成员解释如下：

```
type Node struct {
    eventmux *event.TypeMux          // 协议栈中服务的事件转发器
    config   *Config                 //节点配置
    accman   *accounts.Manager       // 账号管理器
    serverConfig p2p.Config          //P2P 服务的配置
    server       *p2p.Server         // 当前运行的 P2P 服务
    serviceFuncs []ServiceConstructor // 与 services 对应的服务构造器
    services     map[reflect.Type]Service // 当前节点运行的所有服务
    rpcAPIs      []rpc.API           // 节点支持的 API 列表
    inprocHandler *rpc.Server        //In-process RPC API 请求服务
    ipcEndpoint string               //IPC 监听终端
    ipcListener net.Listener         //IPC RPC 监听套接字
    ipcHandler  *rpc.Server          //IPC RPC 请求处理服务
    httpEndpoint  string             //HTTP 监听终端
    httpWhitelist []string           //HTTP RPC 模块白名单
    httpListener  net.Listener       //HTTP RPC 监听套接字
    httpHandler   *rpc.Server        //HTTP RPC 请求处理服务
    wsEndpoint string                //Websocket 终端
    wsListener net.Listener          //Websocket RPC 监听套接字
```

```
    wsHandler  *rpc.Server                          //WS RPC 请求 RPC 服务
}
```

❑ services：节点中运行的服务列表，该列表实现了 Quorum 所有业务逻辑处理的核心模块和功能。

❑ server：网络 P2P 服务，实现节点发现和节点连接、点对点通信。

❑ accman：账户管理器，管理 Quorum 节点中所有以太坊账户。

❑ rpcAPIs：Quorum 节点支持的所有公共 API 列表。

❑ rpc.Server：远程过程调用服务，服务包括 HTTP、IPC、In-Process 和 WebSocket 四类。其中，IPC 是进程间通信的远程过程调用，In-Process 是进程内部的相互调用。

企业以太坊节点主要由以太坊账户、点对点通信协议、区块链核心服务，以及远程过程调用服务组成。其节点结构如图 6-2 所示。

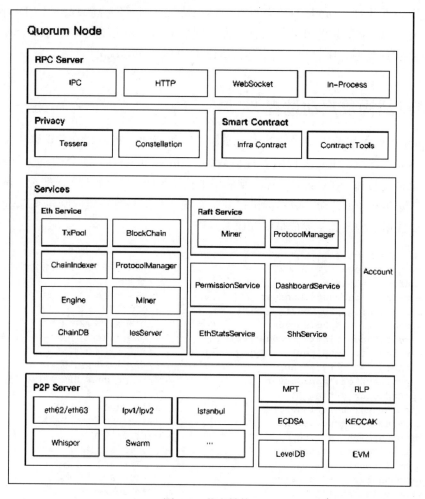

图 6-2　节点结构

6.2.1　以太坊账户

以太坊账户是以太坊区块链外部和以太坊区块链平台交互的唯一方法。账户由地址唯一标识，在以太坊中地址是公钥哈希值的后 20 字节。

以太坊账户分为外部账户和内部账户。外部账户是以太坊用户使用私钥控制的账户，账户内有账户余额。外部账户控制权由存储在以太坊平台外的私钥控制，用于交易签名和提交交易。内部账户是以太坊平台内部的账户，也称为智能合约账户，内部账户除了拥有余额外，还拥有以太坊智能合约的字节码，以及智能合约数据存储树的根哈希值。

以太坊中账户由 stateObject 对象表示，每个 stateObject 都有一个地址与其对应。用户提交转账交易，只需要输入转账交易的接收者地址，系统就会在以太坊区块链上根据发送方和接收方的地址找到对应的 stateObject 对象，记减转账交易发送方账户 stateOject 对象的余额，同时记增接收方 stateObject 对象的余额。

6.2.2　网络通信协议

企业以太坊 Quorum 沿用以太坊网络通信协议，P2P Server 是以太坊点对点网络通信协议服务。以太坊平台之所以被称为一个协议栈，是因为以太坊对等节点的 P2P Server 支持一系列的协议，协议栈声明一个通用的网络子协议 API 接口，用户自定义子协议实例化网络子协议通用接口 API 并注册到底层的 P2P Server，即可在以太坊网络协议中添加一种自定义的网络子协议。在当前的实现中，点对点网络子协议有如下几类：

- ❏ 以太坊核心服务 Eth Service 实现的子协议 eth62 和 eth63，这些子协议实现区块的广播和接收、交易的广播和接收等以太坊核心服务的消息通信。
- ❏ 以太坊轻节点服务（lesServer）的子协议 lpv1 和 lpv2。轻节点没有挖矿功能，也不存储区块全部数据。这些子协议实现了交易签名、交易提交和交易检索，并维护以太坊区块头链（只存储区块头部信息）。
- ❏ IBFT 共识引擎实现的 Istanbul 子协议，在 IBFT 共识引擎中的网络消息通信由 Istanbul 子协议实现，如区块提案、共识三阶段的节点间交互消息的通信等。
- ❏ P2P 服务的 Swarm 子协议，它包含协议和数据流多路复用等子协议。
- ❏ Whisper 网络子协议，它是 DAPP 之间的一种通信协议。

Quorum 除支持上述网络通信协议之外，如果用户在部署 Quorum 平台时选择 Raft 算法作为其共识算法，那么 Quorum 会限制处理从 P2P Server 传递过来的区块数据或与区块相关的消息，因其使用了 Raft 算法中的网络协议进行区块数据的同步，并就区块提案达成共识。

6.2.3　以太坊服务

以太坊服务实现以太坊区块链的核心业务逻辑：建立一个交易池以接收和广播交易，提供矿工挖矿服务，提供对区块达成一致性共识的机制，以及维护区块链及其相关数据的持久化存储。在 Quorum 区块链上还增加了权限许可和 Raft 共识算法这两个服务，这些服务包括如下几种。

❏ Eth Service：以太坊核心业务服务，包括交易池管理（TxPool）、区块和链管理（BlockChain）、账户管理（Account）、协议管理器（ProtocolManager）、共识引擎（Engine，IBFT 算法和 PoA 算法）、矿工（Miner）、区块链数据存储（ChainDB），以及以太坊轻节点服务（lesServer）。

❏ Raft Service：Raft 共识算法服务，实现高性能的、适用于私有链的共识算法。该服务有一个简单的协议管理器和矿工。协议管理器并未实现网络子协议，因此并没有使用底层的 P2P Server 服务来进行对等节点间区块广播和接收，而是使用 Raft 服务本身自带的通信方式来传输数据。

❏ PermissionService：权限管理服务，Quorum 区块链中管理网络、组织、节点、账户和角色权限的模块，目前仅仅实现了节点级别的权限管理。

❏ DashboardService：可视化数据服务，这些数据包括节点的 CPU、内存、磁盘的使用情况，以及网络流量统计数据等。

❏ EthStatsService：该服务实现网络统计报告服务，其中的 netstats 报告守护进程将本地区块链统计信息上传到监控服务器。这些信息是交易、区块头等。

❏ ShhService：Whisper 协议服务，用于应用程序之间的秘密通信，在配置文件中设置 Whisper 为 true 的情况下才会启动。

Quorum 节点就像一个服务容器，把所有业务逻辑相关的服务都注册到这个容器中，在 p2p.Server 启动后，调用服务的 New() 工厂接口创建服务对象，然后再调用服务对象的 Start 接口启动服务，此时服务就可以处理网络消息了。服务中的 Protocols 是网络子协议，最终被注册到 p2p.Server。Quorum 节点在启动 P2P 网络服务后，与其他节点进行 P2P 连接握手，连接握手包含子协议握手，确认双方都支持的网络子协议类型和协议版本，以便之后在对等节点之间进行消息交互时传送对方可以识别的网络消息。网络协议的实现在 p2p/protocol.go 中定义，表示一个 P2P 协议 Protocol 对象，其内容包括：

❏ 协议名称，通常是 3 个字节。

❏ 协议版本。

❏ 子协议支持的消息类型的数量。

❏ 网络协议消息处理的线程。

❏ 从对等节点获取网络协议自定义元数据。

❏ 查找网络中的对等节点网络协议元数据。

❏ 对等节点 P2P 服务的路由表记录的子协议特定路由信息。

如果要向企业以太坊协议栈中增加自定义服务，只需要在自定义服务中实例化 Service 接口，如果该服务要获取网络消息，按照上述的 Protocol 标准定义一组网络协议，在初始化服务时实现一个 Protocol 对象并将其注册到 p2p.Server 中，对象的 Run 线程接收网络消息以进一步处理。

6.2.4　RPC服务

企业以太坊客户端通过提供远程过程调用服务（RPC Server），使去中心化应用程序DAPP可以方便地与企业以太坊区块链交互。按照调用方式划分为如下几种：

- ❑ IPC进程间的相互调用，通常用于不同子系统之间相互调用。
- ❑ HTTP监听服务，对等节点监听HTTP协议的连接请求。
- ❑ WebSocket服务推送消息至应用程序。
- ❑ In-Process进程内部各个模块之间的相互调用。

6.2.5　节点启动过程

Quorum节点启动时首先创建Node节点，然后创建并启动注册到Node节点中的各个服务，最后启动RPC/IPC接口和挖矿服务。Quorum节点的启动由main.go的startNode接口实现，具体的实现流程如下。

1）创建Node实例，根据配置文件配置节点，注册节点所有服务（Service）到节点服务列表。

①创建Quorum节点对象，加载Quorum节点配置文件，并设置命令行参数至启动配置中。

②通过makeAccountManager启动账户管理服务。在p2p.Server启动之前，要确保Account.Manager已经准备就绪。

③创建Quorum节点Node对象。

④注册Eth Service至Quorum节点的Services服务列表。如果节点的SyncMode为LightSync，说明是轻节点，只需启动lesServer服务即可；否则为全节点，启动全节点服务，此时创建Ethereum对象实例：

- ❑ 通过CreateDB接口创建以太坊区块链LevelDB的数据库实例chainDb。
- ❑ 通过SetupGenesisBlock接口读取创建创世区块（初次启动），如果创世区块已经存在，则更新链配置。
- ❑ 创建Ethereum对象，包括创建共识引擎（PoA、PoW或Istanbul），创建布隆（Bloom）过滤器，创建Clique、Istanbul或PoW共识引擎服务（Quorum中如果采用的是Raft共识服务，仍然在需要在这里创建共识引擎对最小的开销达成一致意见）。
- ❑ 通过NewBlockChain接口创建BlockChain区块和链管理模块，设置区块验证器和状态处理器。状态处理器是对世界状态在执行交易时从一个检查点转换成另外一个检查点的处理引擎。
- ❑ 通过core.NewTxPool创建交易池，交易提交至Quorum，首先缓存在交易池，然后再由Miner打开形成区块。由于区块链可能会产生分叉，分叉产生后的区块被丢弃，而区块的交易则重新提交至交易池。

❑ 创建以太坊协议管理器（ProtocolManager），协议管理器收发 p2p.Server 的消息，由业务层进一步处理。

❑ 通过 miner.New 创建挖矿处理器，启动区块生成线程。

❑ 通过 NewOracle 创建 gasPrice 预测器。

⑤注册 PermissionServicee 至 Quorum 节点 Services 服务列表（如在节点启动命令行上配置 permissioned 选项或配置文件的 permission 配置项为 true）。

⑥注册 Raft Service 至 Quorum 节点的 Services 服务列表，假如在节点启动命令行上配置使用 Raft 共识算法的话。

⑦注册 DashboardService 至 Quorum 节点 Services 服务列表。

⑧注册 ShhService 至 Quorum 节点 Services 服务列表（如配置 Shh 服务）。

⑨注册 EthStatsService 至 Quorum 节点 Services 服务列表。

2）启动 p2p.Server，启动节点发现和节点连接，构建或更新 DHT 路由表，启动 p2p. Server 中的其他子协议（如 Swarm 协议）。

3）创建 Quorum 节点 Node 对象的 Services 服务列表并启动业务服务，启动注册到 p2p.Server 的子协议的工作线程：

①建立迭代器，取出 Quorum 节点 Node 对象 Services 服务列表的服务构造器，创建一系列服务对象实例。

②调用 Service 的 Start 接口，启动各个服务线程。

③调用 p2p.Protocols 的 Start() 接口，启动 P2P 网络协议处理线程，开始处理网络消息。

4）启动 RPC Server 服务，如果启动失败，则调用 Quorum 节点所有服务的 Stop 接口停止所有服务，Quorum 节点启动失败。

5）处理 Account.Manager 相关的一系列动作，解锁任何特殊要求的账户，创建钱包事件处理协程来监听钱包的创建和自动派生，以及钱包的删除。

6）调用 PermissionService 的 AfterStart 接口，正式启动权限管理服务。因为权限管理服务必须等待直到节点的状态是最新的，即区块同步已完成之后，才会正式启动。所以权限管理服务的 Start 接口只是创建一个阻塞线程等待同步结束，AfterStart 才是正式启动该服务的接口。

7）如配置了挖矿功能，则调用 StartMining 启动挖矿服务，节点开启区块生成功能，Quorum 节点启动成功。

至此，我们已经完整地讲述了 Quorum 节点的启动过程，关于节点中的各个组件如何初始化、如何相互协调工作、如何处理 RPC 请求以及网络消息等内容，我们将在后续的章节中详细介绍。

6.3　账户管理

以太坊账户是以太坊系统中发起交易和拥有余额的对象，钱包是管理以太坊账户的工具，如创建账户、查看账户余额和发起交易等。以太坊钱包创建的账户是外部账户，账户的地址是 seck256k1 算法生成的公私钥对中的公钥，经过 SHA-3 哈希算法得出的哈希值取后 20 个字节。智能合约账户的地址创建则是由账户地址和账户 Nonce 值经过哈希计算取后 20 个字节，因此没有公私钥来控制智能合约账户。智能合约地址也能接收和发送以太币，对于以太币的接收要在智能合约内部指定 payable 关键字，ERC20 代币转账则必须要有专门的转账智能合约函数实现。智能合约账户的控制权实际还是外部账户，因为对智能合约函数的调用仍然由外部账户来发起。

目前，以太坊节点支持 Ledger 和 Trezor 硬件钱包，以及 KeyStore 钱包。默认情况下会创建 KeyStore 钱包，而硬件钱包需要在配置文件中进行特别配置才会启用。不同种类型的钱包由账户管理器统一管理。

6.3.1　keystore 文件

KeyStore 钱包极大地提升了用户体验，用户可以用熟悉的密码管理方式来加密和解密账户私钥。例如，创建以太坊钱包需要输入用户密码，使用以太坊钱包转账只要输入密码即可完成交易的签名提交，避免了用户记录一大串长长的账户私钥，但该账户资产又有密码可以保护。

KeyStore 钱包由以太坊内嵌的钱包服务和 keystore 文件组成。keystore 文件存储了经过加密的以太坊账户私钥，同时提供私钥的解密方法，并提供验证用户输入密码有效性验证方法的文件。该文件的具体内容如下：

```
{
    "address":"515013fc6b198d8ed0d8115d1b601ab50f1a491d",
    "crypto":{
    "cipher":"aes-128-ctr",
    "ciphertext":"15b44033c02a63eca81f4ebd43c8f522bd51d18bf65de9eaa70ec7cb29dee2ab",
    "cipherparams":{
        "iv":"1a13f0f7813b3253f8524112f64e40b3"
    },
    "kdf":"scrypt",
    "kdfparams":{
        "dklen":32,
        "n":262144,
        "p":1,
        "r":8,
        "salt":"76625e2350fdc31cc7caaa4fa672a8f484d2c5d0fd673091afe3167fddd298a5"
    },
```

```
    "mac":"5abfa30f090179e909fd4e6caec9cbf2a7dad4f56b4d2349fe36a366a401601f"
    },
    "id":"a4bee4e6-2790-4ebb-9a5c-9e8158e31bbf",
    "version":3
}
```

上述 keystore 文件字段解析如下：

❏ address：账户地址。

❏ cipher：对称加密 AES 算法的名称，采用 AES-128-CTR 算法。

❏ ciphertext：cipher 算法加密后的账户加密私钥（与账户地址对应）。

❏ cipherparams：cipher 算法参数。

❏ kdf：加密密钥的生成算法，作为 cipher 算法的输入参数。

❏ kdfparams：加密密钥生成算法 kdf 的参数，这些参数指定算法使用的内存空间、迭代次数和盐等。

❏ mac：验证加密私钥正确性的数据，ciphertext 经过 SHA3-256 计算后的哈希值。

为何 keystore 文件由两个算法实现呢？我们知道 Hash 函数是用于将非定长的内容转换成固定大小空间内容的函数，它的特点是特定的输入产生特定的输出，输入和输出是一一对应的。如果输入空间很小，则输出空间的范围也很小。人类便于记忆的用户输入密码一般都很短，这些人类常用密码落在一个很小的范围空间内，举个例子：用户输入密码有1000 种可能性，其经 Hash 函数计算后也只是 1000 种可能性（哪怕 Hash 函数的输出空间再大也是如此）。这就给攻击者可乘之机：攻击者收集人类常用的密码，经 Hash 计算后得到密码反向查询表（彩虹表）。由于用户输入的密码较短，攻击者有从加密账户私钥反推出用户输入密码的可能性，引起用户账户资金被盗的风险。有鉴于此，以太坊使用 KDF 算法（Hash 函数）对用户的密码进行了增强，即使用 KDF 函数先对用户的密码进行 Hash 计算得到一个对称密钥，以增大 Hash 函数的输入空间范围，再用该对称密钥对账户私钥加密得到加密私钥。这就是为什么 keystore 文件会涉及两个加密算法 KDF 和 Cipher 的加解密过程。

KDF 算法和 Cipher 算法的输入参数 kdfparams 和 cipherparams 以明文形式存储在 keystore 文件中，如果攻击者拿到 keystore 文件，仍然有机会反向推算出用户输入的密码。KDF 密码学算法的设计很巧妙，它增强了暴力破解的难度，如 Hash 计算时消耗 CPU 和内存以提高计算消耗、增加计算时长，使得破解变得困难。

keystore 文件的加密私钥是在以太坊账户生成过程中创建的。首先获取用户输入密码，经过 KDF 和 AES 加密算法计算，最后生成加密私钥存入 keystore 文件。账户私钥被加密的过程：首先，Quorum 账户管理器生成账户私钥，获取用户的输入密码；其次，KDF 算法以 kdfparams 和用户密码作为参数生成对称密钥；再次，AES 算法以 cipherparams、对称密钥和账户私钥，生成加密的账户私钥；最后加密的账户私钥存入 keystore 文件 ciphertext 字段，如图 6-3 所示。

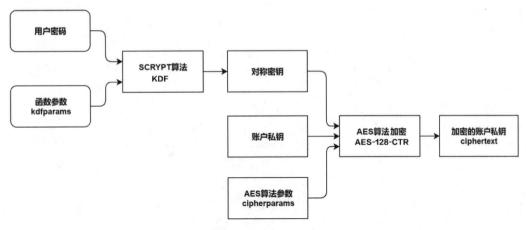

图 6-3　加密账户私钥

验证用户密码正确与否涉及 keystore 文件的 mac 字段。首先，KDF 算法以 kdfparams 和用户密码作为参数生成对称密钥；其次，对称密钥和加密的账户私钥作为参数，进行 SHA3-256 计算得到 Hash；最后 Hash 与 mac 比较，如果相同则密码正确，否则密码错误，如图 6-4 所示。

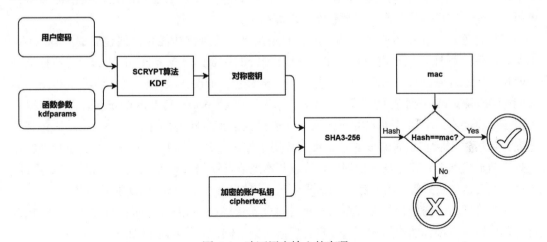

图 6-4　验证用户输入的密码

用户在交易加密货币时，只需输入密码，节点账户管理器经 AES 算法对加密的账户私钥解密得到未加密的账户私钥，接着使用账户私钥对交易签名，即可完成加密货币交易的提交。KDF 算法以 kdfparams 和用户密码作为参数生成对称密钥。AES 算法使用对称密钥、cipherparams 和 ciphertext 为参数解密得到私钥，如图 6-5 所示。

综上可知，只要知道 keystore 文件和用户密码，即可控制以太坊账户中的以太币。将 keystore 文件导入到其他的系统或平台仍然可以使用。以太坊目前支持用户密码修改，但不支持找回密码，因此一定要记住密码，如果忘记密码是无法找回账户密钥的。

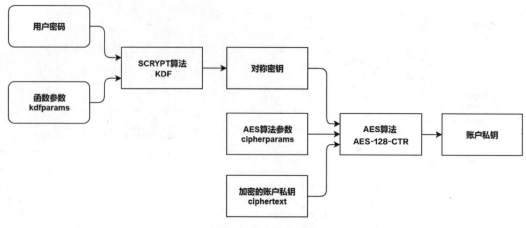

图 6-5　解密账户私钥

6.3.2　账户管理器

账户管理器创建和管理以太坊账户,当本地节点有交易提交需要签名时调用账户管理器的接口使用账户私钥对交易或交易哈希进行签名。账户管理器通过从网络订阅事件WalletEvent,完成创建新账户或者删除账户等操作。

账户管理器只是钱包服务的抽象层和通用接口,其具体功能是由钱包后端(Backend)来实现。账户管理器主要成员是 wallets 列表和 updates 通道,wallets 中可以管理各种类型的钱包,如 Ledger、Trezor 硬件钱包或 KeyStore 钱包,updates 是钱包后端监听 WalletEvent 事件并更新 wallets 列表的通道。钱包后端还声明 Wallets() 和 Subscribe() 两个接口。Wallets() 检索本地节点已创建的账户列表,返回处于锁定状态的账户。KeyStore 钱包管理的账户处于锁定状态意味着该账户不可直接用于签名交易,Ledger 和 Trezor 钱包管理的账户处于锁定状态则意味着没有物理硬件钱包与本地节点钱包服务建立连接。Subscribe() 订阅事件,然后通知账户管理器有钱包到达或离开,例如 KeyStore 钱包的增加或删除。

账户管理器的初始化是在节点初始化时通过 makeAccountManager 接口实现的,该接口首先创建钱包后端,然后创建一个账户管理器对象实例,初始化流程如下:

1)通过 fileCache 把 KeyStore 钱包目录下的所有以太坊账户 keystore 文件都缓存到 accountCache 缓存中。

2)启动 watcher 定时监听线程,监听 keystore 目录中是否有新文件产生、更新或被删除,如果该目录发生变化则刷新 accountCache 缓存。

3)创建账户管理器对象实例,开启监听 WalletEvent 事件,以接收其他子系统检索钱包的请求。

4)创建钱包 KeyStore 对象并将其注册到 Manager 对象。

5)如果本地节点配置文件的 noUSB 选项设置为空,还需要创建 Ledger 以及 Trezor 对象来管理硬件钱包。

KeyStore 对象管理 keystore 文件目录，该目录用于存储本地节点的所有 keystore 文件。对象为每个 keystore 文件创建对应账户并缓存账户至内存，管理用于交易签名的账户列表和全部账户列表，同时监听事件并做出响应以对交易进行签名。全部账户列表会定期与文件系统 keystore 文件目录所有账户同步。当用户创建新账户时，首先会生成 keystore 文件存储在本地文件系统的 keystore 目录，然后立即加载至内存缓存。KeyStore 对象 updater 协程中每间隔 3 秒钟也会刷新内存缓存使之与 keystore 文件目录下的账户同步。当 KeyStore 对象中的账户被删除时，从 keystore 文件目录删除账户，再从内存缓存中删除。

KeyStore 对象存储用于交易签名的账户列表，账户列表中的每个账户都包含账户公钥和解密的账户私钥，账户私钥可直接用于对交易哈希值进行签名。在账户列表中的账户私钥有超时设置，未超时的账户私钥可用于签名交易，超时的账户私钥则不能。

6.3.3 签名交易

账户私钥用于对交易进行签名，账户在解锁（用户输入的密码和 keystore 文件解密得出的账户私钥）状态下才能进行交易，解锁的账户存储在账户管理器 KeyStore 对象 unlocked 列表中，签名时从 unlocked 账户列表中检查账户是否是解锁状态，如在 unlocked 列表取出该账户私钥要对交易签名。签名方法有如下几种。

❑ QuorumPrivateTxSigner：私有交易签名算法。

❑ EIP155Signer：用于区分 ETH、ETC 和测试网 chainID 的签名算法。

❑ HomesteadSigner：Homestead 签名算法。

❑ FrontierSigner：Frontier 签名算法。

为了区分以上的签名算法，Quorum 对 R、S、V 中的 V 值定义不同的值，如果 V 值等于 37 或 38，代表是私有交易的签名，其他维持以太坊的原始定义不变。这几类签名算法的签名流程大同小异，其流程是：

1）对数据进行哈希计算得到 Hash。

2）对 Hash 进行签名，签名结果是 65 字节长度的数据，包含 R、S、V 值。R 和 S 都是 32 字节，V 的值是 0 或 1。

3）如是 HomesteadSigner 和 FrontierSigner，则 V 值 +27，即 V 为 27 或 28。

4）如是 EIP155Signer，则 V 值增加 chainID × 2 +35，即 V 值由 chainID 决定。

5）如是 QuorumPrivateTxSigner，则 V 值 +37，所以 V=37 或 38。

6）返回签名值 R、S 和 V。

6.4 网络

网络是以太坊的核心部分，其核心网络协议是 eth62、eth63 和 eth64。Eth 是 RLPx 传输协议，它促进了以太坊区块链信息在对等节点之间的交换。当前最新的版本是eth64（未广泛使用），它被设计是为了让两个以太坊节点可以快速低成本地判断它们是否兼容。以太坊节点之间一旦建立了连接，就必须发送状态消息，在接收到对等节点的状态消息后，以太坊会话处于活动状态，可以发送任何邻居节点支持的消息。所有已知的交易应该在使用一个或多个交易消息的状态交换之后发送。交易消息还应该定期发送，因为节点要传播新的交易，同时节点不应该将交易发送回已经拥有该交易的对等节点。

两个对等节点连接并发送它们的状态消息，状态包括当前最新区块的哈希值和总难度TD值。拥有最小TD值的对等节点使用GetBlockHeaders消息下载区块头，验证接收到的区块头中的工作证明值，并使用GetBlockBodies消息获取区块体。接收到的区块使用以太坊虚拟机执行区块中的交易，以创建状态树。区块通常在基本有效性检查通过之后被重新传播到所有已连接的对等节点，传播使用的是NewBlock和NewBlockHashes消息。NewBlock消息包含整个区块，并发送给一小部分已连接的对等节点。所有非连接的对等节点将被发送一个NewBlockHashes消息，该消息只包含新区块的哈希值。如果在一段时间内无法从任何节点那里接收到区块，那么这些对等节点可以稍后请求完整区块。

对等节点之间可以进行状态同步，eth63协议允许同步交易执行结果和状态。这比同步区块并重新执行区块所有的交易要快，但代价是牺牲了一些安全性。状态同步通常通过下载区块头以验证它们的工作证明值来进行。区块体在链同步时被请求，但是区块交易不被执行。相反，客户端在规范链的头部附近选择一个区块，通过增量地请求默克尔账户树根节点和智能合约代码的根节点以及它们的子节点等，使用GetNodeData获取状态直到整个状态树全部被同步。

企业以太坊节点的网络协议从上到下可分为四层，如图6-6所示。

❏ 业务层：核心业务处理逻辑层，包括交易、区块链等。

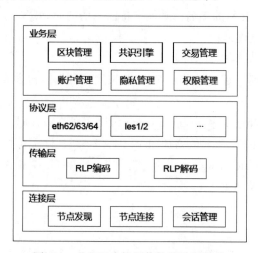

图6-6　企业以太坊网络协议分层结构

❑ 协议层：节点支持的网络协议，定义节点收发网络消息及其消息处理函数。

❑ 传输层：数据在网络中传输的 RLP 编码和 RLP 解码。

❑ 连接层：节点直接的 UDP 连接和 TCP 连接。UDP 连接用于节点发现，TCP 连接则用于节点之间的消息收发，连接由会话进行管理。

6.4.1 协议管理器

企业以太坊网络的协议层是由协议管理器实现的，协议管理器管理以太坊实现的各类网络子协议，分发各类协议消息至业务层的其他组件以进一步处理。以太坊实现的业务逻辑，如区块和交易的数据传输，也是在协议管理器内部实现的。协议管理器由 NewProtocolManager 方法创建，其参数是链配置参数、区块和链管理、交易池、共识引擎和数据库实例。

协议管理器维护协议与各个组件的关系、维护 Downloader 和 Fetcher 模块、管理各个子协议并维护 TCP 连接的对等节点列表。Downloader 和 Fetcher 都是下载区块，其不同之处在于 Downloader 是直接下载区块，Fetcher 是先获得区块 Hash，然后根据 Hash 主动去下载区块。协议管理器的主要成员如下。

❑ networkID：网络 ID，节点唯一网络标识。

❑ maxPeers：可连接的最大邻居节点数，默认是 25 个。

❑ Downloader：区块下载模块。

❑ Fetcher：主动获取区块模块。

❑ peers：已连接的对等节点列表。

❑ SubProtocols：协议管理器的 P2P 网络子协议集合，如 eth62、eth63 等。

❑ txsCh：监听交易达到的通道。一旦交易池有交易提交并进入交易可执行队列，则通过该通道通知交易同步线程广播交易至对等节点。

❑ newPeerCh：新邻居节点加入通知 syncer 同步线程同步区块通道。当新节点与本节点建立在 P2P 层建立连接后，通过该通道通知协议管理器为其创建一个 peer 对象，然后在协议层继续同步状态，例如同步区块总难度、区块链最新区块等。

❑ txsyncCh：在本节点与对等节点建立连接之后通知本节点同步可执行交易至对等节点的通知通道。

❑ noMorePeers：协议管理退出通知停止数据同步通道。

❑ raftMode：是否是 Raft 共识算法标志，如设置为 true 协议管理器不会同步区块，因区块同步在 Raft 算法内部的传输协议实现。

协议管理器中一个重要的成员是 peer 对象列表，该对象代表已连接的对等节点，以及该节点维护的当前最新的区块、区块总难度和等待发送至该对等节点的交易及区块等。peer 对象是本节点智能地向与其连接的对等节点发送区块或交易的关键。例如，区块的哈希在 peer 对象的 knownBlocks 队列中存在，代表对等节点已经拥有该区块，则不需要继续向该对等节点发送区块。但如果区块被插入 peer 对象的 queuedProps 队列，peer 对象的线程需要取出队列中的区块传输至对等节点。Peer 对象的主要成员如下。

❑ id：节点 ID，字符串类型。

❑ *p2p.Peer：网络层的 P2P 对象，代表与本节点连接的对等节点。

❑ version：对等节点支持的网络协议版本，在两个对等节点连接时会判断各自的协议版本是否匹配，例如节点 *A* 协议版本是 eth62，节点 *B* 协议版本是 eth63，最终建立连接后协商一致的协议版本是 eth62，因为需要在两个节点之间的网络能力保持对等，才不会引起发送对方无法识别的网络消息至对等节点的问题。

❑ rw：网络消息的读写接口。

❑ head：该对等节点的区块链最新区块 Hash，这是为了在两个对等节点之间保持链的同步所必需的。

❑ td：该对等节点区块总难度值。

❑ knownTxs：对等节点拥有的交易 Hash 集合，用于判断是否向该节点发送某一个交易，如果交易在该队列则不发送，反之则发送。

❑ knownBlocks：对等节点已拥有的区块 Hash 集合，用于判断是否向该节点发送某一个区块，如果区块在此队列则不发送，反之则发送。

❑ queuedTxs：等待发送至该对等节点的交易队列。

❑ queuedProps：等待发送至已连接对等节点的区块。

❑ queuedAnns：等待广播至连接或非连接对等节点的区块。

在以太坊中支持多种子协议，我们以 p2p.Protocol 来表示这些协议，它包含协议名称、协议版本和 DHT 路由表中的节点记录，同时也实现 Run、NodeInfo 和 PeerInfo 接口，子协议对象的主要成员如下。

❑ Name：协议名称。

❑ Version：协议版本。

❑ Length：协议使用的消息码的个数。

❑ Run：子协议执行线程，处理协议管理器收到的网络消息。

❑ NodeInfo：获得本地节点协议的元数据。

❑ PeerInfo：获得网络节点协议的元数据。

❑ Attributes：协议包含的 DHT 节点记录信息。

只要实现了 Protocol 对象，就实现了一些以太坊子协议。子协议被注册到 p2p.Server 服务中之后，在节点连接时由协议握手协商一致，即可通过以太坊点对点网络发送和接收该子协议相关的网络消息。

6.4.2　p2p.Server 对象和启动

企业以太坊的传输层和连接层是由 p2p.Server 实现的，并在此基础上做了一些改进和增强，使之更适用于企业环境。以太坊公链的 P2P 网络层设置了一些引导节点，新的节点启动时与引导节点建立连接，然后通过引导节点发现更多其他对等节点，这个功能是通过节点发现实现的。而在企业以太坊中，节点可以按需禁用或启用节点发现功能，在禁用节点发现功能时通过设置静态信任节点的方式连接到预设置的节点。

P2p.Server 对象启动的入口在 node/node.go 中实现，在创建对象时设置其默认配置后，调用 p2p/server.go 中的 Start 接口启动节点，加入 P2P 网络，最后启动节点发现建立节点路由表或由静态及信任节点组建节点路由表。节点启动后，可向其他节点发起连接请求或接受其他节点的连接请求，同时维护节点之间的连接状态。节点的 p2p.Server 启动后，响应协议层的数据发送请求，对发送请求的数据进行 RLP 编码后将其发送至网络中。同时监听 UDP 和 TCL 端口，接收其他节点的连接请求或接收其他节点网络消息转发至协议层进一步处理。

p2p.Server 对象成员主要由本地节点对象 LocalNode、节点发现的路由表接口 discoverTable 和以太坊网络协议握手对象 protoHandshake，以及包含一些消息的收发通知通道所组成。

❏ discoverTable：由 discover.udp 对象实例化，是节点发现的主要数据结构，包括指向路由表的指针。6.4.3 节将详细介绍该 udp 对象的成员及其作用。

❏ LocalNode：本地节点对象，包括节点私钥、节点 ID、节点数据库和节点的路由记录 enr.Entry。此外，对象成员 fallbackIP 和 fallbackUDP 被设为 127.0.0.1 的 IP 地址，staticIP 则是被设置为本地节点外网的 IP 地址。

❏ protoHandshake：本节点与其他对等节点建立连接时的协议握手对象。协议握手使得连接的两个对等节点之间使用相同的协议来收发信息，以避免发送对方不识别的消息至对等节点。对象的 Caps 成员存储协议层注册下来的各个子协议，所有的协议层子协议在节点建立连接时都需要握手以确认其版本和所支持的交互消息格式。

❏ addstatic、removestatic、addtrusted、removetrusted、addpeer 和 delpeer 通道是节点加入和退出的通道。

❏ postHandshake：在收到对等节点连接时验证连接合法性的通道。

接下来分析 p2p.Server 的启动。Server 的启动在 node/node.go 中的 Start 接口实现，首先根据节点的配置初始化 Server 对象，然后调用 p2p/server.go 文件的 Start 接口启动 Server。其实现步骤如下：

1）构造 Server 对象，设置其配置的公私钥，设置节点发现数据库 LevelDB，用于存储发现的节点信息，获取预设置的信任节点列表或者静态节点列表。

2）注册协议层的所有子协议至 p2p.Server 服务。

3）调用 p2p.Start 接口启动 p2p.Server 服务。

4）设置网络层传输协议为 RLPx 协议。

5）setupLocalNode 创建本地节点 LoclNode 对象，包括：

    ❑ 生成节点私钥。

    ❑ 生成节点 ID：由公钥经 SHA3 计算得到的哈希值。

    ❑ 打开本地节点信息存储数据库 LevelDB。

    ❑ 构造节点连接时协议握手的 protoHandshake 对象。

    ❑ 把协议层各子协议作为路由记录写入 LocalNode.entries。

6）启动 TCL 连接监听服务。由 listenLoop 线程监听对等节点连接请求。

7）调用 setupDiscovery 启动节点发现服务（如果未被 disable 的话）。

8）启动 p2p.run 线程，开启 TCP 连接并处理网络交互消息。

    ① 本地节点向已发现的对等节点主动发起拨打连接，由 scheduleTasks 接口中的 dialstate.newTasks 返回所有拨打任务。由本节点主动发起连接的对等节点有 bootstrap 引导节点、在配置文件中设置的 static 节点或者从路由表 Table 中随机取出的节点。

    ② 在 startTasks 线程调用 p2p/dial.go 中的 Do 接口调用 SetupConn，开启节点连接请求。

    ③ Run 线程监听节点加入和退出的通道：

        ❑ addstatic、removestatic：添加和删除静态节点。

        ❑ addtrusted、removetrusted：添加和删除信任节点。

        ❑ peerOp：获取邻居节点的数量。

        ❑ postHandshake：通道加密握手后，检查连接的有效性。

        ❑ addpeer：协议握手检查，如创建 peer 对象并启动其 Run 线程。

9）启动注册至 p2p.Server 中协议层的协议，即调用协议管理器的 Start 接口启动协议管理器，协议管理器的如下几个线程会被启动。

    ❑ txBroadcastLoop：接收交易到达事件 NewTxsEvent，并广播交易至其他对等节点。

    ❑ minedBroadcastLoop：新区块生成 NewMinedBlockEvent 的接收线程，并广播区块 Hash 值到区块广播线程。

    ❑ syncer：定期与网络对等节点同步消息，下载区块 Hash 值和区块数据的区块同步数据线程。

    ❑ txsyncLoop：定期与已连接对等节点同步交易的交易同步线程。

6.4.3　对等节点发现

以太坊节点发现由 discv4 规范实现，这是一个类似于 Kademlia 的 DHT，用于存储关于以太坊节点的信息。在 DHT 中，两个节点之间的距离并不是其物理距离，而是逻辑上的距离。这个距离由节点 ID 经 SHA3 算法计算得到的哈希值，与对等节点以同样方式得到的哈希值按位异或比较，比较得出的值即节点之间的距离。距离计算公式如下：

$$distance(n_1, n_2) = keccak256(n_1) \text{ XOR } keccak256(n_2)$$

对等节点通常保存其邻居节点的信息，该信息存储在一个叫 k-bucket（k 桶）组成的路由表中，k 桶的数量是 256 个。对于每个 $0 \leqslant i < 256$ 的 i 都有一个 k 桶与之对应，k 桶存储与本地节点距离为 2^i 到 2^{i+1} 之间的节点。每个 k 桶最多包含 16 个节点，这些节点按照最后一次看到的时间排序：最近最少活跃的节点在最前面，最近最多活跃的节点在最后面。每当遇到一个新节点 N_1，它可以插入到相应的 k 桶。如果 k 桶包含不到 16 个节点，N_1 可以被添加至 k 桶。如果 k 桶已经包含 16 个节点，取出最近最少活跃的节点 N_2 向其发送 ping 包，如果没有收到回复，N_2 被认为非活跃的节点，删除节点 N_2 并把节点 N_1 添加到 k 桶的最前面。

节点发现由 udp 对象实现，即使用 UDP 协议来作为节点发现的基础协议。该对象的主要成员如下。

❏ conn：UDP 连接，从 UDP 端口读取或向 UDP 端口写入数据。

❏ Netrestrict：节点 IP 地址限制列表，如果该字段不为空，只有在该列表中的 IP 地址对应的节点才可以加入网络。

❏ db：udp 数据存储 LevelDB 数据库。在节点发现 udp 对象中，有两类数据存储：

  • 持久化存储在 db，内容包括节点 ID、IP 地址、TCP 端口、UDP 端口、对等节点最后一次发送 ping 的时间、对等节点最后一次接收到 pong 的时间、findnode 返回错误的次数。如果对等节点最后一次接收到 pong 的时间大于 1 天，则从 db 删除。

  • 存储 DHT 路由表，这些信息是短期存储的，由 DHT 机制决定。

❏ localNode：本地节点对象，维护节点 ID、节点私钥等。

❏ tab：DHT 路由表对象 Table，本节点通过 findnode 接口发现的邻居节点存储在路由表中。

路由表 Table 对象主要由 k 桶、bootstrap 节点列表、数据库和 ips 组成，各个成员的解释如下。

❏ Nursery：本节点启动的引导节点列表。

❏ Rand：随机数源。

❏ ips：子网限制，限制 k 桶能够存储的在某距离范围内的节点数目。

❏ db：存储 findnode 节点发现返回错误次数的 LevelDB 数据库。

❏ net：底层网络传输对象。

❏ refreshReq：路由表刷新通道。设置一个定时器，每隔 30 分钟更新一次路由表的 k 桶节点信息。定时器到期后向该通道写入通知信息。

❏ buckets：k 桶列表，是维护其他节点信息的主要数据结构。通过这些数据结构，本地节点可以找到其他节点，并与这些节点建立连接。默认设置 k 桶的数量是 17 个，每个 k 桶最多存在 16 个节点。k 桶有两个队列：entries 和 replacements。entries 是 k

桶节点列表，replacements 则是缓存节点列表，最多缓存 10 个。如果 entries 已满，新发现的对等节点将被存储在缓存 replacements 队列中。

k 桶中的节点信息是由 Node 对象和节点被添加至路由表的时间 addedAt 组成的。Node 对象又包含节点 ID 和 Record 对象，Record 对象是以太坊节点记录，通常包含节点的 IP 地址和端口，它还保存关于节点在网络上用途的信息，以便其他人可以决定是否连接到该节点。Record 中是键值对，k 类型是 string，v 类型是 rlp.RawValue，如表 6-1 所示。

表 6-1　路由表节点记录

Key	Value
id	v4（节点发现的版本）
Secp256k1	公钥的 Secp256k1 哈希值，33 字节
ip	IPv4 地址，4 字节
tcp	TCP 端口，大端模式
udp	UDP 端口，大端模式
ip6	IPv6 地址，16 字节
tcp6	IPv6 TCP 端口，大端模式
udp6	IPv6 UDP 端口，大端模式
raft	Raft 共识的端口

路由表（Table）还实现了 ping 和 findnode 接口。ping 是判断对等节点是否可连接的一种方式，如果对等节点是活跃的节点，收到 ping 回应 pong 信息。findnode 是向邻居节点搜索与目标值 x 距离最接近的对等节点，每次向 16 个对等节点发起查询请求，请求返回的是 16 个与目标值 x 距离最近的对等节点。

节点发现服务初始化的实现的入口是 setupDiscovery。节点发现协议目前有 v4 和 v5 版本，v5 版本还在研究当中，开发者社区的开发者不建议使用，这里只分析 v4 版本。节点发现启动流程如下：

1）监听 UDP 端口。

2）初始化节点配置，设置节点私钥、本地节点的引导节点和网络白名单。

3）调用 ListenUDP 接口创建 udp 对象。

4）调用 newTable 创建 Table 对象，并把引导节点添加至 DHT 路由表。

5）启动 Table 对象的 loop 线程，首先刷新 k 桶，然后处理各类定时任务。

　① 定时查找邻居节点。这个定时任务每 30 分钟启动一次，由 doRefresh 接口实现。

　　❑ 首先从数据库导入 bootstrap 节点至 k 桶中。

　　❑ 使用本地节点的 ID 作为查找值，查找邻居节点的新发现节点。

　　❑ 随机查找节点。Kademlia 论文指定桶的刷新（bucket refresh）应该在最近最少使用的桶（bucket）中执行节点查找。以太坊不会使用该方法，因为查找节点（findnode）目标是一个 512 位的值（不是哈希值大小），不容易生成落入所选 k 桶中的 SHA-3 哈希值。在此用一个随机目标来执行查找，流程如下：

❑ 对查找目标节点进行哈希运算得到 256 位哈希值。

❑ 从 k 桶中找出与目标节点最近的节点，最多 16 个。

❑ 启动 3 个线程并行查找节点，先由 Table.findnode 接口调用 udp.findnode 接口，最终通过 findnodePacket 向目标节点发送查找请求。

❑ findnodePacket 设置节点查找请求回调函数，处理接收到与查找目标最近的 16 个节点，并添加到 k 桶中。

② 定时将 k 桶数据存入 LevelDB，每 30 秒处理一次。如果节点在 k 桶中存在的时间超过 5 分钟，那么就从 k 桶写入数据库。

③ 定时刷新 k 桶数据。在 0 ～ 10 秒的随机间隔内，刷新 k 桶数据，最终结果要么是 entries 队列排序刷新，要么 replacements 某一节点替换 entries 队列某一节点。更新方法是随机选择一个 k 桶，向 k 桶最后一个节点发送 ping 报文，如果有 pong 报文回复，则把给节点移到 k 桶最前面，如果没有收到 pong 报文，则从 replacements 选择一个节点替换 entries 中最后一个节点。

6）启动 udp 对象的 loop 和 readloop 线程。

❑ loop 线程维护一个 pending 请求队列，该队列等待请求响应之后，调用相应的处理函数解析消息。

❑ readloop 线程监听 UDP 端口，接收并处理 pingPacket、pongPacket、findnode-Packet 和 neighborsPacket 报文。收到对应报文后调用其对应的处理（handle）函数处理报文请求并响应报文。

❑ 报文是有对应关系的，发出 pingPacket 报文回应 pongPacket 报文，发出 findnode-Packet 报文回应 neighborsPacket 报文。

❑ 报文在发出之前，先对报文数据 RLP 编码，然后用节点私钥签名，用 Keccak256 算法对 RLP 编码的报文数据和签名数据获得哈希值，最后把 RLP 编码数据＋签名数据＋哈希值发送至网络。

以太坊的 P2P 协议只适用于节点发现，节点发现之后存储在 DHT 路由表中，然后定期维护该路由表。节点连接是从 DHT 中找出对等节点，并向其发起 TCP 连接请求，6.4.4 节将讲述节点连接的实现过程。

6.4.4　对等节点连接

本地节点在启动时由 p2p.run 线程调用 SetupConn 接口主动向配置文件设置的静态节点、引导节点以及路由表中的随机节点发起 TCP 连接，或者监听 TCP 端口接收外部对等节点的连接请求。在建立连接之前创建 RLPx 对象，后续的连接握手在该对象中执行。RLPx 的成员 transport 是连接握手接口，实现密钥协商握手（doEncHandshake）和协议握手（doProtoHandshake）接口，以及消息读写（MsgReadWrite）接口。另外一个成员 rlpxFrameRW 则是数据分帧对象，数据分帧的目的是协议多路复用。在 TCP 连接之后，对等节点之间的数据传输使用协商密钥对数据进行加密和分帧，再发送至对等节点。

在节点连接加密握手和协议握手通过后会为连接的对等节点创建一个 Peer 对象，与对等节点的消息通信由该对象的 readLoop 线程处理，为了保持连接的有效性，还由 pingLoop 线程每隔一段时间发送一次 ping 命令至对等节点。Peer 对象的 conn 是一个连接对象，其 caps 成员维护着本地节点与对等节点支持的网络协议，包含名称和版本信息。接下来分析对等节点的连接过程，以本地节点主动向对等节点发起 TCP 连接为例，其连接请求的流程如下。

1）创建一个连接 RLPx 传输层协议对象。如果是接收外部连接请求，需要检查节点是否在节点白名单列表中。

2）获取待连接节点的公钥 ecdsa.PublicKey，建立加密握手 doEncHandshake。加密握手又可以分为两个阶段：加密握手和生成共享密钥。

① 加密握手。本地节点 P1 拨打对等节点 P2，开始加密握手，如图 6-7 所示。

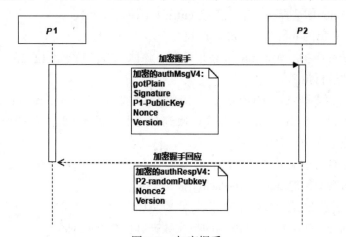

图 6-7　加密握手

在加密握手过程中，P1 和 P2 有不同的处理流程。

拨打方 P1 流程：

❑ 生成随机数 Nonce。

❑ 生成随机公私钥对 P1-randomPrivKey 和 P1-randomPublicKey。

❑ 由 P1-randomPrivKey 和 P2-PublicKey 生成共享密钥 token1。

❑ 由 token1 和 Nonce 异或运算得到 signed。

❑ 使用 P-randomPrivKey 对 signed 签名得到 Signature。

❑ 构造 authMsgV4 消息内容：P1-PublicKey、Nonce、Signature 和 Version（当前值是 v4）。

❑ 对 authMsgV4 进行 RLP 编码，并由接收方的公钥 P2-PublicKey 加密得到 authPacket 数据包。

❏ authPacket 数据包发到 P2，等待 P2 回应。

❏ 收到 P2 回应，由本地节点的私钥 P1-PrivateKey 解密得到 authRespV4。

❏ 读取 Nonce 和 P2 的随机公钥。

接收方 P2 流程：

❏ 读取 authPacket 包，解密得到 authMsgV4。

❏ 由 authMsgV4 获取 P1-PublicKey 和 Nonce。

❏ 生成随机公私钥对 P2-randomPrivKey 和 P2-randomPublicKey。

❏ 由 P1-PublicKey 和 P2-PrivateKey 生成共享密钥 token2。

❏ 由 token2 和 Nonce 异或运算得到 signMsg。

❏ 由 signMsg 和 authMsgV4 中的 Signature 签名恢复公钥 P1-randomPublicKey。

❏ 生成随机 Nonce2。

❏ 构造 authRespMsg 消息：Nonce2 和 P2-randomPublicKey。

❏ 对 authRespMsg 进行 RLP 编码，并用拨打方公钥 P1-PublicKey 加密得到的 authRespPacket 发送至 P1。

②生成共享密钥。后续的 TCP 消息传输使用该密钥对消息进行数据分帧和加密。

　　❏ 计算 ECDH 密钥。对于 P1：由 P1 私钥和随机公钥 P2-randomPublicKey 生成 ECDH 密钥 ecdheSecret。对于 P2：由 P2 的私钥和随机公钥 P2-randomPublicKey 生成 ECDH 类型密钥 ecdheSecret。

　　❏ 计算共享密钥。由 Nonce 和 Nonce2 由 Keccak256 计算得出哈希值 Hash1，再由 ecdheSecret 和 Hash1 得出共享密钥 sharedSecret。

　　❏ 计算 AES 密钥。由 ecdheSecret 和 sharedSecret 经 Keccak256 计算得出 aes-Secret。

　　❏ 使用 secrets 作为参数构造 rlpxFrameRW 对象，该对象可作为对等节点之间数据传输分帧的参数。

3）如果节点的共识算法是 Raft，判断 TCP 连接的对等节点是否是 Raft 中已知的共识节点，如果不是则不允许与该对等节点建立连接。

4）企业以太坊对对等节点进行权限检查，经授权的对等节点才可以建立连接。该部分将在权限管理相关章节详细说明。

5）加密握手后向 server.posthandshake 通道发送消息，然后 p2p.run 线程对加密握手进行连接有效性检查，检查如下几个方面：

　　❏ 加密握手后对等节点的 enode 是已知的，检查该 enode 是否是可信任的节点。

　　❏ 检查对等节点连接数是否超限，超限则拒绝连接。默认最多节点连接数是 25 个。

　　❏ 如果本地节点和对等节点已经连接，拒绝本次连接请求。

　　❏ 待连接的对等节点不能是本地节点。

6）开始节点连接协议握手 doProtoHandshake，获取对等节点支持的网络协议。这些协议由协议管理器注册到 p2p.Server，并由 protoHandshake 维护。

  ❏ 封装 handshakeMsg 消息，RLP 编码后，发送至对等节点。

  ❏ 从 TCP 连接读取 readProtocolHandshake 节点支持的子协议。

  ❏ 如节点支持 Snappy，则对数据进行压缩再传输至对等节点。

 7）判断两个对等节点 ID 字节长度是否相同，如不相同则不允许连接。

 8）向 addpeer 通道发送 conn 连接对象，进行 poshHandshake 处理。对本地节点和对等节点的网络协议进行比较 protoHandshakeChecks，如果没有任意一个网络协议是相同的，那么断开连接，因为对方节点是无用的节点。如果有支持至少一个相同的子协议，则检查通过。同时 encHandshakeChecks 再次对连接有效性进行检查，因为对方节点在握手过程中可能会产生变化。

 9）加密握手和协议握手之后，TCP 连接成功。创建对等节点 Peer 实例并运行其主线程 peer.run 以收发消息，包括如下几个方面：

  ❏ 构建 p2p.Peer 对象，代表一个连接的远端对等节点。

  ❏ 向本地节点各个子系统广播 PeerEvent 事件。

  ❏ 启动 p2p 节点的 peer.run 主线程：首先启动 readLoop 线程，从 TCP 连接读取消息，并调用消息处理函数（handle）进行进一步处理；其次启动 pingLoop 线程，每隔 15 秒发送一次 pingMsg 消息以保持连接有效性；最后，调用 startProtocols 接口运行上层协议管理器注册到 p2p.Server 的各个子协议。在协议管理器实例化时实现网络子协议的 Run 线程。

 10）协议管理器的网络协议 Run 函数被执行，开始进行协议层的握手和数据同步。

  ❏ 创建 peer 对象并将其添加到协议管理器，把 peer 对象发送至 newPeerCh 通道，然后由 Protocol.Manager.syncer 线程处理该消息，本地节点与对等节点开启区块同步。

  ❏ 启动协议层握手。发送 StatusMsg（0x00）消息至对等节点，消息内容是本地节点的网络协议版本、网络 ID、链总难度值、当前区块头和创世区块。然后获取远端对等节点的 StatusMsg 消息，检查网络协议版本、创世区块和网络 ID 是否相等，如果不相等，则协议层握手失败。

  ❏ 把 peer 对象添加至协议管理器的已连接节点列表，启动 peer 的 broadcast 线程，发送区块或交易消息至对等节点。

  ❏ 把 peer 对象注册至 downloader 对象中，启动区块同步线程。

  ❏ 同步本地节点的 pending 可执行交易发送至远端的对等节点。

  ❏ 启动 peer 对象消息处理线程 handleMsg。

 11）在协议管理器每一个连接的 peer 对象有一个 handleMsg 线程处理该 peer 对象对应的网络消息，并将其转发至业务逻辑层进行进一步处理。

6.5 交易管理

用户交易提交到区块链平台后，交易不会立即被打包。交易被打包进区块之前，需验证交易的合法性，并且允许替换旧交易为新交易，交易的状态可以被跟踪。以太坊用交易池来管理交易，以实现对交易生命周期的管理。在设计交易池时，需要考量如下几个方面。

- ❑ 交易在交易池的生命周期。交易提交至交易池，交易通过有效性验证，交易等待矿工打包，由于链分叉导致区块回滚使交易重新提交。
- ❑ 交易的排序和替换。为提高用户支付交易费用的积极性，对交易按照交易的 gasPrice 排序，节点可设置可接收交易最低的 gasPrice。如果交易等待很久未得到矿工打包进区块，则允许替换交易以提高打包速度。
- ❑ 可靠性。交易进入交易池等待打包进区块过程中，如果系统意外宕机，则需恢复已经进入交易池的交易。
- ❑ 内存模型。交易池的交易存储在内存中，交易数量不可能无限地增长，应对交易池做出一些限制，比如限制整个交易池最多能容纳多少个交易。

Quorum 交易池沿用以太坊的设计，不同之处是将会增加对账户发送交易的权限审查（目前未实现）。此外，在将交易加入可执行交易队列之前，不会删除矿工费用低的交易，因为 Quorum 实际上是没有矿工奖励的。

6.5.1 交易池

交易池中的交易分为本地交易和非本地交易。本地交易是指交易发送者是本地运行实例 geth 中的账户地址的交易，非本地交易是本地交易之外的其他的交易。以太坊交易池以 TxPool 对象来实现，该对象在 core/tx_pool.go 代码文件中定义和实现，其数据结构主要成员说明如下。

- ❑ queue：非执行交易队列，存储未按照 Nonce 值排序的交易。本地节点接收到的交易都先被添加至该队列中，但这些交易还不能打包进区块 。交易在被添加进该队列之前需要通过交易的合法性验证。非执行队列的交易是 txList 的映射，映射以账户地址为键，值是账户的交易列表。
- ❑ pending：可执行交易队列。queue 中的交易经过验证后移入到 pending 队列，这些交易是可以被打包进区块的。
- ❑ all：全部交易队列，包含交易池中的所有交易，即非执行队列和可执行队列的交易之和。
- ❑ priced：根据交易 gasPrice 排序所有交易的 txPricedList，包含指向所有交易的 txLookup 数据结构和由价格排序堆构成的二叉树。txLookup 是交易哈希和交易的映射。
- ❑ journal：交易日志。交易被添加至非执行队列，然后被写入日志，最终被写入磁盘固化存储。交易日志并不是不断增长的，交易日志会定期被删除。交易池维护一个更新线程，定期清理日志中的交易。

❏ currentState：区块链最新区块对应的世界状态 State，用于维护世界状态的账户当前最大的 Nonce 值。账户每发送一笔交易，Nonce 值增加 1。

❏ chainHeadCh：区块头事件通知通道，交易池线程从该通道接收到区块头事件，调用reset 接口更新交易池的状态，删除已上链的交易。

❏ config：交易池的默认配置。这些默认的配置是为防止 DDOS 攻击而设计的，比如交易池能够容纳的交易数上限。同时交易池设定非本地交易过期时间，过期即删除。

交易池是以太坊的核心组件，是在 Eth Service 服务中通过 NewTxPool 接口创建的，其初始化流程如下。

1）创建 TxPool 对象，设置其默认配置参数，设置签名管理器，创建全部交易队列、非执行交易队列和可执行交易队列等。

2）创建 locals 账户地址集合，用于存储本地节点账户。

3）创建基于价格排序的交易队列。

4）确保交易池对于区块链的状态是有效的：

❏ 获取区块链的当前世界状态 State。

❏ 如果区块链重组，把重组区块的交易重新添加至非可执行交易队列。

❏ 检查可执行交易队列，删除已上链的交易或者由于交易替换已经失效的交易。

❏ 遍历交易池维护的账户列表，从世界状态 State 获取账户最新 Nonce 值，更新本地账户 Nonce 值为世界状态账户的 Nonce 值。

❏ 检查非可执行交易队列，把有合法 Nonce 值的交易移动到可执行队列，并丢弃不合法的交易。广播 NewTxsEvent 事件通知本地节点其他子系统交易的到达。

5）创建 journal 日志文件，从磁盘导入日志数据（交易）至非可执行队列，并更新日志数据。

6）设置 chainHeadCh 通道以订阅区块头事件。

7）启动交易池的线程 loop：

❏ 接收区块头事件（ChainHeadEvent），确保交易池与以太坊网络区块链的状态是同步的，即重复步骤 4）的处理过程。

❏ 启动交易状态报告和交易清除指示符，打印非可执行和可执行交易数。

❏ 周期性删除非本地交易。

❏ 周期性更新本地交易日志。

交易的生命周期是：首先交易被提交至交易池的非执行队列，然后由交易池 loop 线程在接收到 ChainHeaderEvent 事件后更新非执行队列、可执行队列、全交易队列，按价格排序交易队列并发出 NewTxsEvent 事件广播交易，最后更新交易池本地节点账户列表并定期更新磁盘存储的交易日志。交易池示意图如图 6-8 所示。

图 6-8　交易池示意图

6.5.2　交易提交

交易提交是指用户调用 Quorum 的 RPC 接口提交一笔交易至交易池，在当前实现中有如下三个公共 API 可以提交一笔交易。

❏ SendRawTransaction：发送已签名的交易的公共接口。

❏ SendRawPrivateTransaction：发送已签名私有交易的公共接口。

❏ SendTransaction：发送未签名交易的公共接口。

SendRawPrivateTransaction 是 Quorum 区别于以太坊的一个公共调用接口，通过该接口提交交易时会把交易内容发送至其交易管理子系统，交易管理子系统返回交易哈希值并构造一笔"透明"交易提交至本地节点交易池。交易最终被提交至交易池的接口有如下两类实现。

❏ AddLocals / AddLocal：添加本地批量交易或单笔交易。

❏ AddRemotes / AddRemote：添加对等节点广播的批量交易或单笔交易。

交易在交易池中需要经过复杂的处理变成可执行状态，才能被矿工打包进区块。本地交易的提交 AddLocals 流程如下：

1）检查交易是否已经存在于交易池中，如存在则丢弃。

2）验证交易的合法性：

　　❏ 检查 gasPrice 是否为 0，如果 Quorum 中 gasPrice 不等于 0，则交易非法。

　　❏ 检查交易大小，如果交易大于 64k（防止 DOS 攻击），则交易非法。

　　❏ 检查 gasLimit 限制，如果交易 gasLimit 大于当前区块的 gasLimit，则交易非法。

　　❏ 从交易签名获取交易发送者，如果获取不成功，则交易非法。

　　❏ 检查交易发送者是否是本地账户列表中的账户，如果不是则交易非法。交易可以不是本地提交的交易，但账户一定要是存储在本地的账户。

　　❏ 检查交易的 Nonce 值，如果小于当前世界状态 State 对应账户的 Nonce 值，则交易非法。

❑ 检查交易的属性，如果是私有交易，则其 Payload 字段不能为空或交易的 Amount 字段值不等于 0。即要么是 ETH 转账交易，要么交易携带的数据不为空。

❑ 检查账户余额，如果余额不足以支付交易花费的 Gas，则非法。

❑ 预先计算该交易执行消耗 Gas 数 M 与交易携带的 Gas 数 N，如果 $N<M$ 则交易非法。

❑ 检查交易发送方和接收方是否有足够权限（目前未实现）。

3）检查交易池对交易数量的限制，如果交易池交易数超限，则丢弃矿工费用低的交易以容纳新的交易。

4）检查交易是否存在可执行交易队列，如果存在且交易满足替换条件，则替换旧的交易并发出 NewTxsEvent 事件。

5）将交易添加至非执行交易队列。

6）如果本地交易的发起者不在本地账户列表中，则添加交易发起者账户地址至本地账户列表。

7）将交易写入交易日志（磁盘），以在节点意外宕机时恢复交易。

8）交易池 loop 线程监听 ChainHeadEvent 事件，检查交易池并移除已被打包交易，把合法的交易从非执行队列移动到可执行的队列，发出 NewTxsEvent 事件广播交易。

6.5.3 交易广播

交易被提交至交易池的可执行交易队列之后，发送 NewTxsEvent 至其他的子系统，如矿工系统和网络协议管理器。网络协议管理器监听 NewTxsEvent 事件，把交易广播至其邻居节点。交易广播流程如下：

1）交易池 loop 线程把交易移至可执行交易队列，发出 NewTxsEvent 事件。

2）协议管理器监听 NewTxsEvent 事件，即 txBroadcastLoop 线程从 txsCh 通道接收到此事件，然后由 BroadcastTxs 函数处理交易。

3）协议管理器维护着已连接的邻居对等节点列表，对等节点 knownTxs 队列存储着该对等节点交易池的交易哈希。迭代确认待广播交易的 Hash 是否存在于对等节点 knownTxs 队列中，如果不存在，则添加其交易 Hash 至 knownTxs 队列并发送交易至对等节点。如果对等节点共识算法是 Raft，默认情况下交易会被发送至每一个对等节点，后续这个策略可能会更新为只发送至部分对等节点。这个步骤可拆分为两个处理过程：

❑ 调用 AsyncSendTransactions 接口发送交易至节点 queuedTxs 通道。

❑ broadcast 线程接收交易，交易 Hash 添加至节点 knownTxs 队列。

4）交易经 RLP 编码，发送至与本地节点连接的所有对等节点。

一笔交易从被存储在交易池的可执行队列再到被发送至对等节点是由不同的子模块实现的。一个负责缓存，一个负责广播，两个子模块相互协作以处理企业以太坊的每一笔交易。

6.6 区块和链管理

区块和链管理是企业以太坊的核心模块，它维护区块并把区块在一个单向链表链接起来。所有与区块、区块链和链数据存储相关的概念都会在该模块，为了处理特定的区块和区块链数据，企业以太坊使用了很多有意思的数据结构，本节将讲述这些区块链及其数据结构。

6.6.1 MPT 树

以太坊是一个状态机，通过交易修改以太坊的状态。以太坊状态数据以键值对（key-value）表示，key 通常是由哈希计算得到的，value 是实际需要存储的内容的 RLP 编码。为便于查询，以太坊都会以 Merkle 树的数据结构来存储数据。以太坊区块链使用了三棵经过改良后的 Merkle 树，即 Merkle Patricia Trie(MPT) 作为以太坊数据存储的结构：账户树、交易树和收据树。树的根哈希值存储在区块头，对树的节点任意键值对的修改会得到不同的根哈希值，因此以太坊区块链能很容易地识别出被恶意篡改的数据。MPT 树的节点有三类：

❑ 扩展节点：由键值对（key-value）组成，key 是子节点的共同前缀，value 是子节点的哈希值。

❑ 叶子节点：由键值对（key-value）组成，key 是其子节点的共同前缀，value 是数据的 RLP 编码。

❑ 分支节点：该节点总共有 17 项，前 16 项是对应着十六进制编码值。最后一项是节点的 value 值，如果节点不是终止节点，则该值为空，如果是终止节点，则 value 为实际数据的 RLP 编码。

MPT 把 key-value 数据项的 key 编码进 MPT 树路径中，但其对 key 编码做了优化。前缀树的 key 字节值的范围是 [0,127]，在以太坊中则进行 key 编码，即将 key 的单字节高低四位拆成两个字节使得 key 的范围落在 [0, 15] 区间内。因此，MPT 节点的子节点至多有 16个。以太坊通过 key 编码减小每个节点的子节点数量但增加树的高度。

我们以图 6-9 来详细说明 MPT 树的结构。在以太坊中 MPT 树的根节点 ROOT 是扩展节点，该节点经 Keccak256 编码后即是以太坊账户树根 stateRoot。扩展节点包括十六进制前缀编码（HP 编码）、子节点共同前缀 (shared nibble) 和子节点的哈希值。十六进制前缀编码被编码在子节点共同前缀之前，共半个字节，占 4 位。其中，最低位表示奇偶性，0 表示偶数，1 表示奇数。倒数第二位是终止符，1 表示终止，0 非终止。如果 HP 编码遇到终止符，意味着该节点是叶子节点。根节点 ROOT 的 key 是其子节点的前缀 a7，HP 编码前缀是 0；value 指向分支节点。分支节点包含 1、7、f 三个字符。接下来分析这三个字符：

❑ 字符 1 指向叶子节点，其 key 是 1335,key 有偶数个前缀且是叶子节点，终止符为 1，因此前缀 prefix 为 0010 等于 2；value 值 45.0ETH。

❏ 字符 7 指向扩展节点，其 key 是扩展节点，是子节点共同前缀 d3，偶数个前缀非终
止节点 prefix 为 0；value 指向新分支节点。新分支节点 key 包含 3、9 两个字符，3
指向 key 为 7 而 value 为 1.00WEI 的叶子节点，9 指向 key 为 7 而 value 为 0.12ETH
的节点。两个叶子节点 key 均为奇数且是终止节点，因此其 prefix 为 0011 等于 3。

❏ 字符 f 指向叶子节点，其 key 为 9365 而 value 为 1.1ETH，key 是偶数个前缀，叶子
节点终止符为 1，因此 prefix 为 0010 等于 2。

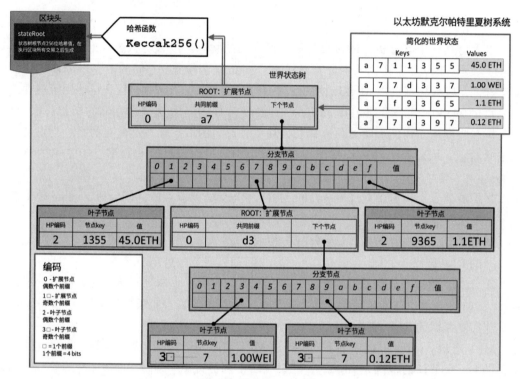

图 6-9　以太坊 MPT 树

在计算叶子节点实际的 key 时，把从根节点 ROOT 到叶子节点所有 key 拼接起来，因
为叶子节点到根节点 ROOT 的路径上所有节点的 key 是其实际 key 的一部分（共同前缀）。
四个叶子节点的 key 和 value 如表 6-2 所示。

表 6-2　叶子节点的 key 和 value

key	value
a711355	45.0ETH
a77d337	1.00WEI
a7f9365	1.1ETH
a77d397	0.12ETH

对于 HP 编码前缀 prefix，扩展节点的值为 0 或 1，叶子节点为 3 或 4，分支节点没有

HP 编码前缀。扩展节点不会存储 value，但分支节点和叶子节点都会存储 value。两个节点有公共的 key 会产生一个扩展节点，该扩展节点的子节点通常是分支节点。

6.6.2 区块和链结构

区块是交易和交易执行结果统一记录的数据结构。区块分为区块头和区块体，区块头包含区块元数据，区块体包含打包进区块的一系列交易。矿工从交易池取出一系列可执行交易打包进区块形成交易列表，区块头的部分字段则在区块所有交易执行完成后再来填充。区块数据结构如图 6-10 所示。

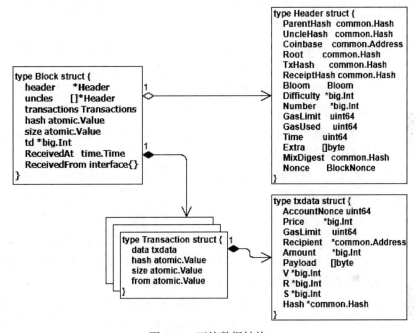

图 6-10 区块数据结构

区块头包含三颗 MPT 树：世界状态树、交易树和收据树。世界状态树在执行完区块所有交易之后才会生成该树，记录了以太坊全部账户的变更。交易树是根据区块交易生成的，矿工产生新区块的交易树生成的时机也是在区块交易执行完成后，以防止执行失败回滚状态，避免不必要的哈希计算。收据树存储交易执行的日志信息、交易消耗的 GasUsed 数量以及执行交易的账户地址等。在交易执行完成后才生成。区块数据结构的各个字段如下：

❑ header：区块头，包含区块的重要属性信息。利用这些属性、零知识证明和布隆过滤器技术，在没有完整区块数据情况下可验证交易是否存在。

❑ uncles：叔区块列表，叔区块是为了防止单个节点有太大的出块能力而引入的，在以太坊的设计中，叔区块可被重新使用成为合法的区块。在以太坊区块链中该字段被设置为固定值。

❏ transactions：区块交易列表，一段时间间隔内被打包进同一区块的一系列交易。

❏ hash：区块哈希是区块的唯一标识符。区块头各个字段的 RLP 编码哈希值。IBFT 中区块哈希的计算需排除 extraData 验证者签名数据。

❏ size：区块数据 RLP 编码的大小。

❏ td：创世区块到最新区块，所有区块的"挖矿"难度之和。

❏ ReceivedAt：区块接收的时间，用于跟踪节点之间的区块中继。

❏ ReceivedFrom：区块是从哪个对等节点获取的。

区块头中的每一个字段都很重要，以太坊在设计 Header 数据结构时也有独特的考虑，比如区块头数据的单独传输和利用区块头链来支持以太坊轻节点的实现。区块头各个字段如下：

❏ ParentHash：当前区块指向区块链表的父区块哈希值，通过该设置，对父区块的任何修改都会导致该值发生变化，区块链的不可篡改特性即来源于此。

❏ UncleHash：叔区块 RLP 编码后的哈希值，在企业以太坊中该字段不再使用。

❏ Coinbase：矿工节点地址，用于发放区块奖励。

❏ Root：世界状态树根节点 RLP 编码哈希值。在以太坊中，世界状态是指以太坊平台上所有账户的当前状态（各个账户的当前数值）。账户以 stateObject 对象表示，由账户地址作为标识符。账户包含 Balance 和 nonce 字段，在以太坊区块链上发起转账交易可以改变 Balance 值，然后 nonce 值增加 1，从而引起世界状态的改变。每次交易 nonce 增加 1 是为了防止双重支付而设计，不同交易的 nonce 不一样。同理，执行账户中的智能合约代码，也会引起世界状态的改变，账户存储的数据也会发生变化。

❏ TxHash：区块交易树根节点 RLP 编码哈希值。矿工在组装区块时把所有交易构建成 MPT 树，构建完成后生成根节点 RLP 编码哈希值。

❏ ReceiptHash：区块所有交易收据树（交易日志）根节点 RLP 编码哈希值。区块所有交易执行完成，组装区块时由交易日志构建成 MPT 树，构建完成后生成交易日志 MPT 树根节点哈希值。

❏ Bloom：布隆过滤器，便于快速确认交易日志是否存在于区块交易日志树中。该技术大大提升了交易的验证速度。

❏ Difficulty：区块难度，以太坊 PoW 共识中用于确认矿工生成区块合法性，并且随着产生区块速度动态调整的大整型数，在 IBFT 算法中被设置为常数 1。

❏ Number：区块编号，创世区块编号从 0 开始，每生成一个区块编号增加 1，即当前区块编号是其父区块编号 +1。

❏ GasLimit：区块中所有交易 Gas 消耗之和的上限。该数值由该区块的父区块消耗的 GasUsed 和 GasLimit 按照一定规则计算得到，其本质是用于限制区块交易数量。

❏ GasUsed：区块所有交易执行后实际消耗的 Gas 总数量。

❏ Time：区块创建时间戳，如父区块创建时间大于系统当前时间，则为父区块时间 +1s，否则是系统当前的时间。

❑ Extra：区块头额外的数据，便于后续扩展的字段。例如，在 IBFT 和 POA 共识算法中用该字段来填充其他节点对区块确认的签名信息。

❑ MixDigest：根据 Nonce 作为中间值计算出来的哈希值，用于后续对区块合法性的快速前期验证。

❑ Nonce：MixDigest 和 Nonce 一起使用，证明这个块完成足够的计算量并且得出的值合法。两者都用的原因是，如果攻击者使用伪 Nonce 伪造区块，网络中的其他节点确认 Nonce 是否伪造的代价在计算上相对昂贵。MixDigest 是一种中间计算，可快速判断区块合法性。因此，如果网络上的其他节点在验证一个区块时发现了一个错误的 MixDigest，它们可以放弃这个区块，而不需要做额外的计算来检查 Nonce 值。

区块体由交易列表和叔区块指针链表构成，交易也是以太坊重要的数据结构。数据结构 Transaction 表示以太坊的一笔交易，其内部对象 txdata 存储交易的具体内容，该对象各个字段说明如下：

❑ AccountNonce：账户 Nonce 值，防止双重支付或交易。

❑ Price：本次交易单个 Gas 的价格。

❑ GasLimit：本次交易的 Gas 上限，如果交易执行所需的 Gas 超出上限，则交易失败，并且交易费用会奖励给矿工。

❑ Recipient：交易接收者地址，如是创建智能合约，则交易该值为空。

❑ Amount：转账交易的 ETH 数量。

❑ Payload：交易携带的额外数据，例如交易备注信息或智能合约的字节码。

❑ R、S、V：交易签名，65 字节。

❑ Hash：交易哈希值。

区块链（BlockChain）是以太坊区块中用来管理区块的单向链表，比如区块的插入和删除、交易的执行和世界状态转换，以及区块数据缓存等。在整个企业以太坊区块链中有且只有一个 BlockChain 数据结构。其对象各个字段如下：

❑ chainConfig：区块链初始化默认配置，例如链 ID、硬分叉区块、共识算法设置、交易大小限制和智能合约代码字节数限制等。

❑ cacheConfig：区块数据缓存设置。区块的数据缓存在 MPT 树中，然而缓存数据不可能无效增加，在 MPT 树数据量达到阈值或者在某一时间间隔内，将数据持久化至数据库。缓存目的是快速地执行各类计算，例如世界状态 MPT 树根节点和交易 MPT 树根节点计算等。

❑ db：数据存储的 LevelDB 数据库。

❑ hc：区块头链，与区块数据结构中区块头 Header 相对应。在快速同步 fast-sync 模式下，节点只下载区块头链而不下载规范链完整数据。

❑ genesisBlock：规范链的第一个区块，称为创世区块。该区块参数在搭建区块链节点时由 genesis.json 文件设置。

❏ currentBlock：规范链表当前最新的区块。

❏ currentFastBlock：快速同步（fast-sync）模式下，区块头链当前最新区块。

❏ stateCache：带缓存功能的 LevelDB 封装层，高频调用数据对象。

❏ bodyCache：区块体内存缓存空间。

❏ bodyRLPCache：区块体 RLP 编码缓存空间。

❏ receiptsCache：区块交易日志缓存空间。

❏ blockCache：完整区块数据缓存空间。

❏ futureBlocks：超前待处理的区块。点对点网络下载的区块，可能是规范链上当前区块子区块的子区块。此时不能插入该区块至规范链，而是先把该区块插入 futureBlocks，之后由规范链的更新线程定期检查是否可以到达上链的条件，如达到则执行验证区块，执行区块每一笔交易并插入规范链。

❏ engine：共识引擎，按照共识算法规则来验证区块有效性。

❏ processor：状态处理器，即执行区块里的每一笔交易，更新世界状态、缓存交易执行的日志记录并计算每笔交易消耗的 gas 数和区块消耗的 gas 总数。

❏ validator：区块验证器，验证区块有效性，以及世界状态、交易和交易日志相关数据的合法性。以交易合法性计算为例，在验证时计算交易 MPT 树得出根哈希是否与区块中的 TxHash 匹配，如匹配则验证成功，否则验证失败。

❏ vmConfig：以太坊虚拟机的设置参数。

❏ badBlocks：坏块缓存队列，目的是快速确认区块的合法性。验证失败的区块称为坏块，最多缓存 10 个坏块。

❏ shouldPreserve：确定是否保留给定区块的函数。

❏ privateStateCache：私有状态缓存数据库。这是企业以太坊区别于以太坊公链的地方。企业以太坊允许部署私有智能合约和发起私有交易，并允许私有账户的存在。这些账户或交易的数据是非公开的，需要有一种方法存储这些数据，确保不被无关的第三方知晓具体交易内容。

6.6.3 区块上链

区块被链接起来组成区块单向链表，链表的子区块包含父区块的哈希值，孙区块包含子区块的哈希值，以此类推。区块内的交易签名、区块签名以及时间戳，区块一旦生成或在多个区块确认后不可篡改。区块中的交易也包含交易签名，在交易确认后也不可篡改和伪造。企业以太坊只有一条链是有效链，叫作规范链或者最长链。

区块上链是指区块被插入规范链，区块执行过程中的相关数据缓存在 MPT 树中，由区块链管理模块定期或者在缓存空间不足时持久化至 LevelDB。企业以太坊的区块上链有两种可能的情形：

❑ 非矿工区块上链。由网络协议管理器下载区块，然后调用 InsertChain 接口插入规范链。链管理器处理每一个区块，调用 Process 接口执行状态转换，区块执行结束且无错误，区块插入规范链，将交易执行结果产生的数据写入世界状态、收据树和交易树。链管理器的 update 线程定时更新 futureBlocks 区块队列上的区块并插入规范链。如果使用 Raft 共识算法，则区块下载在 Raft 共识算法内部处理，不会由协议管理器下载区块，因此也不会调用 InsertChain 接口插入区块。

❑ 矿工区块上链。矿工打包交易生成新区块，区块经多数节点共识后调用 WriteBlockWithState 接口插入规范链。由矿工执行区块每一笔交易，调用该接口后其执行结果缓存在 MPT 树，区块插入规范链。

1. 非矿工区块上链

网络协议管理器调用 InsertChain 接口向规范链插入一批区块或单个区块，这些区块来源于 P2P 网络，然后调用 InsertChain 接口处理区块，其步骤如下。

1）区块子链顺序检查。即检查待插入的所有区块，判断其是否是按照区块号递增方式排序的，非排序的区块子链不允许插入规范链。这意味着协议管理器要维护接收到的区块顺序，确保其插入前按照区块号顺序排序。

2）建立一个迭代器，遍历区块子链表，循环插入所有区块至规范链。

3）验证区块头有效性。验证流程在 engine.VerifyHeaders 接口中实现。企业以太坊有三种共识算法：Raft、Istanbul 和 Clique。这里分析 Istanbul 算法的区块头验证。区块头是并行验证，有多个线程同时进行，验证的流程如下：

❑ 验证区块编号是否合法，如为空则返回 errUnknownBlock。

❑ 验证区块生成时间是否超前，如是超前区块则返回 ErrFutureBlock。

❑ 验证 Extra 字段是否能解码及其数据大小是否大于 32 字节，如数据大小小于 32 字节则返回 errInvalidExtraDataFormat。

❑ 检查 Nonce 值的有效性，共识算法规定必须由 0、NONCE_DROP 或 NONCE_AUTH 来填充，否则返回 errInvalidNonce。

❑ 检查 MixDigest 是否等于 Istanbul 算法的固定魔幻数字（不同算法该数值不一样），如不等于则返回 errInvalidMixDigest。

❑ 确保该区块没有叔区块，如有叔区块则返回 errInvalidUncleHash。

❑ 确保区块难度值为 1，否则返回 errInvalidDifficulty。

❑ 按照 Istanbul 规则验证区块头个字段的值，如不通过则返回错误。

4）验证区块体的有效性，构建区块交易 MPT 树并验证交易 MPT 树根哈希值 Hash 的值是否与区块头的 TxHash 匹配，如果匹配则交易有效。根据区块头和区块体验证结果，有如下的错误状况需要处理：

❑ 若区块已经存在于本地数据库，且比当前节点上最新高度要低，则忽略该区块。

❑ 若待插入的区块比当前节点上的区块高度超前，则认为该区块是超前区块，将其插入 futureBlocks 区块队列。

❑ 若待插入区块的父区块不在本地节点规范链上但其父区块在 futureBlocks 区块队列上，将其插入 futureBlocks 区块队列。

❑ 若待插入区块的父区块不在规范链上，也不在 futureBlocks 区块队列上，判断两者的总难度值的大小（仅为兼容 PoW 算法保留）：

　　❑ 如果规范链的难度值大于待插入区块的难度值与其父块难度值之和，则当前规范链赢得分叉竞争，保持规范链不变。待插入区块的区块头、区块体和难度值信息被 WriteBlockWithoutState 接口存储至数据库。继续执行迭代器，处理该区块的子区块，直到某一个区块的难度值与其父块难度值之和大于规范链的难度值，此时跳到下一步执行。

　　❑ 如果规范链的难度值小于待插入区块的难度值与其父块难度值之和，处理分叉。查找该区块和规范链的共同祖先区块，从该区块开始递归调用 InsertChain 生成最长链，该最长链成为本地节点新的规范链。旧规范链的分叉区块被丢弃。

❑ 如果处理过程出现错误，则记录下坏块并终止区块插入。

5）开始处理正常插入的区块。首先创建两个 StateDB 数据存储对象：一个公共的 publicState 和一个私有的 privateState。PublicState 由父区块的世界状态根哈希 Header.Root 和 stateCache 作为参数创建的 StateDB，存储公开的世界状态的账户数据。PrivateState 由本地节点存储在 LevelDB 中的私有账户的状态根 privateStateRoot 以及 privateStateCache 为参数创建的 StateDB，只存储私有账户数据，例如私有智能合约的创建和调用相关数据。

6）调用区块处理器（Process）接口迭代执行区块中每一笔交易，得到交易收据树根 Hash 和状态树根 Hash，智能合约的创建或被调用还要得到存储树根 Hash。

7）调用 ValidateState 接口处理区块执行产生的交易日志。为区块所有交易的执行日志建立布隆过滤器，构建交易收据 MPT 树，验证交易执行后的世界状态根哈希值是否等于区块头中的世界状态根哈希值，如果不一致，则中断执行。

8）调用 state.Commit 接口把私有 privateState 的账户数据写入 MPT 树。如果账户在 stateObjectsDirty 队列中，表明账户数据有更新或是新创建的账户：

　　❑ 对于新创建的账户，如智能合约代码 code 字段不为空且 dirtyCode 字段被设置为 true，调用 InsertBlob 把智能合约代码写入 MPT 树。

　　❑ 对于账户数据更新，更新账户 MPT 存储树，即把账户数据的改动写入存储树。

9）对公共收据树和私有收据树做合并操作。这个实现非常巧妙：如果本地节点有权限执行私有交易，则把私有交易的执行结果 Logs 信息合并到区块的交易收据树；如果本地节点没有权限执行私有交易，则维持原来的公共区块收据树信息不变。这种机制使得只有在有权限执行私有交易的节点上查看私有交易日志 Logs，而无权限节点只能查看私有交易内容的 Hash 和交易执行消耗的 Gas。

10）通过 WriteBlockWithState 接口把区块插入规范链并把相关数据写入数据库，即"矿工区块上链"的执行过程，下面会对其进行详细讲述。

11）为私有交易数据创建布隆过滤器，然后把私有数据写入数据库。与公共数据建立 MPT 树方式不同，私有数据不建立 MPT 树来存储数据而是直接写入数据库，原因是私有数据树不需要在网络中传输，因此不需要 MPT 树的形式来验证数据的有效性，以高效的方式存储数据即可。

12）区块插入完成后，如果区块是插入规范链则发出 ChainEvent，如果区块是插入分叉链则发出 ChainSideEvent。最后，在区块插入规范链成功后，发出事件 ChainHeadEvent 通知本地节点其他模块该区块上链成功。

2. 矿工区块上链

矿工产生新区块上链，直接调用 WriteBlockWithState 接口实现，因其交易执行和区块的组装已经在共识引擎模块实现，共识引擎在获得大多数节点共识后，把区块插入规范链，其插入流程如下：

1）获取待插入区块的总难度值，以及规范链的总难度值（兼容 PoW）。

2）待插入区块的区块头、区块体通过 rawdb.WriteBlock 写入数据库。

3）把世界状态的变更存入 MPT 树。如果账户在 stateObjectsDirty 队列中，表明账户数据有更新或是新创建的账户：

  ❏ 对于新创建的账户，如智能合约代码 code 字段不为空且 dirtyCode 字段被设置为 true，调用 InsertBlob 把智能合约代码写入 MPT。

  ❏ 对于账户数据更新，更新账户的存储 MPT 树，即把账户的改动（智能合约的状态变量更新）写入存储树。

4）如果私有状态（privateState）不为空也缓存其数据至 MPT 树，这种情况是在节点使用 Raft 共识算法才会使用的。其操作过程与步骤 3）一致。

5）如果 cacheConfig.Disabled==true 则表示是归档节点，不会在 MPT 树缓存数据，直接将世界状态 MPT 树持久化至 LevelDB。而非归档节点则是根据 TrieNodeLimit 和 TrieTimeLimit 配置来持久化数据至 LevelDB，MPT 数据缓存只有在达到缓存最大限制时才会写入 LevelDB（TrieNodeLimit 是 MPT 缓存树的最大树节点数，其限制值是 256 个节点，MPT 缓存最长时间上限是 5 分钟）。

6）把收据树数据写入数据库。

7）处理区块链分叉（兼容 PoW）：

  ① 获取待插入区块总难度和其父区块的总难度之和 externTd。

  ② 获取本地规范链的总难度 localTd。

  ③ 如果 externTd == localTd，总难度值相等，则比较区块号大小：

    ❏ 如果待插入区块号等于规范链的最新区块号，则随机选择本地规范链或新区块所在的链为规范链。

❏ 如果小于，则待插入区块所在分叉应成为规范链，原规范链成为分叉链，触发链重组 reorg 接口执行：首先找到共同祖先（即分叉点），然后将分叉链上的区块插入规范链，最后将在旧规范链中存在但没有打包进新规范链的交易重新放入交易池。

❏ 如果大于，则待插入区块所在链为分叉链，丢弃区块。

④ 如果 externTd > localTd，即待插入区块总难度值大，链重组 reorg 后插入区块。

⑤ 如果 externTd < localTd，待插入区块总难度值小，丢弃区块。

8）如果新区块插入规范链，设置当前插入的区块为最新区块，并检查该区块是否缓存在 futureBlocks 未来区块队列，如存在则从该队列删除。

6.6.4 世界状态转换

世界状态转换是企业以太坊区块链实现的核心部分，由状态处理器（StateProcessor）模型以及状态转换（StateTransition）模型处理交易：准备交易执行环境，把交易发送到 EVM 执行，记录交易执行的日志（Logs），并在交易成功执行后更新世界状态树、收据树、交易树和存储树。

1. 状态处理器

状态处理器的目的一是组装 EVM 能够处理的交易消息、构建交易执行日志的收据对象并设置世界状态树的回滚点；二是交易执行之后获取交易日志以构建交易收据信息列表，获得新的世界状态树根哈希，组装区块并计算区块奖励。状态处理器由 Process 和 ApplyTransaction 接口实现。Process 在以太坊协议管理器下载并插入区块时被调用以执行交易，最终调用 ApplyTransaction 接口实现。Process 接口的处理流程如下：

1）准备虚拟机执行的上下文环境，包括创建区块头、gasPool、公共数据和私有数据变量、交易日志队列等。

2）处理 DAO 的硬分叉。

3）建立一个迭代器执行区块中的所有交易。由 ApplyTransaction 接口执行交易，并在交易执行完成后收集交易收据（receipt），再继续执行一条交易。

4）区块的交易都执行完成后，调用共识引擎的 Finalize，组装区块、计算叔区块奖励并设置最终的状态，其流程如下：

❏ 计算区块奖励和叔块奖励，经计算后向矿工对应账户增加 Balance。

❏ 由 IntermediateRoot 接口计算状态树根哈希并把交易执行产生的数据写入 MPT 树。最终由 StateDB.Finalise 接口迭代处理 StateDB 中脏（dirty）位被标识为 true 的账户，删除自毁集账户，有更新数据的账户则写入 MPT 树中。最后清除 StateDB. journal 中的相应条目。

❑ types.NewBlock 接口正式组装区块。把区块头、交易集合、叔区块和收据树信息拷贝至新创建的区块，并为收据树创建布隆过滤器，完成新区块的创建。

5）返回交易执行后产生的交易日志，以及使用的 GasUsed。

接下来继续分析 ApplyTransaction 的实现，该接口是真正实现交易执行的接口。在本地矿工打包区块时也调用该接口以执行交易并组装区块。该接口处理流程如下：

1）构造虚拟机执行的交易消息 msg。msg 是从交易中解析得出，包括 Nonce、gasLimit、gasPrice、from、to 和是否是私有交易标识等。from 字段是从签名的 V、R、S 信息解析得到的交易来源地址。

2）创建 EVM 执行上下文环境。在此会根据 author 参数来设置矿工地址，如果为空则代表不是本节点矿工打包的交易。转账交易中对账户的余额进行增加（AddBalance）和减少（SubBalance）的操作接口函数也会在此设置。

3）创建虚拟机执行器。以太坊目前仅仅实现内嵌的虚拟机，外部的虚拟机（如 EWASM）并未用于实践。设置虚拟机的世界状态 stateCache 缓存数据库，私有数据状态 privateStateCache 缓存数据库。

4）通过 ApplyMessage 接口执行交易，最终通过 TransitionDb 转换世界状态为最新的状态，并且返回执行结果及已使用的 Gas 数量。

5）调用 IntermediateRoot 计算世界状态树的根哈希值，并把有数据更新的账户添加至 StateDB 对象的脏队列 stateObjectsDirty 中。

6）创建区块收据树，其内容是其交易树根哈希、使用的 Gas 和交易日志。如果交易是创建智能合约，还需要在收据树中保存其合约地址。

7）私有交易的执行还需要额外更新其私有数据状态树和收据树。

8）返回所有交易的公共收据列表、私有收据列表和使用的 Gas 数量。

2. 状态转换

状态转换是最终实现世界状态更新的模型，由 StateProcessor 对象和接口实现。状态转换对象存储交易相关的信息，这些信息提供给虚拟机的执行器使用，虚拟机在执行其指令时，会获取这些数据来作为虚拟机执行器的参数以顺利执行智能合约字节码。它的作用是：

❑ 处理账户 Nonce 值。交易执行前账户 Nonce 值 +1。

❑ 获取交易执行大概消耗的 Gas 数量，提前判断账户的 Gas 是否足够执行该交易。

❑ 根据交易的 To 字段判断该交易是创建智能合约还是执行智能合约函数调用。如果是转账交易，并不会真正地执行任何智能合约函数或指令，而只是对发送方或接收方账户 Balance 做出更新。

❑ 计算交易执行手续费，手续费奖励给矿工。

以太坊交易携带的额外数据是字节数据，如该交易是转账交易则该数据为空，如是智能合约调用则是函数选择器及其参数。为了让虚拟机获得上述数据，要对交易进行一般性检查并计算 Gas 费用。企业以太坊在状态转换对象中还增加了 IsPrivate 接口，该接口通过判断交易数据中的 V==37 或者 V==38 来辨别是否是私有交易。

ApplyMessage 接口创建 StateTransition 对象，接着调用 TransitionDb 来组装虚拟机，执行需要的上下文数据，最终 evm.Create 或 evm.Call 接口调用 EVM 指令操作码并返回执行后的数据。TransitionDb 的处理流程如下：

1）首先进行交易的完整性检查。

❑ 交易携带的 Nonce 值不等于账户的 Nonce 值，返回错误。

❑ 当前账户的 Balance 小于 Gas 与 gasPrice 的乘积，返回错误。需要注意的是，私有交易初始 Gas 费用的计算基于加密数据的哈希，而不是实际私有数据。

❑ 从交易发送方的账户中减少 Balance（Gas × gasPrice）。

2）如果是私有交易，根私有交易数据的哈希值从交易管理器中取出交易的实际数据，这里有两种情况：

❑ 该节点是私有交易参与者。把交易发送者账户 Nonce 值增加 1，根据私有交易数据的哈希值从交易管理器中取出交易的实际数据执行。

❑ 该节点不是私有交易参与者则停止该交易的执行直接返回。这里返回 false 代表交易没有执行错误。虽然该交易没被执行，但是交易 Hash 会被存储在收据树中。共识算法对这个交易 Hash 的私有交易达成共识即证明该交易已经完成。私有交易的参与者去验证某一笔私有交易是否真实发生过，只要其能证明私有交易的 Hash 值存在于区块链某个区块的交易收据树内即可。

3）计算交易执行所需要的 Gas，为了让所有的认证节点获得同样的执行结果，私有数据以交易 Hash 作为计算依据。

4）如果是智能合约创建交易，则调用 evm.Create，跳转到步骤 6）。

5）如果是转账交易，世界状态的账号 Nonce 增加 1，调用 evm.Call 执行。

6）计算转账交易的找零 refundGas，包括转账余额和剩余的 Gas 数量。

7）计算 EVM 执行的交易手续费奖励，并通过 AddBalance 接口发放奖励给打包区块的矿工。

8）如果是私有交易，返回虚拟机执行的数据、0 和执行状态；如果是公共交易则返回虚拟机执行的数据、使用的 Gas 数量和执行状态。

交易执行的后续 evm.Create 或 evm.Call 调用在 EVM 中实现，本节不做过多的叙述，更多相关细节可参考第 7 章的内容。

6.6.5 StateDB

企业以太坊的数据存储由公共数据存储 StateDB 和私有数据存储 StateDB 来实现，而实际数据存储的底层数据库则是 LevelDB，所有数据都是以 k、v 键值对的形式存储的。在区块上链过程中数据的存储涉及世界状态树、交易树、收据树和存储树四个 MPT 树。

❑ 世界状态树和收据树中的数据首先会存储在 StateDB 的内存存储空间，然后再存储至其 MPT 树，最终存储至 LevelDB。

❑ 交易树则是从区块中获取所有交易，直接构建 MPT 树缓存，最后在区块所有交易执行成功区块上链前存储至 LevelDB。

❑ 存储树用于存储智能合约在虚拟机执行后的状态变量，这些状态变量的创建、更新和删除，首先存储在 StateDB 的内存空间，然后存储至存储树 MPT，最终会存储到底层的 LevelDB。

因此，世界状态树、收据树和存储树总共经历二级缓存，数据才会被写入 LevelDB。而数据在 MPT 树的缓存容量达到限制空间后或者缓存定时时间到达后才写入数据库，这些都可以在区块链管理模块自行调整。

在创建区块或者验证区块执行交易时，StateDB 被传递给以太坊虚拟机作为其执行数据的持久化存储的入口。在隐私数据的存储上，需传入单独的私有的 StateDB 对象。StateDB 的结构如图 6-11 所示。

接下来分析 StateDB 的组成，根据上述结构图可以看到其主要包含如下几个成员。

❑ db：state.cachingDB 对象指针，用于智能合约数据存储的 MPT 树。该对象包含 SecureTrie 树（特殊 MPT 树）链表，在该树中所有访问操作都使用 Keccak256 计算得出键，再由该键得到树节点真正的值。此外还有一个 trie.Database 对象指针，该对象是 LevelDB 的封装层，用于把数据持久化至 LevelDB 数据库。该 db 的指针存储在 BlockChain 对象的成员 stateCache 中。

❑ trie：这是一颗 MPT 树，该树存储的是企业以太坊世界状态，由区块头中世界状态根哈希值 Root 作为参数调用 OpenTrie 接口生成：

● 在矿工生成区块执行交易之前获取当前规范链最新区块的状态树根哈希 Root 作为参数创建该树。

● 从外部导入区块上链调用 Process 接口处理区块交易之前，从父区块的区块头获取世界状态树的根哈希 Root 作为参数创建该树。

❑ stateObjects：账户列表，存储一系列以太坊账户。

❑ stateObjectsDirty：脏账户列表，由于本次区块执行交易而新增、更改或删除的账户对象。

❑ dbErr：写入数据出错的消息，在此缓存。

❑ thash，bhash：StateDB 中当前执行的交易哈希值和区块哈希值。

❑ logs：交易日志，交易执行生成的日志。通常由智能合约代码中的事件接口生成。

❑ journal：StateDB 修改历史版本，用于执行失败回滚。

state.cachingDB 是以太坊数据存储体系中重要的数据结构，该对象是带缓存功能的 ethdb.Database 对象，它是由封装了 LevelDB 的 LDBDatabase 的接口实现的。state.cachingDB 对象实现 state.Database 接口，这些接口如下：

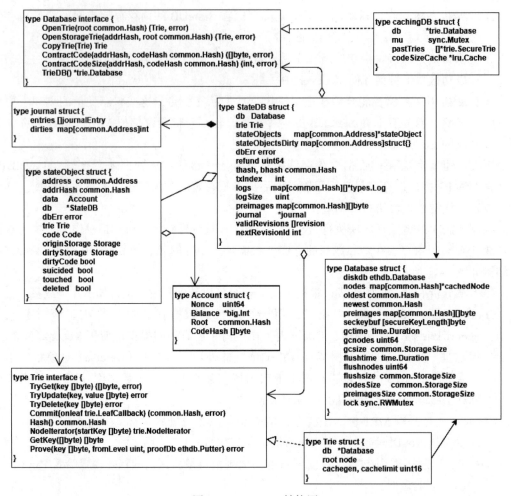

图 6-11 StateDB 结构图

```
type Database interface {
    // 打开或创建账户世界状态树
    OpenTrie(root common.Hash) (Trie, error)
    // 打开或创建一个账户数据存储树
    OpenStorageTrie(addrHash, root common.Hash) (Trie, error)
    // 复制给定的树
    CopyTrie(Trie) Trie
    // 检索特定智能合约的代码
    ContractCode(addrHash, codeHash common.Hash) ([]byte, error)
    // 检索特定合约代码的大小
    ContractCodeSize(addrHash, codeHash common.Hash) (int, error)
    // 检索用于持久化数据存储的数据库 cachingDB
    TrieDB() *trie.Database
}
```

state.stateObject 是一个账户对象，该对象代表以太坊的外部账户或者内部账户在以太坊区块链上的具体表现形式：

❑ address：账户地址，是以太坊公私钥对的公钥派生出来的地址。

❑ addrHash：账户地址哈希值。

❑ data：账户数据，包含防止交易重放的 Nonce 值、账户以太坊数量 Balance、账户存储数据根哈希 Root 以及账户代码哈希值（智能合约账户才设置该值，否则该值被设置为 0）。

❑ trie：账户的数据存储 MPT 树。

❑ db：StateDB 对象指针。

❑ code：账户的智能合约字节码。

❑ originStorage：原始的未被更新的账户存储数据，是一个哈希值到哈希值的映射。在 IntermediateRoot 更新存储树时，dirtyStorage 数据被拷贝至 originStorage，然后再存储至 MPT 树。

❑ dirtyStorage：账户更新的脏数据，例如，在智能合约状态变量的更新或账户被删除会先缓存至此。

StateDB 是以太坊虚拟机执行时的数据存储对象，在虚拟机执行过程中对应账户信息的更新都会先缓存在该对象中，其流程如下：

1）创建 StateDB 对象，将其作为函数调用参数传递给虚拟机。

2）在虚拟机内部调用 StateDB 的接口把虚拟机执行过程中产生的数据写入 StateDB。有两类数据存储对象：

❑ StateDB.stateObjectsDirty 存储账户层级的更新。例如，创建一个新的账户、以太坊转账时更新账户的 Balance 值等，由虚拟机显式调用接口 CreateAccount、Add-Balance 和 SubBalance 实现。

❑ stateObject.dirtyStorage 存储的是智能合约变量的更新，例如智能合约内部状态变量的更新，在虚拟机指令 SSTORE 执行时调用 SetState 把数据写入该缓存对象。

3）调用 triedb.IntermediateRoot 把上述更新缓存至账户树和存储树。

4）区块插入规范链后调用 triedb.Commit 把如上两类数据写入 LevelDB。

企业以太坊允许私有智能合约调用和私有交易，这些数据并非存储在上述公共 StateDB 中，而是单独建立一个私有数据库 privateStateDB。虚拟机在执行时，动态地根据交易的类型灵活切换 StateDB 存储数据，其实现包括几个方面：

❑ 在 BlockChain 对象中维护一个数据缓存数据库 privateStateCache。

❑ 在 LevelDB 中存储私有账户状态树根哈希 Root。在创建使用时以公共世界状态树根哈希为参数调用接口 GetPrivateStateRoot 从 LevelDB 中取出。

❑ 把 privateStateDB 传递给虚拟机，虚拟机在执行时判断交易是私有交易还是公开交易，如果是私有交易且该节点是交易的参与者，执行交易并把执行结果存储在

privateStateDB 中。

❏ 在 privateStateDB 中构建新的账户状态树、账户数据存储树，数据缓存也更新在该私有数据库上。

❏ 私有交易执行的交易收据则仍然存储在公共的 StateDB 上，仍然只构建一个收据树。区块在执行所有交易后，私有收据和公共收据的数据被合并存储至 LevelDB。同时，企业以太坊为私有收据和公开收据信息分别建立布隆过滤器，用于查找不同类型的交易日志。

❏ 交易树的交易仍然存储在公共 StateDB 上，因为私有交易在进入交易池之前，已经被送到企业以太坊的交易管理器，然后返回交易数据的 Hash 值构建一笔私有的交易，非交易参与者是看不到交易的实际内容的。

❏ 每次执行交易之前，矿工会调用 StateAt 接口获得当前规范链的公共 StateDB 和私有的 privateStateDB，用于存储交易执行时产生的数据。

❏ 私有 StateDB 是企业以太坊实现数据隐私的独特设计，通过它把私有交易与公开交易分离开来，有权限节点才能执行私有交易并查看实际交易内容，无权限节点则知道有私有交易发生或通过零知识证明验证交易。

6.6.6　企业以太坊数据存储

企业以太坊底层数据是 LevelDB，区块和链结构的重要元素都会以 $<k, v>$ 的形式存储在底层数据块。几种常见的数据存储形式如表 6-3 所示。

表 6-3　企业以太坊的 $<k, v>$ 存储

key	value
'h' + num + hash	区块头 RLP 编码
'h' + num + hash + 't'	区块难度 td
'h' + num + 'n'	区块哈希值
'H' + hash	区块号
'b' + num + hash	区块体
'r' + num + hash	区块收据
'l' + hash	交易或收据的查询元数据

其中，num 是区块号，hash 是区块哈希值，存储的 key 要么包含区块号，要么包含区块哈希值，因此通过区块哈希或区块号可以查找对应的 value。

企业以太坊的完整的数据存储包括 StateDB、以太坊账户、带缓存功能的数据库、四个经典的 MPT 树和区块数据，如图 6-12 所示。

❏ StateDB：私有和公有数据库。其成员 trie 指向账户树，logs 指向交易收据树，stateObjectsDirty 表示有更新的账户。

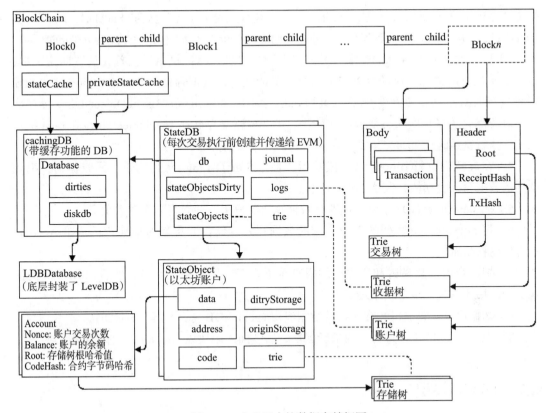

图 6-12　企业以太坊数据存储框图

❑ StateObject：私有账户和公有账户，私有账户只在私有交易参与者节点可见，通常是私有智能合约账户。其成员账户同样区分公有和私有。其中，成员 data 表示一个实际的账户数据，code 是账户的智能合约代码，trie 是账户存储树，dirtyStorage 表示有更新的存储树。

❑ cachingDB：带缓存功能的数据库，与 StateDB 一一对应。区块链对象的 stateCache 和 privateStateCache 指向这两个对象。

❑ 账户树 Trie：如果是私有智能合约则存储在私有 StateDB，公有智能合约则存储在公有 StateDB。

❑ 存储树 Trie：如果是私有智能合约数据则存储在私有 StateDB，公有智能合约数据则存储在公有 StateDB。

❑ LDBDatabase：数据库通用接口，底层封装了 LevelDB 数据库。

在企业以太坊某一时刻，区块和链管理器执行 Block*n* 区块的交易以验证合法性，大致流程如下。

1）区块和链管理器根据区块内的交易构建交易树并获取根哈希值。

2）在执行区块 Block*n* 的交易前，区块和链管理器准备虚拟机数据存储空间 StateDB。根据带缓存功能的 stateCache 和 Block*n* 区块头账户树根哈希 Root 创建公共 StateDB，以 private-StateCache 和从 LevelDB 获取到私有账户树根哈希 privateRoot 创建私有的 privateStateDB。

3）以公共和私有 StateDB 作为参数传递给虚拟机。虚拟机执行前首先设置回滚版本，便于交易执行出错时快速恢复到交易执行之前的状态，数据存储在 StateDB.journal 中。虚拟机执行时对新增、更新和删除以太坊账户变动存储在 StateDB.stateObjectsDirty 缓存队列，对智能合约账户中状态变量的初始化、更新或删除存储在 stateObject.dirtyStorage 缓存队列，执行交易时产生的交易日志存储在 State.logs 缓存队列。

4）在虚拟机执行 Block*n* 区块成功后，根据 StateDB.logs 队列构建交易收据树，把该队列的数据写入收据树并获得其根哈希值。

5）把 stateObjectsDirty 队列的账户数据写入账户树，并获得其根哈希值。

6）把 ditryStorage 队列的账户存储的数据写入存储树并更新对应账户的成员 Account 的存储树根哈希值。

7）把账户树、交易树和收据树的根哈希更新至区块头相应字段，然后把 Block*n* 的区块头和区块体持久化至 LevelDB。

8）把账户树、收据树和存储树的数据经由 cachingDB 持久化至 LevelDB。

9）把 Block*n* 区块设置为当前最新区块，后续插入区块以 Block*n* 区块作为父区块。

6.7 IBFT 共识

企业以太坊共识算法有三种实现：IBFT、Raft 和 PoA。IBFT 是 Istanbul 拜占庭算法，该算法允许作恶节点和故障节点，适用于搭建联盟链。Raft 算法只允许故障节点，不允许拜占庭节点，但性能更高，适用于搭建私链。PoA 是以太坊的共识算法。在介绍 IBFT 之前，先介绍一下 IBFT 共识术语。

❑ Validator：区块验证者或验证器，拥有验证区块的权限。
❑ Proposer：在协商回合中被选择创建区块的验证者，称为提案者。
❑ Round：共识轮次，始于创建区块，终于区块提交或轮次更改。
❑ Round Change：共识轮次更改，进入下一个共识的开始。
❑ Proposal：区块提案，对等节点产生新区块并发起区块共识请求。
❑ Sequence：提案序号，当前序号大于之前的所有序号，在 IBFT 中以区块号作为提案序号。
❑ Backlog：用于保存未来共识信息的存储。
❑ Round State：特定 Sequence 和 Round 的共识消息，包括预准备、准备和提交消息。
❑ Consensus Proof：共识证明，证明区块已通过一致性共识。
❑ Snapshot：验证者上次 epoch 的投票状态，epoch 是设置检查点和重置投票信息的区块数。

6.7.1 IBFT 共识概述

伊斯坦布尔拜占庭 IBFT 是 Castro 和 Liskov 在 1999 年首先提出的，只是实用拜占庭 PBFT 需要进行调整以符合以太坊区块链的要求。IBFT 每个共识轮次会选出一个提案者以创建区块达成共识，每个一致性共识结果生成一个可验证的新区块而不是对文件系统进行读或写操作。

IBFT 使用三步共识：PRE-PREPARE、PREPARE 和 COMMIT。在 N 个区块验证者节点网络中，当 $N = 3F + 1$ 时，系统最多可以容忍 F 个故障节点或拜占庭节点。在每一轮共识开始之前，验证器默认以循环方式选择其中一个作为提案者，然后提案者将提出一个新的区块提案，并将其与 PRE-PREPARE 消息一起广播。接收到来自提案者的 PRE-PREPARE 消息后，验证器进入 Pre-Prepared 状态，然后广播 PREPARE 消息。这一步确保所有验证器都在相同的 Sequence 和 Round 上工作。当接收到 2F+1 个 PREPARE 消息时，验证者进入 Prepared 状态，然后广播 COMMIT 消息。这一步是验证器通知提案者它接受区块提案，并将把区块插入到链中。最后验证器等待 COMMIT 消息的 $2F + 1$ 进入 Committed 状态，将该区块正式插入到区块链中。

IBFT 协议中的区块是最终确定性的，没有分叉，任何有效的区块都必须在主链上。为了防止错误节点生成与主链完全不同的分叉链，每个验证器在区块插入到区块链之前将收到的 $2F + 1$ 个 COMMIT 签名添加到区块头的 extraData 字段。由于来自不同验证器的同一区块可以具有不同 COMMIT 签名集，导致不同验证器区块头的 extraData 字段不同，但区块的哈希值必须保持一致。IBFT 通过排除 2F+1 个 COMMIT 签名来计算区块哈希值以保持区块哈希值的一致性，并将一致性证明放在区块头中。

1. IBFT 状态转换

IBFT 是一个状态机复制算法。IBFT 网络中的每个验证者维护一个状态机副本，以便按顺序达成区块共识，其状态转换如图 6-13 所示。

- ❏ New Round：提案者广播新的区块提案，验证者等待 PRE-PREPARE 消息。
- ❏ Pre-Prepared：验证者接收到 PRE-PREPARE 消息并广播 PREPARE 消息。然后等待 $2F + 1$ 个 PREPARE 或 COMMIT 消息。
- ❏ Prepared：验证者收到 $2F + 1$ 个 PREPARE 消息，广播 COMMIT 消息。然后等待 $2F + 1$ 个 COMMIT 消息。
- ❏ Committed：验证者已经收到了 $2F + 1$ 个 COMMIT 消息，并且能够将区块插入到区块链中。
- ❏ Final Committed：一个新区块被成功地插入到区块链中，验证者已经为下一轮做好了准备。
- ❏ Round Change：验证者正在等待相同共识轮次上的 $2F + 1$ 个 ROUND CHANGE 消息。

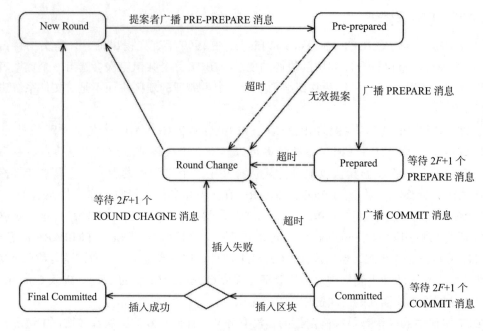

图 6-13   IBFT 状态转换

❏ New Round 转换为 Pre-Prepared：提案者从交易池获取交易，生成区块提案并将其广播，然后进入 Pre-Prepared 状态，广播 PREPARE 消息给其他验证者。验证者在接收到 PRE-PREPARE 消息时验证提案者有效性和区块头有效性，且提案的共识轮次和提案序号与验证者的匹配，则进入 Pre-Prepared 状态。

❏ Pre-prepared 转换为 Prepared：验证者接收 $2F+1$ 个有效 PREPARE 消息进入 Prepared 状态，然后广播 COMMIT 消息。有效 PREPARE 信息的条件：提案共识轮次和序号匹配验证者状态；验证者计算出区块哈希值和接收到的区块哈希值一致；消息来自已知的验证者。

❏ Prepared 转换为 Committed：验证者接收 $2F+1$ 条有效 COMMIT 消息，进入 Commited 状态。有效 COMMIT 信息的条件：提案的共识轮次和序号匹配验证者的状态；验证者计算出区块哈希值和接收到的区块哈希值一致；消息来自已知的验证者。

❏ Committed 转换为 Final Committed：验证者向区块头 extraData 字段添加 $2F+1$ 个 COMMIT 签名并将该区块插入到区块链。插入成功后验证者进入 Final Committed 状态。

❏ Final Committed 转换为 New Round：验证者选择一个新的提案者并开始一个新的共识轮次计时。

有三个条件可以触发 Round Change：计时器超时、无效 PREPREPARE 消息和区块上链失败。触发后广播带 Round 编号的 ROUND CHANGE 消息，并等待其他验证者 ROUND

CHANGE 消息。如已从其他对等节点接收到 ROUND CHANGE 消息，则选择有 $F+1$ 个 ROUND CHANGE 消息的最大 Round 编号，否则选择当前 Round+1 作为 Round 编号。

当验证者在相同的 Round 上接收到 $F+1$ 个 ROUND CHANGE 消息时会将接收到的 Round 与自己的 Round 进行比较。如果接收到的 Round 比较大，验证者就会用接收到的 Round 重新广播 ROUND CHANGE 消息。当收到相同的 Round 上 $2F+1$ 的 ROUND CHANGE 消息时，验证者退出 Round Change 循环，计算新的共识提案者，并进入 New Round 状态。验证者跳出 Round Change 循环的另一个条件是从对等节点同步接收经过验证过的区块。

2. 验证者列表和提案选择

IBFT 维护着验证者列表，验证者的加入和退出需要验证者列表的每一个验证者投票。成为验证者的条件一是必须有私钥用于共识签名，二是其账户在区块头的 extraData 的验证者集合中。验证者投票规则如下：

❑ 验证者的提案者可以投一票来提案更改验证者列表。

❑ 每个目标验证者只保留最新的投票提案。

❑ 投票随着投票链的进展而实时统计，允许同时提交验证者加入提案。

❑ 经多数协商一致通过的提案立即生效。

❑ 无效的提案不会因为客户端实现的简单性而受到惩罚。

❑ 一项即将生效的提案必须放弃对该提案的所有未决投票。

IBFT 在所有的验证者中选择出区块的提案者，对于提案者的选择，IBFT 目前支持两种策略：一是轮询选择，提案者会在每一个区块和轮次中改变；二是提案者在一轮变更发生时才会改变。默认是 Round Robin 方案选择提案者，此时提案者的计算方法是 (offset+round)/N，即根据上一个提案者在排序后的验证者集合中的位置、轮次计数器和验证者数量 N 计算出谁是提案者。

3. 区块头

IBFT 没有创造一个新区块头，只是重用 Ethash 算法的区块头结构，IBFT 区块头与 Ethash 区块头有差异的字段如下。

❑ beneficiary：提议修改验证者列表的地址，通常应填写 0，只有在对验证者加入和退出投票时填写。

❑ Nonce：提案者对某一个账户的提案，必须使用 0、NONCE_DROP 或 NONCE_ AUTH 来填充。NONCE_DROP 是取消对等节点作为现有验证者的授权。NONCE_ AUTH 提议授权对等节点作为新的验证者。

❑ mixHash：固定魔幻数字，用于伊斯坦布尔共识的唯一标识。

❑ ommersHash：固定值 UNCLE_HASH（Keccak256(RLP([])) 的值），因为叔区块在 PoW 算法之外毫无意义。

- ❑ timestamp：必须至少是父时间戳和两个共识区块之间的时间间隔之和。时间间隔被设定为 BLOCK_PERIOD。
- ❑ difficulty：区块难度被填写为 0x0000000000000001。
- ❑ extraData：包含提案者签名和 RLP 编码的伊斯坦布尔额外数据的组合字段。其中伊斯坦布尔额外数据包含验证者列表、提案者签名和验证者提交签名，定义如下：

```
type IstanbulExtra struct {
    Validators     []common.Address         // 验证器列表，必须按升序排序
    Seal           []byte                   // 提案者签名
    CommittedSeal  [][]byte                 // 签名列表，作为共识证明
}
```

extraData 以 EXTRA_VANITY | ISTANBUL_EXTRA 表示，其中"|"表示一个固定索引，用于分隔前后两部分数据。EXTRA_VANITY 包含任意的提案者签名固定字节数据。ISTANBUL_EXTRA 则是 RLP 编码的伊斯坦布尔额外数据 IstanbulExtra。

4. 区块签名和共识证明

IBFT 区块哈希计算不同于 Ethash 区块哈希计算，因为提案者需在提案时加上提案者签名以证明提案区块是提案选择策略所选出的提案者的签名。验证者需要提交 $2F+1$ 个 COMMITED 签名作为共识证明，以证明该区块已达成共识。

在计算提案者签名时，COMMITED 签名者集合是未知的，设置该集合为空来计算签名。计算方法是 SignECDSA(Keccak256(RLP(Header))，PrivateKey)，其中 PrivateKey 是提案者私钥，Header 是有 extraData 字段的区块头，extraData 字段的 IstanbulExtra 的 CommittedSeal 和 Seal 被设置为空数组。

在计算区块哈希值时，需要排除已提交的验证者签名，因为验证者签名数据在不同的验证器之间是不同的，还要设置 IstanbulExtra 中的 CommittedSeal 为空数组。

在将一个区块插入到区块链之前，每个验证者需要从其他验证器收集到 $2F+1$ 个签名以组成一个共识证明。一旦接收到足够的验证者签名，它将填充 IstanbulExtra 的 CommittedSeal 字段，重新计算区块头的 extraData，最后将区块插入到区块链。验证者签名由每个验证者独自计算，验证者使用其私钥对 COMMIT_MSG_CODE 消息代码和区块哈希进行签名。验证者签名的方法是：

SignECDSA(Keccak256(CONCAT(Hash，COMMIT_MSG_CODE))，PrivateKey)。其中，CONCAT(Hash，COMMIT_MSG_CODE) 是连接区块头哈希值和消息 COMMIT_MSG_CODE 的字节数据，PrivateKey 是验证者的私钥。

5. 锁定机制

IBFT 引入了锁定机制来解决安全问题。验证者被区块 B 锁定在区块高度 H 时，它只能提案高度 H 的区块 B。Lock (B, H) 表示验证者当前被锁定在某个区块 B 和高度 H 上。对于验证者数量的表示，用"+"表示大于，用"−"表示小于。例如，+2/3 表示超过 2/3 的

验证者，而 −1/3 表示不到 1/3 的验证者。

验证者在接收到高度为 H 的区块 B 上的 $2F + 1$ 个 PREPARE 消息时被锁定。当区块 B 插入到区块链失败时，验证者在高度 H 和区块 B 处解锁。验证者在其状态变化的三个阶段，对各类消息的处理有如下的协议。

❏ PRE-PREPARE：对于提案者，在锁定时接收到高度为 H 的区块 B 的 PRE_PREPARE 消息，广播并进入 Prepare 状态；在未锁定时接收高度为 H 的区块 B' 的 PRE_PREPARE 消息并广播。对于验证者，在锁定时接收到高度为 H 的区块 B 的 PRE_PREPARE 消息并广播，但接收高度为 H 区块 B' 的 PRE_PREPARE 消息会产生 Round Change；在未锁定时接收高度为 H 区块 B 的 PRE_PREPARE 消息并广播，同时也接收高度为 H 的区块 B' 的 PRE_PREPARE 消息并广播。

❏ PREPARE：验证者被锁定，接收到高度为 H 区块 B 的 PREPARE 并广播 COMMIT，进入 Prepared 状态；接收到高度为 H 的区块 B' 的 PREPARE 忽略。验证者未锁定，收到 B 和 B' 的 PREPARE，等待 $2F+1$ 个 PREPARE 消息。

❏ COMMIT：验证者已锁定，等待 $2F+1$ 个 COMMIT 消息。

在 IBFT 的状态转换过程中可能会产生 Round Change，假设发生这些 Round Change 时在高度为 H 的区块 B 上，锁定情况有如下几种：

❏ Round Change：要么提案 B，要么提案新块 B'。

- 如验证者 +2/3 锁定，提案 B，提案 B' 导致新的 Round Change；
- 如验证者 +1/3 ～ −2/3 锁定，提案 B，提案 B' 导致新 Round Change；
- 如验证者 −1/3 锁定，B 和 B' 都可能被提案。

❏ 区块上链失败的 Round Change：如果区块是坏区块，最终 +2/3 验证者将在 H 处解锁区块 B，并尝试提出一个新区块 B'。如果是非坏块，则是前面 Round Change 的情形。

❏ −1/3 验证者成功插入区块，+2/3 验证者成功触发了 Round Change，意味着 +1/3 验证者锁定在区块 B 的高度 H 处。

- 如提案者插入成功，在 H' 提案 B' 但会新的 Round Change，因 +1/3 验证者被锁定；
- 如提案者未插入成功，在锁定时提案区块 B，未锁定提案在高度 H' 提案区块 B'，此时会发生新的 Round Change。

❏ +1/3 提案者成功插入区块 B，−2/3 提案者试着在高度 H 触发 Round Change。

- 如提案者插入成功，在高度 H' 上提案区块 B'，在 +1/3 同步区块 B 之前区块 B' 不会进入共识；
- 如提案者未插入成功，在锁定时提案区块 B；未锁定在高度 H 提案区块 B' 会 Round Change，在高度 H' 提案区块 B'，在 +1/3 验证者同步区块 B 之前不会进入共识。

❏ +2/3 提案者成功插入区块 B，−1/3 提案者试着在高度 H 触发 Round Change。

- 如提案者插入成功，在高度 H' 上提案区块 B'，进入下一轮共识；

- 如提案者未插入成功，在锁定时提案区块 B，未锁定在高度 H 提案区块 B' 会发生新的 Round Change。

6.7.2　IBFT 实现

在 eth/backend.go 创建以太坊后端时，如 chainConfig.Istanbul 配置为 true 则创建 IBFT 的后端（Backend）核心对象。该对象定义 Istanbul 协议作为协议管理器的网络子协议，注册到 p2pServer 中，接收网络协议消息然后由共识引擎进一步处理。

如图 6-14 所示，IBFT 有两个重要的部分：一是 IBFT 后端 Backend，二是 core 对象。IBFT 后端包含本节点公私钥和地址、验证者列表、候选验证者列表、本地和对等节点消息缓存、当前正在共识的区块和 commitCh 通道等。IBFT 后端还实现了 Start、Stop、IsProposer 和 IsCurrentProposal 接口，共识引擎的启停和判断是否是区块提案者都在这些接口实现。IBFT 后端的成员 core 对象是真正实现 IBFT 共识的对象，其主要成员如下。

- ❏ state：IBFT 共识状态机，有如下几种状态。
  - StateAcceptRequest：对等节点共识引擎启动后的初始状态，表示已准备好接受区块提案请求。
  - StatePreprepared：提案者发起区块提案请求，进入该状态。验证者接受区块提案 PRE-PREPARE 请求，进入该状态。
  - StatePrepared：验证者接收到 $2F+1$ 个 PRE-PREPARE 消息请求回应，进入该状态。
  - StateCommitted：验证者接收到 $2F+1$ 个 PREPARE 消息请求回应，进入该状态。
- ❏ finalCommittedSub：区块上链成功通知通道。
- ❏ timeoutSub：一致性共识超时通道。
- ❏ valSet：当前 IBFT 共识验证者集合，验证者轮流发起区块提案，对所有区块签名以接受区块。
- ❏ backlogs：在共识过程中，验证者节点接收共识一致性信息，这些消息存储在该队列中。
- ❏ current：当前共识的状态，即共识轮次和序号，以及三阶段共识消息队列，消息队列由 roundState 对象维护。
- ❏ validateFn：验证者签名检查函数，用于判断签名的有效性。
- ❏ roundChangeSet：共识轮次结束，区块上链后，产生轮次更改的信息存储在此队列。
- ❏ pendingRequests：本节点发起区块提案的请求缓存。

对等节点在发起区块提案时，必须确保发出请求在同一个视图中的顺序是一致的。同时为了保证共识网络集群的可用性，必须在发生 Round Change 时携带共识状态 roundState 对象，其是当前轮次的共识状态，成员如下：

- ❏ round：共识轮次，在首次初始化共识引擎时被设置为 0。后续每次轮次更改该值增加 1。

❑ sequence：提案序号，等于区块号。

❑ Preprepare：共识引擎构造 PRE-PREPARE 消息发起提案，由视图和区块数据组成，提案者生成区块封装在该消息中。提案者在发出该消息启动定时器如定时器超时则产生 Round Change。视图包含 Round 和 Sequence，代表当前的共识轮次。

❑ Prepares：从对等节点接收到的 PREPARE 消息集合。

❑ Commits：从对等节点接收到的 COMMIT 消息集合。

❑ lockedHash：验证器接收到 2F+1 个 PREPARE 被锁定，该字段存储锁定时的区块 Hash 值。

❑ pendingRequest：被挂起的提案请求。本地节点的矿工拿到区块提案权，生成新区块，基于区块构建 Request 发起提案请求。

❑ hasBadProposal：无效提案检查器。

在发生 Round Change 时向网络发送请求的消息包含在 roundChangeSet 对象中，该对象的成员 roundChanges 是一组 messageSet 对象，messageSet 的成员视图（view）、验证者集和 Round Change 消息队列说明如下：

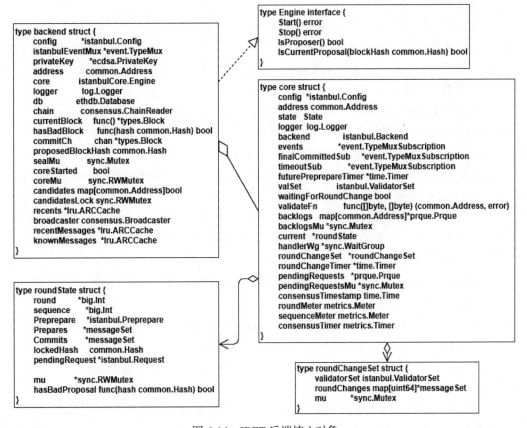

图 6-14　IBFT 后端核心对象

❑ validatorSet：验证者集合。

❑ roundChanges：节点接收到的 Round Change 请求的响应消息存储在此，如果接收到超过 2F+1 个响应请求，则开始 Round Change 处理流程。

❑ view：当前视图，当节点当前视图与当前提案者的视图中序号相等时才会发起 Round Change 请求。

共识引擎在 miner/worker.go 文件的 start 中启动。在矿工开始挖矿时，通过 core 对象的 Start 接口，调用 consensus/istanbul/core/handler.go 中的 Start 接口启动共识引擎，启动流程如下。

1）startNewRound 启动新的轮次。

❑ 获取最新的提案者，比较本节点的视图与提案者视图的提案序号 sequence，如果相等才会发起 Round Change 请求。

❑ 创建一个新的视图对象，初始化 sequence 和 round 的值。

❑ 创建 roundChangeSet 对象，以在发生轮次更改时提供当前本节点状态信息。

❑ 更新 roundState 对象，即更新当前共识轮次的信息。

❑ 计算新的区块提案者。

❑ 设置验证器状态机为初始状态 StateAcceptRequest。

❑ 如果符合发起 Round Chang 请求的条件，即 roundChange 为真，其本地节点是提案者。当本地节点处于锁定状态时发起提案请求，否则处理本地 pending 的提案请求并发送 msgPreprepare 消息。

❑ 设置 Round Change 请求超时时间的定时器，在超时后发出 timeoutEvent。

2）订阅 Istanbul 的事件，启动 handleEvents 线程，处理上述接收到的事件。

❑ RequestEvent：本地节点发起的请求事件。

❑ MessageEvent：处理共识三阶段的事件，调用其相应处理函数进一步处理消息。

❑ backlogEvent：未来待办事件。在异步网络环境中，可能会接收到将来无法在当前状态下处理的消息。例如，验证器可以在新一轮接收 COMMIT 消息。我们称这种消息为"未来消息"。当验证器接收到未来的消息时，它将把消息放入其待办事项列表中，并尽可能稍后处理。

❑ timeoutSub：轮次更改请求超时产生的 timeoutEvent，重新发起新 Round Change 请求。

❑ finalCommittedSub：接收 FinalCommittedEvent 事件，即新的共识证明区块到达，区块上链。

6.7.3 矿工

矿工负责产生区块，如果在节点启动时指定 miner 参数，对等节点就可以成为区块生产者创建区块，获得区块奖励。矿工的具体工作是由 worker 对象实现的，worker 是向共识引擎提交新区块并获取共识结果、区块上链的主要对象。挖矿工作线程在 p2pServer、以太坊业务逻辑相关的模块都启动完成，并且对等节点区块同步到最新的区块后才开始执行。Miner/worker.go 中 Start 接口被调用之后，矿工就开始进行挖矿工作，因为 IBFT 是使用轮流创建区块并发起区块提案的方式，矿工只有在其获得区块提案权利的时候才会启动挖矿工作线程，挖矿工作流程如下。

1）newWorkLoop 线程接监听 startCh 通道接收到挖矿消息开始工作，然后向 newWorkCh 通道发送 newWorkReq 事件开启挖矿。

2）mainLoop 线程监听 newWorkCh 通道，接收挖矿开启事件并由接口 commitNewWork 组装区块：

- 组装区块头，包括填充区块头的 extraData 字段。
- 取出交易池中的一批可执行交易，调用 ApplyTransaction 接口在以太坊虚拟机中执行每一笔交易。
- 根据交易执行结果组装新区块、计算区块奖励、构建交易 MPT 树和交易日志 MPT 树，并把账户变动信息写入世界状态 MPT 树。
- 向 taskCh 通道写入新创建的区块。

3）taskLoop 线程接收新区块，生成区块哈希，然后由共识引擎的 Seal 接口生成 RequestEvent 事件把区块送到 IBFT 引擎进行共识，并设置 resultCh 通道接收区块共识结果。

4）Seal 接口首先检查快照检查点（checkpoint），符合检查点条件则压缩共识日志以防止共识日志的无限增长，然后把 RequestEvent 发送至共识引擎，在 IBFT 共识引擎后端的 commitCh 通道等待共识结果。

- 为了节省磁盘空间，IBFT 共识引入检查点（checkpoint），在触发检查点时压缩共识日志并存储。
- 日志的主要内容是共识投票信息、投票计数和验证者集合。
- 检查点每 1024 个区块会做一次压缩，即（number-1）%1024 ==0 是检查点，其中 number 是当前的区块号。

5）共识引擎启动的 handleEvents 线程处理 RequestEvent 请求，把区块和当前视图进行 RLP 编码构造 msgPreprepare 消息。通过 Gossip 发送至其他的验证节点，同时也通过 http 方式向本节点发送 msgPreprepare 消息使得本节点进入 Pre-prepared 状态。

6）本地节点在收到 msgPreprepare 消息后，开始共识三阶段的处理过程。

7）本地节点在得到区块共识证明后，Seal 接口的等待线程从 commitCh 通道接收到已验证区块，写入 worker 对象的 resultCh 通道。

8）resultLoop 线程接收 resultCh 通道的区块，调用 WriteBlockWithState 接口把区块插入规范链，将共识日志、区块数据写入 levelDB 数据库。

6.7.4 共识流程

传统上，为了达到稳定的一致性结果，验证者需要紧密连接，这意味着所有的验证者都需要直接连接到彼此。但是在实际的网络环境中，很难实现稳定、恒定的p2p连接。为了解决这个问题，IBFT实施了Gossip网络来克服这个限制。在Gossip网络环境中，所有验证者只需要弱连接，这意味着任何两个验证者都是连接的：要么是直接连接的，要么是连接到一个或多个验证者。在初始的验证者集合中，区块同步的模式必须被设置为full mode，因其使用的是fetch方式来获取区块。后来的验证者则不需要这个限制，因此可通过下载方式获得区块。Gossip网络从协议管理器中的接口FindPeers中找到连接的对等节点，然后调用Send接口发送消息，即可实现共识消息的传播。

在以太坊协议管理器中，节点在p2p网络建立连接后，通过handleMsg处理从对等节点接收到的消息，然后由业务层各子协议进一步处理。HandleMsg把消息提交至IBFT共识模块，该接口只处理两类网络消息：istanbulMsg和NewBlockMsg。IstanbulMsg是共识引擎共识三阶段需要处理的网络消息，被解码后放入队列recentMessages和knownMessages缓存，然后构造MessageEvent发送至IBFT共识引擎的handleEvents线程处理。NewBlockMsg是为了获取从其他节点传播的类似区块的竞争消息，防止本地节点提案同样的区块。

无论是从协议管理器接收到istanbulMsg消息还是本地节点产生的消息，都在handleCheckedMsg函数中对这些消息进行进一步处理。如果接收到的是未来消息，则调用storeBacklog存储消息至本地节点；否则按照消息的类型调用不同的处理函数。网络消息包括如下四类。

1）msgPreprepare：提案者发起的预准备消息，获得$2F+1$验证者者同意后正式发起提案。msgPreprepare消息的处理函数handlePreprepare的流程如下：

① 对消息进行RLP解码。

② 检查msgPreprepare消息，如果该消息的view小于当前的view，那么是旧的消息发送msgCommit消息至网络。

③ 检查提案者的有效性，即是否是当前轮次的有效提案者。

④ 检查提案的有效性，包括是否是坏块、检查区块体并检查区块头。有效性检查出错的处理方式为：如果是"未来区块"，则发送backlogEvent存储但不处理区块；否则会发起Round Change。

⑤ 如果本地验证器被锁定，且接收到提案和当前被锁定的区块哈希不一致，则首先接受msgPreprepare消息，进入StatePrepared状态。然后发出msgCommit消息，告知其他节点它准备COMMIT当前被锁定的区块。

⑥ 如果本地验证器未被锁定，则接受msgPreprepare消息进入StatePrepared状态。然后发送msgPrepare消息，告知提案者它接受该提案。

2）msgPrepare：准备消息，保证共识轮次和共识序列的一致性。在收到 2F+1 个确认消息 PREPARE 后锁定共识验证器。msgPrepare 消息的 handlePrepare 处理流程如下：

① 对消息进行 RLP 解码。

② 检查 msgPrepare 消息的轮次和序列号是否有效，匹配验证者的状态是否一致。

③ 检查通过，接收 msgPrepare，并把该消息添加到验证器 roundState 的 Prepares 消息队列中。

④ 如果 msgPrepare 接收到超过 2F+1 的 PREPARE 消息或者该消息被验证器锁定：验证器在 msgPrepare 中携带的提案区块上被锁定，即设置 roundState 的 lockedHash 为该提案的区块哈希，然后设置验证器的状态为 StatePrepared，最后发送 msgCommit 消息。

3）msgCommit：提交消息，收到 2F+1 验证者确认 COMMIT 后区块被插入区块链，其数据存储在数据库。msgCommit 消息的 handleCommit 处理流程如下：

① 对消息进行 RLP 解码。

② 检查 msgPrepare 消息的轮次和序列号是否有效，匹配验证者的状态是否一致。

③ 检查通过，接收 msgCommit 消息，把该消息添加到验证器 roundState 的 Commits 消息队列中。

④ 如果有接收到超过 2F+1 对该消息签名的验证器签名，则区块完成共识证明。首先拷贝签名集合到区块头的 extraData 字段，然后向 commitCh 通道写入区块，通知矿工的工作线程处理该区块，最后由矿工的 resultLoop 线程处理区块，区块则被 WriteBlockWithState 插入区块链。为了加快协商一致过程，在接收到 2F + 1 的 PREPARE 消息之前接收到 2F + 1 的 COMMITED 消息的验证器将跳转到提交状态，这样就不需要等待进一步的准备消息了。

⑤ 矿工 resultLoop 线程在成功插入区块链后发出 ChainHeadEvent 事件，然后 newWorkLoop 线程在接收到该事件后发出 FinalCommittedEvent，通知共识引擎执行 handleFinalCommitted，开启新一轮共识。

⑥ 如果区块插入区块链失败，则发出 msgRoundChange 消息。该消息最终由 handleRoundChange 处理。

4）msgRoundChange：如果共识出现意外情况或区块已提交，则验证者发起共识轮次更改。handleRoundChange 处理轮次更改请求，其处理的流程如下：

① 获取本节点的当前视图并获取接收到 msgRoundChange 消息的视图。

② 把 msgRoundChange 消息解析后添加至本地节点的 roundChangeSet 消息集中。

③ 如果节点在等待上一个 Round Change 返回，且节点接收到 Round Change 消息个数等于 F（F 是拜占庭节点数），并且本节点的 round 数值比 msgRoundChange 的 round 数值小，我们会尽量赶上对等点的 round 数值，即根据接收到的 msgRoundChange 消息发起一个新的 Round Change。

④ 如果接收到的 Round Change 消息数大于等于 2F+1，且当前 round 数值比接收到消息的 round 数值小，则立即开始执行 Round Change，开始新一轮的共识。由此可知，

Round Change 在节点发起后，收到 $2F+1$ 个节点的 ACK，才开始新一轮的共识。

⑤ 如果本节点的 round 数值比 msgRoundChange 的 round 数值小，则通过 Gossip 广播接收到的 msgRoundChange 到其他节点。

IBFT 共识三阶段协商一致，无论区块上链成功还是失败，验证器都会经过 startNew-Round 进入下一轮共识，按照上述流程循环处理下一个区块。

6.8 Raft 共识

Quorum 实现一个基于 Raft 的共识机制，作为默认 PoW 工作证明的替代方案。企业以太坊的拜占庭容错不是必需的，且希望有更快的出块时间 (以毫秒为单位，而不是以秒为单位) 和没有分叉的交易确定性。Raft 共识机制不会不必要地创建空区块，而是有效地按需创建区块。

在 Raft 中，正常操作的节点有 Leader、Follower 和 Learner 三种角色。整个集群只能有一个 Leader，所有区块数据都必须经过它处理。候选者（Candidate）的角色只是在 Leader 选举期间会存在，Leader 选举结束集群稳定后，该角色不复存在。Raft 网络可以由一组验证节点启动，其中一个验证节点将在网络启动时被选为 Leader。如果 Leader 节点宕机，则触发 Leader 重选，由网络选出新的 Leader。一旦网络建立起来，更多的 Follower 节点或 Learner 节点可以添加到这个网络中。当一个节点作为验证者添加或删除时，它会影响 Raft 共识一致性流程。但是添加一个节点作为学习者（Learner）并不能改变 Raft 共识。因此，在向长时间运行的网络中添加新节点时，首先将该节点作为学习者来添加。一旦学习节点与网络区块同步完成，学习节点就可以被提升为验证者了。

在基于 Raft 的共识中，我们在 Raft 和以太坊节点之间强加了一对一的对应关系：每个以太坊节点也是一个 Raft 节点，Raft 集群的 Leader 是唯一能够产生区块的以太坊节点。Leader 对应一个矿工（minter），像以太坊的矿工一样负责将交易捆绑到一个区块中，但不提供工作量证明。

6.8.1 RaftService 服务

Raft 是实现了以太坊的 Service 接口，它作为一个单独的服务被注册到企业以太坊节点服务列表中，称为 RaftService 服务。该服务也有单独的矿工和协议管理器，因为 Raft 共识算法与以太坊中的共识算法实现差异比较大，因此要以最小的改动实现 Raft 共识算法。RaftService 被创建时，首先创建矿工（minter），当节点成为 Leader 时矿工启动，从交易池中取出一系列交易将其打包生成区块，并通过协议管理器广播到网络，并把区块插入区块链。

当 minter 创建一个区块时，区块通过 Raft 共识上链或将其设置为链的最新区块。当所有节点提交 Raft 日志时，节点将同步区块。在 Raft 实现中，我们是将 Leader 和 minter 放在一起，因为在 Raft 集群上保证同一时刻只有一个 Leader，同时也避免网络从 minter 节点到 Leader 节点的跳跃，导致所有 Raft 数据的写入都必须处理这个网络跳跃。minter 维护一个是否开启挖矿的通道 shouldMine，当且仅当节点是 Leader 时才会启动矿工工作线程开始生成区块。Minter 还有一个监听交易池交易到达的 txPreChan 通道，其监听交易池的 NewTxsEvent 事件在交易到达即刻开始生成区块。

minter 对象的成员 speculativeChain 表示已经挖出但还未被上链的区块列表，它有三个基本操作：完成新的区块上链、移除最老的区块和将无效的区块移除。它还可以在停止挖矿时清除状态，在未挖矿时设置节点当前最新的区块。SpeculativeChain 提供更低的区块之间延迟的优化或更快的交易确定性。区块通过 Raft 共识需要一段时间成为最新区块。如果在创建新区块之前同步等待一个区块成为链的最新区块，则接收到的任何交易都需要更多的时间才能上链。在父区块通过 Raft 共识插入区块链之前也可以创建新区块，这些区块最终形成 speculativeChain 链。在 speculativeChain 形成的操作过程中，需要跟踪已经打包成区块并已经进入 speculativeChain 但还未最终进入规范链的交易池中的交易。由于 Leader 选举期间竞争的存在，在 speculativeChain 中间的某个区块可能最终没有进入规范链。在这种情况下会发生一个 InvalidRaftOrdering 事件，然后系统会相应地清理 speculativeChain 链的区块。SpeculativeChain 链的长度没有限制，但企业以太坊计划在未来增加对这方面的支持。SpeculativeChain 的数据结构和各个成员的解析如下。

- ❑ head：最后创建的 speculativeChain 的区块。如果该区块已经包含在规范链中，则该值为 nil。
- ❑ proposedTxes：已提交到 Raft 网络的某些区块中的一组交易，但尚未被包含在规范链中。
- ❑ unappliedBlocks：已经发布到网络但尚未提交到规范链的区块队列。当生成一个新区块时，将它排在这个区块队列的末尾，当最老的区块被插入到规范链时，将区块从该区块队列移除，当发生 InvalidRaftOrdering 乱序时，从队列的前端弹出最近的区块，直到找到所有无效区块为止。无效区块会从 speculativeChain 移除。
- ❑ expectedInvalidBlockHashes：在无效区块上建立的还没有通过 Raft 共识的一组区块。这些区块通过 Raft 共识返回时即从 speculativeChain 中移除。

矿工 minter 由两个线程 eventLoop 和 mintingLoop 实现挖矿，随着 Raft 集群 Leader 的变化，如果一个节点成为 Leader，则它将开始生成区块，如果一个节点失去 Leader，则它将停止生成区块。

6.8.2　Raft 协议管理器

Raft 的协议管理器封装了 Raft 的算法实现，即协议管理器是 Raft 共识的包装层，它负责与企业以太坊业务逻辑层交互，同时也和底层的 p2pServer 服务交互。协议管理器广播并接收区块，维护 Raft 共识状态机的一致性和 Raft 日志数据存储。Raft 算法与 IBFT 共识算法的不同之处在于 IBFT 完整地实现 p2pServer 的子协议的接口及功能，由底层的点对点网络传输消息；而 Raft 算法没有实现 p2pServer 的子协议，而是使用 Raft 算法自定义的传输协议传递消息。相同之处是交易还是统一由 p2pServer 来传输。

节点在其角色发生变化时，通过 handleRoleChange 执行角色转换，并设置 minter 矿工的启停。如果节点成为 Leader，则启动 minter 生成区块，否则扮演 Follower 角色接收区块并存储。我们使用现有以太坊的 P2P 传输层在节点之间传递交易，但是通过 Raft 算法的传输层传递区块。区块由矿工生成，并从 Raft 传输层传输到集群其余节点，每一区块在 Raft 集群中始终有相同的顺序。

协议管理器设置 Raft 节点的默认配置并启动完整的 Raft 节点、创建节点的唯一标识符 ID、维护对等节点列表，以及处理对等节点的加入和退出、执行节点的角色变更、建立 HTTP 服务以监听外部连接请求。区块提案在此进行一致性共识后才上链。由于 Raft 算法的高效特性，它特别适用于私有链或联盟链的场景。

6.8.3　区块上链

Raft 共识引擎沿用以太坊 Ethash 区块头，唯一不同的是区块头 Extra 字段的填充。Extra 字段由 32 个字节的 vanity 和 extraSeal 结构组成。目前 vanity 被设置为空，便于以后扩展。ExtraSeal 由 Leader 的 raftID 经 HEX 编码并由 Leader 的私钥对区块头 Hash 进行签名的数据填充。Raft 算法在区块头中未提供共识证明信息，只是由 Leader 把区块传送至 Follower，得到超过一半的 Follower 回应即可提交区块至规范链，最后通知 Follower 也提交区块至规范链。

下面来分析交易在 Raft 共识中的生命周期，以便于了解区块的生成流程。交易的生命周期是指交易从进入 Raft 节点到交易被打包成区块，最后区块成功插入规范链的过程。一个典型交易的生命周期的流程如下。

在任意节点上（无论是 Leader、Follower 还是 Learner）：

1）交易通过 RPC 调用提交节点。

2）交易通过 P2P 网络被发送至所有节点。由于集群的所有节点都被配置为使用 static 节点，每个交易都被发送给集群中的所有节点。

在 Leader 节点上：

3）交易到达 minter，矿工从交易池中取出交易并把它打包在下一个区块中。

4）区块创建触发 NewMinedBlockEvent，协议管理器通过 minedBlockSub 通道接收该事件。minedBroadcastLoop 线程将区块放到 blockProposalC 通道。

5）serveLocalProposals 线程在 blockProposalC 通道接收区块，对区块进行 RLP 编码，并向 Raft 集群提交区块。

在任意节点上：

6）到这里 Raft 共识已达成了一致，并将包含区块的日志条目附加到 Raft 日志中。Raft 内部的流程是 Leader 向所有 Follower 发送一个 AppendEntries，然后 Follower 告知 Leader

收到了消息。一旦 Leader 收到集群节点数 $N/2+1$，它就通知每个节点区块生成日志已经被永久提交到数据库中。

7）区块通过 Leader 的 pm.transport（rafthttp.Transport 的实例）传播至 Raft 网络，最终区块到达协议管理器的 eventLoop 线程。

8）区块由 applyNewChainHead 处理。该方法检查区块是否扩展了链，即区块父节点是规范链当前最新区块。如果它不扩展链，则将区块忽略，如果它确实扩展了链，则验证区块并由 InsertChain 将其插入规范链。

9）区块上链成功后发布一个 ChainHeadEvent 来通知事件监听者新区块已经被接受。其目的是使得交易池中删除已经上链的交易和从 speculativeChain 链中删除区块，并触发 requestMinting，告知矿工有更多可执行交易打包区块。

交易现在可以在 Raft 集群中的所有节点上完成确认。Raft 保证了存储在其日志中的条目是顺序增长的，且提交的所有内容都保证保持不变，所以在 Raft 上构建的区块链没有分叉。默认情况下，生成区块频率不超过 50ms。当新交易到达时，矿工可以立即生成一个新区块，但区块生成时间间隔至少维持在每 50ms 生成一个区块。这个频率限制实现了交易吞吐量和延迟之间的平衡。该默认值可以通过 --raftblocktime 标志配置。节点成为 Raft 集群的 Leader 之后才具备产生区块的功能，除了在 Leader 选择期间各个 Raft 节点通过竞争的方式产生区块之外，所有非 Leader 节点均没有生成区块的权利。在 eventLoop 线程中，接收到交易或区块消息时，判断节点是否是 Leader，如是则调用 requestMinting 函数使矿工开启挖矿功能。区块上链流程如图 6-15 所示，区块生成代码流程如下。

1）交易池发出 NewTxsEvent，矿工 eventLoop 线程启动区块生成线程。

2）在 mintingLoop 线程阻塞等待新的交易到达或阻塞等待与上一个区块的生成的时间间隔超过 50ms。

3）mintingLoop 线程调用 mintNewBlock 接口开始生成区块：

❑ 首先获取父区块的区块哈希和区块号组装区块头，根据父块世界状态根哈希获取 publicStateDB 和 privateStateDB 作为交易执行的数据库。

❑ 从交易池中获取可执行的交易，确保这些交易未被包含在 speculativeChain 链中，验证每一条交易的签名者是否正确，最后返回基于 gasPrice 排序的交易集合。

❑ 在以太坊虚拟机中执行待打包进区块的每一个交易。

❑ 计算区块奖励和奖励矿工，获取世界状态树根哈希值并将其写入区块头 Root 字段。

❑ 构建区块头剩余字段，获取区块哈希值，对区块签名，并对签名数据进行 RLP 编码。

❑ 构建新区块，此时生成区块交易 MPT 和收据 MPT，并为其建立布隆过滤器。

❑ 把世界状态树提交至 MPT，即把账户更新写入世界状态树并把账户存储状态变量的更新数据写入存储树，包括清除自毁集、清除交易历史日志（用于恢复快照，便于交易状态回滚）。

❑ 向 speculativeChain 链添加新区块。

❏ 生成 NewMinedBlockEvent，发送至 Raft 的协议管理器的 minedBroadcastLoop 线程。

4）minedBroadcastLoop 线程向 blockProposalC 通道写入一个区块。

5）协议管理器 serveLocalProposals 线程对区块进行 RLP 编码，并向本地 Raft 节点发起区块提案。

6）在 Raft 集群中对区块达成一致性共识，通知协议管理器 eventLoop 线程。

7）协议管理器 applyNewChainHead 接口验证区块有效性，调用 InsertChain 接口把区块插入规范链。

8）区块上链发出 ChainHeadEvent 通知各模块由区块上链成功。矿工收到通知后开始生成下一个的区块。

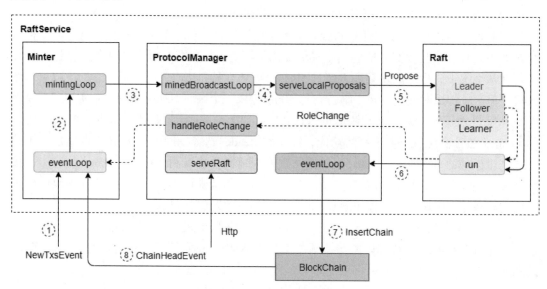

图 6-15　区块上链流程

6.8.4　链竞争

本节详细介绍在 Leader 过渡期间如何保持正确性。在 Raft 的 Leader 过渡期间，可能会有一小段时间多个节点会认为自己有生成区块的权力。Raft 负责对区块达成共识以确认哪些区块被接受插入规范链。在最简单的情况下，每个通过 Raft 共识的后续区块成为规范链最新区块。然而，在一些罕见的情况下，可能会遇到一个通过 Raft 共识的新区块不能作为规范链的最新区块的情况。在提交 Raft 日志时，如果遇到一个区块的父区块不是当前规范链最新区块，节点只需以 NO-OP（无操作）的形式跳过该区块的日志条目。常见的情况是 Leader 可以被认为是一个矿工或集群代表者来生成区块。在 Leader 变动期间，两个节点都可能在同一个时段内生成不同的区块，即发生了链竞争。在这种情况下，第一个成功扩展链的区块将获胜，竞争失败的区块将被忽略。以下是发生这种情况的示例，假设尝试扩展链的 Raft 条目表示如下：

```
[ 0xbeda Parent: 0xacaa ]
```

其中 0xbeda 是新区块的 ID，0xacaa 是其父区块的 ID。这里对初始矿工 (node1) 进行了分区，node2 作为新矿工接管，如图 6-16 所示。

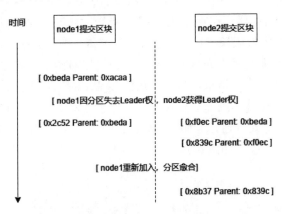

图 6-16　分区时区块提交

在 node1 重新加入后，分区愈合，在 Raft 层 node1 将重新提交 0x2c52，得到的序列化日志可能如下所示：

```
[ 0xbeda Parent: 0xacaa - Extends! ]   (due to node 1)
[ 0xf0ec Parent: 0xbeda - Extends! ]   (due to node 2; 称为胜者 )
[ 0x839c Parent: 0xf0ec - Extends! ]   (due to node 2)
[ 0x2c52 Parent: 0xbeda - NO-OP.   ]   (due to node 1; 称为失败者 )
[ 0x8b37 Parent: 0x839c - Extends! ]   (due to node 2)
```

由于 Raft 条目是在获胜者之后序列化的，所以失败者 node1 条目不会扩展规范链，因为在应用该条目时，它的父条目 (0xbeda) 不再位于链的顶部。获胜者较早地扩展了相同的父区块 0xbeda，然后 0x839c 进一步扩展规范链。每个区块都被 Raft 接受并序列化到日志中。从 Raft 的角度来看，每个日志条目都是有效的，但从 Quorum-Raft 角度来看则会选择哪些条目被使用，并实际扩展规范链。

6.9　权限

许可是指节点加入 Quorum 区块链，以及单个账户或节点执行特定功能的能力。例如，Quorum 区块链可能只允许某些节点充当验证者，并且只允许某些账户实例化智能合约。企业以太坊支持如下类型的许可：

❑ 节点许可。企业以太坊在启动时指定静态对等节点列表以便与之建立连接，对等节点发现可以被启用或禁用。节点许可还允许指定连接到的对等节点白名单。

❏ 账户许可。企业以太坊指定允许与区块链进行交易的账户白名单，在将交易添加到区块时，以及在验证包含该账户创建的交易的区块时，必须能够验证账户是否存在于上述所需的白名单中。

❏ 交易类型许可。企业以太坊能够授权账户可以提交哪些交易类型，这些类型包括三种：发布智能合约、调用改变智能合约状态的函数和执行到指定账户的转账交易。

企业以太坊中的当前权限模型仅局限于节点级别，允许一组节点成为被许可节点。权限模型是基于智能合约的权限模式，具有管理对等节点、账户和账户级访问控制的灵活性。虽然节点许可的核心前提是是否允许发生连接，但可以对两个节点之间的连接施加额外的限制。当接收到对等节点连接请求或启动新的连接请求时，将查询许可智能合约，以评估是否允许该连接。如果允许，则建立连接。当节点进行对等节点发现时，可以将此连接作为可用对等节点进行节点发现通知。如果不允许，则拒绝或不尝试连接。

企业以太坊权限管理模型如图6-17所示。

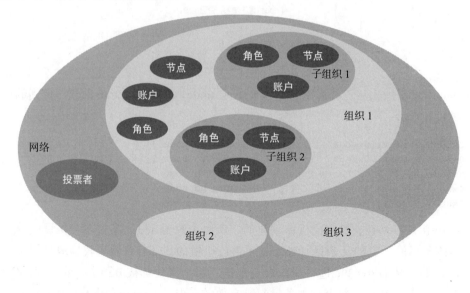

图6-17 权限管理模型

网络是指一组相互连接的对等节点，表示一个包含组织的企业以太坊区块链。企业以太坊网络角色有如下几种。

❏ 组织和子组织：组织是由账户、节点和其他组织或子组织组成的逻辑组。子组织是由另一个组织控制并隶属于另一个组织的组织。组织通常代表企业。出于许可的目的，组织大致相当于UNIX中组的概念。

❏ 账户：账户是用户和企业以太坊区块链之间建立的关系。拥有账户则允许用户与区块链交互。

❏ 组：组是拥有或分配一个或多个公共属性的用户的集合。例如，允许用户访问特定服务或功能集的通用特权。

- 角色：角色是一组管理任务，每个任务都具有应用于系统用户或管理员的相关权限，例如，可在 RBAC 许可管理合约中使用。
- 节点：网络的一部分，属于一个组织或子组织的企业以太坊节点。

6.9.1　权限管理智能合约

权限管理智能合约采用面向对象的方法来设计权限管理，所有的外部 API 调用均通过 PermissionsUpgrade.sol 提供，具体的业务逻辑则由 xxxManager.sol 来实现，比如数据存储、具体业务逻辑的执行等。权限管理智能合约包括：

- PermissionsUpgrade.sol：存储所有与权限相关的智能合约地址的智能合约，由超级管理员拥有。只有管理员才可以更改智能合约的地址。
- PermissionsInterface.sol：包含所有与权限相关操作的接口，没有具体业务逻辑，仅将 API 请求转发给 PermissionImplementation.sol 智能合约。
- PermissionImplementation.sol：该智能合约具有权限操作业务逻辑。它只能从 PermissionsUpgradable.sol 中定义的有效接口接收请求，然后调用不同智能合约的 API 以实现交互。
- OrgManager.sol：该智能合约接收 PermissionsUpgrdable.sol 中定义的调用请求，并为组织和子组织存储数据。
- AccountManager.sol：该智能合约接收 PermissionsUpgrdable.sol 中定义的调用请求，存储所有企业以太坊账户的数据、账户与组织和各种角色的关系，以及存储账户的状态。账户状态有几种：等待授权账户、活跃账户、非活跃账户、挂起账户、账户黑名单和吊销的账户。
- NodeManager.sol：该智能合约接收 PermissionsUpgrdable.sol 中定义的调用请求，存储一个企业以太坊节点的数据、节点与一个组织或子组织的链接以及节点的状态。节点状态有几种：等待授权节点、已授权节点、非活跃节点和节点黑名单。
- RoleManager.sol：该智能合约接收 PermissionsUpgrdable.sol 中定义的调用请求，存储各种角色和与之链接的组织的数据。角色级别包括：只读、执行交易、发布智能合约和全部权限。
- VetorManager.sol：该智能合约接收 PermissionsUpgrdable.sol 中定义的调用请求，存储网络级别的有效选票数据，这些数据可以对网络中已识别的活动进行审批，如在网络中添加一个新的组织。链接到预定义的网络管理角色的任何企业以太坊账户都将标记为投票者。每当执行需要投票的网络级活动时，都会在此智能合约中添加一个投票项，每个投票者账户都可以为该活动投票，活动经多数表决通过。

权限管理智能合约的部署是根据其依赖关系作为先后顺序的：首先，提供一个管理员账户部署 PermissionsUpgradable.sol 升级智能合约；其次，部署其他合约，在部署时需要

PermissionsUpgradable.sol 智能合约的地址作为参数；再次，生成 permissioned-nodes.json 文件以配置智能合约地址，并设置默认账户和权限；最后，初始化 PermissionsUpgradable. sol 智能合约。

6.9.2 权限管理服务

权限管理服务 permissionService 在企业以太坊节点启动时创建，并注册该服务至本地节点的服务列表中。它实现了与 Eth Service 类似的接口，区别在于其并没有任何与 P2P 网络相关的子协议被注册到 p2p.Server。权限管理服务的 Go 语言版本的权限管理控制 PermissionCtrl 对象，其主要成员包括节点 ID、节点私钥、授权节点的配置文件目录、Eth Service 的 RPC 客户端、指向权限管理智能合约的 ABI 对象和权限管理默认配置。

由于权限管理智能合约是内置智能合约，在节点启动时已经发布至网络，智能合约的地址也被保存在 permissioned-nodes.json 文件中。在启动权限管理服务的时候需要把对应的信息从文件中导出。在客户端启动和初始化期间，企业以太坊节点从引导节点开始，最初具有不同步的世界状态。在节点到达一个可信的最新区块之前，它无法正确表示当前区块链状态的节点许可的当前版本。在 genesis 区块中，初始智能合约通常包含在区块 0 中，配置使初始节点能够彼此建立连接。由于有世界状态数据同步限制，在 permissionService 启动时会有数据同步前和数据同步后的区分，根据这个区块权限管理服务由两个阶段来启动。

（1）等待区块同步完成阶段

权限管理服务实现了 Start 接口，该接口在企业以太坊节点启动时被调用。Start 接口在被调用后阻塞等待，直至如下几个功能完成，才创建 RPC 客户端与 Eth Service 建立连接。

- ❏ Eth Service 完全启动。因为权限管理服务依赖于该服务。
- ❏ 区块下载模块的区块同步已经更新到最新区块。
- ❏ In-Proc RPC 的服务已经完全启动。权限管理服务与以太坊服务的相互调用是进程内部通信，而 In-Proc 是进程间通信的服务。

（2）正式启动阶段

该阶段通过 AfterStart 接口的调用再次启动权限管理服务，它的实现有如下 4 个步骤。

1）创建智能合约对象实例获得智能合约 ABI 调用接口。创建智能合约对象是调用编译智能合约后的 ABI 接口实现的。在权限管理服务中可以通过这些 API 接口调用智能合约中的方法，以执行智能合约的函数。

2）填充已许可的节点和账户访问的初始列表，启动权限网络。

- ❏ 初始化权限管理策略，设置网络、组织、节点、账户和角色管理者。
- ❏ 把 static-nodes.json 中静态节点加入网络初始信任节点列表。
- ❏ 设置初始账户。
- ❏ 设置智能合约中的启动完成状态。

3）从智能合约获取已经设置的组织、节点、账户、角色智能合约的状态变量并保存至内存缓存中。这样做的目的是在验证各个类型的权限时不需要从智能合约中获取数据，而是直接从缓存中获取数据，以提高检查效率。

4）启动监听智能合约事件的线程，更新各个智能合约状态变量的值至内存缓存。这些线程对如下事项做持续监控：

- 监听 QIP714 区块的到达，并设置其访问权限为只读。该区块是权限管理模型开始生效的区块。
- 监听组织管理智能合约事件并更新内存缓存中智能合约状态变量。
- 监听节点管理合约的事件，更新其对应内存缓存中对应于智能合约状态变量的值，且更新 permissioned-nodes.json 文件的节点信息。如果节点在该文件中，说明节点有权限加入企业以太坊网络，反之没有权限。
- 监听账户管理合约事件，更新内存缓存中智能合约状态变量的值。
- 监听角色管理合约事件，更新内存缓存中智能合约状态变量的值。

6.10 数据隐私

企业以太坊区块链的数据隐私子系统 Tessera 是一个无状态 Java 系统，用于为企业以太坊区块链启用私有交易的加密、解密和分发。Tessera 节点包含交易管理器、Enclave 和 Keys 管理三个子模块，其功能包括：

- 公私钥管理。Tessera 节点保存一系列的加解密公私钥对，并对这些公私钥对实施安全的管理。
- 自管理和发现网络中的所有节点。通过提供至少一个启动引导节点，Tessera 节点能够知道网络中的所有节点。
- Tessera 节点之间每 2s 发送一个心跳包确保数据同步，数据同步之后每一个节点保存同样的公钥注册表，并且可以向每一个节点发送信息。
- 私有和公共 API 接口。私有 API 用于与 Quorum 通信，公共 API 用于在 Tessera 对等节点之间通信。
- 安全数据传输。包括 TLS 证书和各种信任模型，例如首次使用信任 TOFU、白名单、证书授权等，以及提供双向 SSL 数据传输。
- 数据访问。在 Tessera 中支持节点 IP 地址白名单。
- 数据存储。数据存储在连接到的任何支持 JDBC 的 SQL 关系数据库中。

交易管理器是私有交易生命周期中的核心部分，它管理私有交易生命周期。交易管理器是分发其私有有效负载的接触点，它直接连接到 Quorum 和附加的 Enclave 上，充当 Quorum 与 Enclave 的联系纽带。

Enclave 是一个安全的数据处理环境，充当处理命令和数据的黑盒。Enclave 有硬件和软件形式，目的都是为了保护 Enclave 中存在的信息不受恶意攻击。Enclave 被设计用来处理交易管理器所需的所有加密和解密操作，以及所有形式的密钥管理。这使得所有敏感操作都可以在一个地方处理，而不会泄漏到不需要访问的程序内存区域。这也意味着较小的应用程序可以在安全的环境中运行。处理对等节点管理和数据库访问，以及仲裁通信的交易管理器不执行任何加密和解密操作，这极大地降低了因攻击造成的影响。

Keys 模块主要用于生成密钥对并将其保存到 xxx.pub 和 xxx.key 文件中，该模块还提供一个由逗号分隔的值列表，可以同时生成多个密钥对，为生成和管理批量的公私钥对提供了可能。

6.10.1 私有交易流程

企业以太坊区块链的私有交易真实数据首先被传输至交易参与者的 Tessera 节点，然后构建一笔以真实交易内容哈希值作为交易内容的透明交易并将其提交到 Quorum 区块链上。假设 A 节点和 B 节点是交易 AB 的参与者，而 C 节点不是，私有交易的流程如下：

1）A 向其 Quorum 节点发送交易 AB，指定交易有效负载，并将 privateFor 设置为 A 和 B 双方的公钥。

2）A 的 Quorum 节点将交易 AB 传递至与其配对的交易管理器，请求其加密和存储交易有效负载。

3）A 的交易管理器调用其关联的 Enclave 来验证发送方并加密交易 AB。

4）A 的 Enclave 检查 A 的私钥，并在验证后执行交易转换：

❑ 生成一个对称密钥 (tx-key)，随机数为 nonce1 和 nonce2。

❑ 使用 nonce1 和 tx-key 加密交易 AB。

❑ 遍历交易接收方列表，使用由发送方 A 私钥和接收方 B 公钥派生的共享密钥 shared-key 和另一个随机数 nonce2 加密 tx-key。对于 N 个接收方会有 N 个加密的 tx-key，因为使用的 nonce2 相同但 shared-key 不同。

❑ 返回加密的交易 AB，返回所有加密 tx-key、nonce1、nonce2，以及发送方和所有接收方的公钥至交易管理器。

5）A 的交易管理器存储 4）步骤的返回值，然后发送至接收方的交易管理器。具体的过程如下：

❑ 计算加密后的有效负载的 SHA3-512 哈希值 Hash。

❑ 存储 Hash，加密的交易 AB，加密的 tx-key、nonce1、nonce2，以及发送方和所有接收方的公钥到数据库。

❑ 发送步骤 4）的返回值至接收方的交易管理器，但删除除了该接收方的 tx-key 之外的所有 tx-key，序列化这些数据，推送数据至接收方的交易管理器。确保所有接收方都能接收到数据，只要有一个接收方接收失败，整个流程终止。

6）A 交易管理器返回 5）步骤的加密交易哈希值至 Quorum 节点，然后替换交易 AB 的 data 为该哈希值，设置交易的 V 值为 37 或 38，以告知其他节点该交易是私有交易，以及交易 data 字段是加密交易哈希值而不是智能合约字节码。

7）使用标准的 geth P2P 协议将交易 AB 传播到网络的其余节点。

8）包含交易 AB 的区块被创建，并将其分发给网络上的参与节点。

9）在处理区块时，所有参与方都将尝试处理交易。每个 Quorum 节点将识别 V 值 37 或 38，将交易标识为需要解密的交易。A 和 B 调用交易管理器来确定其是该交易的参与者并跳转步骤 10），C 不是参与者则终止处理该交易。

10）A 和 B 将在其本地交易管理器都将调用各自的 Enclave 解密交易 AB。

11）A 和 B 的 Enclave 解密交易 AB。A 首先使用自己的私钥和 B 的公钥得到 shared-key，再用使用 shared-key 和 nonce2 解密得到 tx-key，最后用 tx-key 解密加密的交易 AB，将解密后的交易 AB 返回给交易管理器。B 使用同样的处理过程，不同的是使用 B 的私钥和 A 的公钥解密得到 shared-key。

12）A 和 B 的交易管理器将解密后的交易发送到 EVM 执行。此执行将仅更新 Quorum 节点的 privateStateDB 中的状态，一旦代码被执行，它就会被丢弃。C 的交易管理器返回 404 错误，不处理该交易。

6.10.2　私有交易和私有合约

Quorum 节点目前已经实现了部署私有智能合约和发送私有交易。私有智能合约是只有智能合约的参与者能执行和存储的合约，非参与者不能执行私有智能合约。部署私有智能合约交易的实现步骤如下：

1）DAPP 在调用部署私有合约交易 ABI 时指定 PrivateFrom 和 PrivateFor 两个参数。PrivateFrom 是交易的发起者，PrivateFor 是交易的参与者。

2）节点在接收到私有合约部署交易时，通过 HTTP POST 向交易管理器发送私有智能合约字节码，并返回加密智能合约 Hash 值。其具体过程是：Quorum 节点的 Tessera RPC 客户端调用 storeRaw 接口向 Tessera 节点发送智能合约字节码，然后 Tessera 节点交易管理器把交易发送到交易的参与方，然后对交易数据加密并计算其哈希值，返回该 Hash 值，最后以交易 Hash 构建一笔交易，对交易签名，完成交易的构建工作。

3）在构建交易之后，通过 RPC 调用 SendRawPrivateTransaction 向 Quorum 节点发起交易，此时检查交易是否是私有交易，如果是私有交易，则在签名时设置 V 值为 37 或 38，最后交易被提交至交易池。

4）智能合约被调用时，私有交易参与方从交易管理器取出智能合约字节码并执行。私有交易参与方的虚拟机在执行私有交易时更新数据库 publicStateDB 和 privateStateDB，非交易参与方只更新 publicStateDB。

Chapter 7 第 7 章

EVM

7.1 EVM 的设计目标

以太坊虚拟机（EVM）的设计应该满足执行网络交易的特殊要求，比如执行结构的确定性和可计算性等。其设计目标如下。

- ❑ 简单性：尽可能少的操作码，尽可能少的数据类型，尽可能少的虚拟机级构造。
- ❑ 确定性：EVM 规范的任何部分都不应该有任何含糊的地方，结果应该是完全确定的。此外，还应该有一个精确的计算步骤的概念，可以测量，以计算 Gas 消耗。
- ❑ 节省空间：EVM 组装应尽可能紧凑（例如，默认 C 程序的 4000 字节基本大小是不可接受的）。
- ❑ 对预期应用程序的专门化：处理 20 个字节地址和具有 32 个字节值的自定义加密数据的能力、自定义加密中使用的模块算法、读取区块和交易数据以及与 StateDB 的交互等。
- ❑ 简单的安全性：应该可以很容易地提出一个为操作消耗 Gas 的成本模型，使 EVM 不可被利用。
- ❑ 优化友好性：应用优化应该很容易，这样就可以构建 JIT 编译版本和其他加速版本的 EVM。

区块链虚拟机对安全的要求更高。例如，如何防止 DDOS 攻击，如何避免因为网络访问、磁盘 I/O 引起的安全漏洞，现有虚拟机的字节码过大对于区块链系统来说过于昂贵等。基于上述设计考虑，以太坊的开发者开发出专门的以太坊虚拟机，以符合以太坊的应用场景,同时考虑了安全性和实现简单性。在虚拟机语言的选择上,基于区块链平台成本的考虑,以太坊开发者也开发了一套独有的语言:Solidity。现代高级语言基于底层操作系统的特性,这本身是基于底层硬件的能力和相关的成本可以忽略不计这个假设的。例如,Go 语言每个 goroutine 至少需要 64KB 的内存,Java 语言单个方法的字节码大小可以达到 64KB,这些对于现代硬件来说价格很低,但对于 EVM 来说就很昂贵。

7.2　EVM 的实现机制

7.2.1　虚拟机结构

Quorum 沿用 EVM 的实现,它是一个内嵌在以太坊节点中的虚拟机。由于 EVM 使用软件代码模拟机器指令的执行,不能并发执行且效率较低,因此也可以使用第三方的高性能虚拟机实现(比如 JIT 或 WASM),它通过一个 EVMC 的模块来连接外部的虚拟机,然而本节仅仅讨论内嵌在节点中的 EVM 的实现。在 Quorum 中,每执行一笔交易就会创建一个 EVM 对象实例并构建虚拟机执行的上下文环境。

在企业以太坊区块链,可以部署私有智能合约并发起私有转账交易。此类私有交易的执行和存储是在独立于公共的 StateDB 之外实现的。因此,企业以太坊区块链提供了 privateState 私有数据存储环境,虚拟机在执行时动态地根据执行交易的属性来选择执行的存储数据库是公共还是私有。

在创建一个新的虚拟机时,可以指定虚拟机执行器(Interpreter)类型或者是否执行企业以太坊内置的智能合约。在创建一个虚拟机实例时指定执行器,不同的智能合约可以指定不同的虚拟机执行器。虚拟机实例还可以被指定为“只读”,在“只读”虚拟机中不能执行对数据库 StateDB 的写入操作的虚拟机指令。“只读”机制的实质是实现企业以太坊的权限管理,例如对用户访问的角色管理,可以由智能合约 RoleManager.sol 实现只读权限的控制。

在企业以太坊中的一个改进是:虚拟机实例执行时可以再创建新的虚拟机实例,嵌套创建虚拟机实例的最大数量是 1027,这里或许可以设置为 1024 或 1025(与堆栈的深度相匹配)。这是通过 Push 和 Pop 方法实现的,在当前虚拟机的智能合约调用另外一个智能合约时,当前的 StateDB 被 Push 方法放进 states 队列,调用结束后从 states 队列由 Pop 方法弹出该 StateDB。

EVM 执行需要的上下文环境辅助信息,这些信息通常来自两个方面:网络上传送至虚拟机的信息或矿工打包的区块 / 交易的元数据。这些信息保持在一个 Context 对象中作为智能合约执行的上下文数据。Context 对象的 Transfer 成员函数是以太坊中执行 ETH 转账的函数。它通过调用 StateDB 对象的 AddBalance 和 SubBalance,减少一个账户的 ETH 数量,增加另外一个账户的 ETH 数量。此外,执行转账之前不可避免地要对账户进行检查,例如检查转账账户是否有足够的 ETH 以支付虚拟机执行的 Gas 以及转移的 ETH 数量。

真正实现虚拟机指令执行的对象并不是智能合约虚拟机，而是 EVMInterpreter 执行器。该执行器号称图灵完备的虚拟机，然而执行受到 Gas 的限制，同时调用深度也是有限制的（例如调用深度最高为 1027）。执行器的大致执行流程如下：

1）设置 StateDB 状态回滚点，在虚拟机执行失败时快速回滚至初始状态。

2）执行器取出存储树中的智能合约完整字节码并将其保存在 Contract 对象中。

3）执行器的程序计数器（PC）从地址 0x0 开始，取出智能合约字节码中的第一条操作码，在操作码列表中找到该操作码对应的函数执行，执行的同时消耗 Gas。

4）如果上一条操作码执行成功，则程序计数器加 1，取出下一条操作码并执行其对应的函数。

5）迭代执行步骤 3）～ 4），直至遇到 STOP 操作码显式停止程序执行，或在执行其中一个操作码时发生错误，或直到执行完成标识被设置，执行结束。

6）如果上述任意一条操作码执行失败，则回滚 StateDB 至执行虚拟机前的状态，并返回错误。

在执行相应操作时要判断当前交易的 Gas 是否充足，如果不充足，则返回错误并回滚已经修改的 StateDB 的状态。EVM 执行时由于 Gas 不足导致失败时，消耗的 Gas 被奖励给矿工，交易发送者会失去其提供的所有 Gas。执行器主要由一个 EVMInterpreter 对象和 Contract 对象组成。EVMInterpreter 执行器存储 EVM 的智能合约操作码、操作码对应的 Gas 列表以及智能合约执行后的返回数据内存空间。

智能合约虚拟机对外可调用的接口有两类：一类是智能合约函数调用，另外一类是智能合约创建。用户向企业以太坊区块链发送一笔交易，交易被打包进区块后，由世界状态转换器调用智能合约虚拟机的接口执行交易，此时判断交易的 To 字段，如果该字段为空则智能合约创建交易，否则智能合约调用交易或 ETH 转账交易。虚拟机内部的智能合约同样可以调用虚拟机的接口、创建智能合约或者调用其他智能合约的函数。目前调用智能合约函数的接口有 Call、CallCode、DelegateCall 和 StaticCall，以实现不同场景下的智能合约函数的调用。

❏ Call：以智能合约地址、函数选择器及函数参数作为参数调用智能合约的 API 执行智能合约外部调用函数或公共函数。

❏ CallCode：CallCode 与 Call 的不同之处在于，它执行被调用方智能合约的代码，并将调用方智能合约的上下文作为被调用方智能合约函数执行的上下文。在代码中表现为执行被调用方智能合约对应的 Contract 对象仍然是调用方智能合约的 Contract 对象。在这种情况下，被调用方智能合约产生的一切数据，都存储在调用方的智能合约存储空间中，即共用存储树空间。

❏ DelegateCall：与 CallCode 的不同是，它把调用方的调用方（交易的最初发起者）传递到被调用方的智能合约。在代码中的表现形式是被调用方的 Contract 对象的成员

CallerAddress 是交易的最原始调用方。这在嵌套调用智能合约的情形下非常有用，例如，账户 A 发起智能合约函数调用的交易，调用智能合约 B，B 调用智能合约 C，如果 B 调用 C 时使用的接口是 DelegateCall，则智能合约 C 对应的 Contract 对象的成员 CallerAddress 是账户 A（而不是 B 的账户地址）。

❑ StaticCall：在智能合约函数执行过程中不执行对 StateDB 的写操作，如执行写操作会导致智能合约执行失败。这通过设置虚拟机执行器对象 EVMInterpreter 中的 readOnly 标志位来实现。

在企业以太坊中部署智能合约，有 Create 和 Create2 两个接口。

❑ Create：创建和初始化新的智能合约。在虚拟机中取出智能合约字节码，为智能合约代码创建以太坊账户 StateObject，把智能合约代码存储在该账户的存储树中，同时对智能合约状态变量进行初始化，即为其设置一个初始值。如果智能合约中有创建其他智能合约的指令，则创建一个新的虚拟机执行实例对象，在新虚拟机对象中创建另外的智能合约账户并对其进行初始化。

❑ Create2：与 Create 接口不同的是，此方法的参数中已经指定待创建智能合约的账户地址，在代码中的实现方式是在 Create2 方法中传入 Address 作为 CreateAddress2 函数调用的参数。

在企业以太坊 publicState 和 privateState 双数据库的环境下，选择哪个数据库作为虚拟机执行数据存储有以下判断条件：

❑ 如果调用者（caller）是一笔以太坊交易，此时虚拟机调用深度为 0（evm.depth==0），使用 publicState 作为虚拟机执行数据持久化存储的数据库。这里的交易可以是 ETH 转账交易，也可以是创建智能合约的交易，它们的共同点是交易来自于以太坊外部账户。

❑ 如果调用者是一个智能合约账户，此时虚拟机调用深度大于 0（evm.depth>0），使用 privateState 作为数据库。该场景是由智能合约调用另一个智能合约的函数，即内部账户的调用。

企业以太坊的上述设计带来了智能合约之间调用的限制：公共智能合约可以调用私有智能合约的函数，或者公共智能合约可以创建私有智能合约。然而，私有智能合约不能创建公共智能合约或者调用公共智能合约的函数对 StateDB 进行写入操作（读取公共智能合约的数据仍然是允许的）。

7.2.2 合约的创建和调用

用户向 Quorum 发送一笔交易时，如果该交易的 To 地址为空，说明该交易是部署一个智能合约至区块链网络上的交易。交易被执行时，最终会调用虚拟机的 Create 接口创建智能合约账户，执行智能合约字节码，初始化智能合约状态变量，并把智能合约字节码存储至智能合约账户的存储树。智能合约创建的实现流程如下：

1）EVM 调用堆栈深度检查，如果 EVM 调用深度 CallCreateDepth > 1024，返回错误。

2）转账资金检查，如果转账 Value 值小于账户所拥有的 Balance，返回错误。

3）设置 EVM 的 StateDB 为 evm.privateState 还是 evm.publicState。

❑ 如果虚拟机 API 的调用者是外部账户且虚拟机当前的深度为 0，使用公共 publicState。外部账户的转账交易及智能合约的创建交易都属于这一类。

❑ 如果虚拟机 API 的调用者是另外一个智能合约且虚拟机当前堆栈的深度大于 0，使用 privateState。该调用是由执行中的智能合约调用另一个智能合约的接口。

4）增加调用者账户的 nonce 值，即 nonce = nonce + 1。

5）为当前 StateDB 设置回滚点，虚拟机执行失败时能返回执行前的状态。

6）创建智能合约账户。创建账户实际上是创建一个 stateObject，如果账户已经存在，则覆盖旧的账户成员并重新设置 Balance 值。

7）执行转账，增加 To 账户的 Balance，减少 From 账户的 Balance。如果是 Quorum，则需要判断转账金额 Value 是否等于 0，为 0 则跳过这一步。

8）准备智能合约环境，创建 Contract 对象以表示一个待执行的智能合约，并初始化其参数，包含智能合约代码、调用参数等。

9）调用虚拟机执行器（Interpreter）的 Run 接口执行智能合约的创建和初始化。

10）检查智能合约的大小是否已超过最大代码大小，如大于则返回错误。当前智能合约代码默认大小为 24 576 字节。

11）计算智能合约存储所需要的 Gas，如果剩余 Gas 足够，则存储合约至 MPT 中，否则返回失败。

Quorum 接收到用户的交易，如果交易的类型是转账交易或者智能合约函数的调用，那么会调用虚拟机的 Call 接口执行交易。该接口的执行流程如下：

1）把当前的 StateDB 对象暂存至 states 列表。在递归调用 Call 接口的情况下，存储当前的虚拟机实例的 StateDB，最多允许递归调用 1024 次。

2）检查账户是否有足够的 Balance 以支付 Gas 并进行 ETH 转账。如果条件不满足，则返回错误。

3）设置 StateDB 数据库的状态转换回滚点。智能合约执行失败时，对已经修改的状态进行回滚，参见 StateDB 的 journal 的实现。

4）如果 To 地址为空，则创建新的账户。由此可知可通过 Call 调用创建账户。

5）ETH 转账。From 账户减少 Balance，To 账户增加 Balance。

6）创建 Contract 对象，该对象代表一个智能合约账户。

7）从 StateDB 中获取合约代码及其哈希值，设置到 Contract 对象。

8）调用 EVM 的 run 接口，如果该合约是预编译智能合约，则执行预编译合约，如果是一般合约，则跳转至步骤 9）继续执行。

9）执行器 EVMInterpreter 执行智能合约的函数调用。对于 ETH 转账交易，由于其账户 StateObject 的成员账户中的合约代码为空，所以在执行器的 Run 线程中检查到此状况，退出执行器的执行并指示交易执行成功。

10）如果执行器执行错误，则恢复步骤 3）设置的 StateDB 状态。

7.2.3 虚拟机执行器

虚拟机的执行器 Interpreter 搭建智能合约执行环境，取出智能合约中的字节码，执行智能合约字节码中的指令。智能合约字节码的执行是用软件模拟的汇编代码，从计数器 PC=0 的位置开始，执行合约函数取出第一条指令，循环执行直至显示执行结束或者出现错误。执行器的执行流程如下：

1）检查调用堆栈深度（最大为 1024）和只读标识。

2）声明和初始化操作码、内存（[]byte 类型的切片）、堆栈、程序计数器 PC 等变量，为执行做准备。

3）运行解释器主循环。此循环一直运行到执行显式停止、返回或自毁，执行其中一个操作发生错误，或者直到完成标识被设置。

4）从指令码操作表中获取操作码并验证当前堆栈，以确保存有足够的堆栈项来执行指令操作。JumpTable 是包含虚拟机指令操作码的列表，不需要进行初始化而是将其设置为默认表。该表最多支持 256 条指令操作码。

5）每次循环时，计算新的内存大小并将内存扩展到合适的大小以便于操作。

6）计算消耗的 Gas，如果没有足够的 Gas 可用，则返回一个错误。

7）执行 JumpTable 中的操作码指令，execute 对应到每一条指令的处理接口，它基于栈进行哈希运算、加减乘除、移位等操作。

8）如果操作码清除了返回数据（假设它有返回数据），则将最后一次返回设置为操作的结果，并将数据返回给调用者。

9）程序计数器 +1，执行下一条指令，直至执行结束或者返回错误。

虚拟机中执行的指令实际上是 EVM 操作码对应的执行函数，EVM 由软件模拟汇编指令操作码，指令集类型分为 4 类，指令集是向后兼容的。

❑ frontierInstructionSet：以太坊 frontier 指令集。

❑ homesteadInstructionSet：以太坊 homestead 指令集，增加了对指令操作码 DELEGA-TECALL 的支持。

❑ byzantiumInstructionSet：以太坊 byzantium 指令集，增加了对指令操作码 STATIC-CALL、RETURNDATASIZE、RETURNDATACOPY 和 REVERT 的支持。

❑ constantinopleInstructionSet：以太坊 constantinople 指令集，增加了对指令操作码 SHL、SHR、SAR、EXTCODEHASH 和 CREATE2 的支持。

接下来分析智能合约指令操作码的实现，我们以 CALL 指令为例，它对应的执行函数是 opCall，代码如下：

```go
func opCall(pc *uint64, interpreter *EVMInterpreter, contract *Contract, memory
*Memory, stack *Stack) ([]byte, error) {
        // 当前执行器中的 Gas 数量出栈
        interpreter.intPool.put(stack.pop())
        gas := interpreter.evm.callGasTemp
        // 压入栈中的调用参数依次出栈，将其存储至内存中
        //addr: 被调用的合约地址
        //value: 智能合约调用的 ether 值
        //inOffset, inSize: 智能合约调用的参数在内存中的偏移地址和参数大小
        //retOffset, retSize: 返回数据的内存偏移地址和内存空间大小
        addr, value, inOffset, inSize, retOffset, retSize := stack.pop(), stack.
pop(), stack.pop(), stack.pop(), stack.pop(), stack.pop()
        toAddr := common.BigToAddress(addr)
        value = math.U256(value)
        args := memory.Get(inOffset.Int64(), inSize.Int64())
        if value.Sign() != 0 {
            gas += params.CallStipend
        }
        // 调用虚拟机的接口，如果返回成功则 1 入栈，否则 0 入栈
        ret, returnGas, err := interpreter.evm.Call(contract, toAddr, args, gas,
value)
        if err != nil {
            stack.push(interpreter.intPool.getZero())
        } else {
            stack.push(interpreter.intPool.get().SetUint64(1))
        }
        // 返回结果设置到内存
        if err == nil || err == errExecutionReverted {
            memory.Set(retOffset.Uint64(), retSize.Uint64(), ret)
        }
        // 剩余的 Gas 返还至当前执行器的 Contract 对象
        contract.Gas += returnGas
        interpreter.intPool.put(addr, value, inOffset, inSize, retOffset, retSize)
        return ret, nil
}
```

除了用户自定义的智能合约之外，为了提高执行速度，企业以太坊还提供了一类内嵌在企业以太坊内部的智能合约，称为预编译智能合约。预编译智能合约是由 Go 语言实现的内嵌智能合约，它与用户部署的智能合约相比有更高的执行速度，能提高系统的性能。每一个预编译智能合约必须实现两个通用的接口：RequiredGas 和 Run。其中，RequiredGas 接口负责计算执行相应处理函数所耗费的 Gas 的数量，Run 接口则是合约指令实际执行的处理函数。

预编译智能合约基于指令处理函数的输入参数大小来计算所执行合约需要的 Gas 数量。例如，指令处理函数 SHA-256 的 Gas 计算方法是：

$$(\text{len(input)}+31)/32 \times \text{params.Sha256PerWordGas} + \text{params.Sha256BaseGas}$$

其中，len(input) 是输入参数 []byte 类型的字节长度。

预编译智能合约包含 Homestead 和 Byzantium 两类智能合约集合，每一类预编译智能合约集合支持不同的智能合约。

7.3 指令集和字节码

在 7.2 节曾提到，以太坊虚拟机执行器 EVMInterpreter 的 Config 对象中维护着虚拟机类似"汇编语言"的指令集和操作码的映射表，指令集中的指令最多不超过 256 条。以太坊的智能合约代码被编译后，生成一组有逻辑关系的操作码（也称为字节码）。智能合约有逻辑关系的操作码在以太坊虚拟机执行时，从第一个操作码开始按顺序取出操作码和其参数，从指令集和操作码映射表找到对应的指令执行。这组操作码执行完毕后，即实现了智能合约的部署或者智能合约的函数调用。

指令集和操作码按照作用可划分为：算术运算操作码、比较运算操作码、上下文环境操作码、存储操作码、数据入栈操作码、数据交换操作码、数据复制操作码、日志操作码和智能合约操作码。智能合约被编码后生成字节码，我们以 DataStorage 智能合约为例，来说明智能合约是如何与汇编指令关联起来，并被虚拟机执行的。智能合约的 DataStorage 代码如下：

```
pragma solidity ^0.5.3;
contract DataStorage {
    uint public Data;
    constructor() public {
        Data = 1;
    }
    function set(uint value) public {
        Data = value;
    }
    function get() view public returns (uint Value) {
        return Data;
    }
}
```

上述智能合约定义了一个状态变量 Data；一个构造函数，初始化 Data 值为 1；一个 set 函数，设置 Data 的值；一个 get 函数，获取 Data 的值。在本节的堆栈 stack=[] 中，左边是栈底，右边是栈顶，例如 stack=[0x0,0x1]，0x1 是栈顶，数据从右边入栈。可以对照指令集和操作码表，根据每一条指令的出栈和入栈参数来判断栈内包含的数据。同时弄清楚指令集操作内存时读取或存入数据的偏移地址的计算方式，以及存储数据至 Storage 时的存入方式，即可清晰地理解智能合约代码的指令集是如何工作的。另外，理解字节码的工作过程还需要一些 ABI 的知识作为基础，比如函数选择器和函数参数的编码，可以参考 7.6 节的内容。智能合约代码的指令集分为两个部分：

❑ .code 是智能合约部署和初始化的字节码，智能合约部署执行完这一段字节码即结束。在这些字节码中会将智能合约的 .data 字节码存储至智能合约账户的存储树，同时初始化智能合约的状态变量。

❑ .data 是智能合约的完整的字节码开始位置，后续在调用智能合约函数时从该位置开始执行。首先从交易消息中获取函数选择器及其参数，然后跳转到相应位置进行执行，最后返回执行的数据（如果有的话）。

把智能合约代码放到 Remix 编译器上编译，编译成功后得出字节码，为了便于理解，这里列出其部分代码如下：

```
    .code                    // 智能合约部署和初始化代码
        PUSH 80              //0x80 的数据入栈 (stack) 表示虚拟机运行的堆栈
        PUSH 40              //0x40 的数据入栈
        MSTORE               //MSTORE 将把指定的值 0x80 保存到相应的地址 0x40 中。EVM 内存中的
// 地址 0x40 是为空闲内存指针预留的，所以当 EVM 代码需要使用一些内存时，它将从 0x40 获得空闲内存指针
        CALLVALUE            //CALLVALUE 将推送 msg.value 入栈，代表交易 ETH 数量
        DUP1                 // 复制 CALLVALUE 入栈顶
        ISZERO               // 判断栈顶数据是否为 0，是 0 则把 TRUE（TRUE=1）入栈
        PUSH [tag] 1         // 把 tag 1 的地址入栈，该地址是跳转地址
        JUMPI                // 有条件跳转，判断 stack 中的两个数据，即 stack=[0x0/0x1,
//tag1]，如果 msg.value 是 0，则跳转至 tag1 位置继续执行，否则 REVERT 代码执行结束
        PUSH 0               //0x0 入栈顶
        DUP1                 // 复制 0x0，此时 stack=[0x0,0x0]
        REVERT               // 执行回滚，程序结束
    tag 1                    // 构造函数的执行代码
        JUMPDEST             // 跳转目标位置，与 JUMPI 配合使用，如果无此标志会出错
        POP                  //32 字节出栈
        PUSH 1               // 数值 0x1 入栈
        PUSH 0               //Data 的地址入栈
        DUP2                 // 设置 Data = 1
        SWAP1                // 栈顶数据与栈中第 1 项互换
        SSTORE               //Data 存入 MPT 树
        POP                  // 弹出 Data 值
        // 如下代码段的作用是拷贝智能合约的字节码至内存中，并返回。下面是压入 .data 的 offset 和 len
        PUSH #[$] 0000000000000000000000000000000000000000000000000000000000000000
        DUP1
        PUSH [$] 0000000000000000000000000000000000000000000000000000000000000000
        PUSH 0
        CODECOPY             // 拷贝智能合约代码至内存地址 0x0
        PUSH 0
        RETURN               // 执行结束返回，与 REVERT 的区别是其会返回数据
    .data                    // 智能合约代码完整的字节码的开始位置
    0:
        .code
        PUSH 80              //stack=[0x80]，0x80 入栈
        PUSH 40              //stack=[0x80, 0x40]，0x40 入栈
        MSTORE               //stack=[]，0x80 入内存偏移地址 0x40，开辟 2k 内存空间
        CALLVALUE            //stack=[msg.value]
```

```
        DUP1                    //stack=[msg.value, msg.value]
        ISZERO                  //stack=[msg.value, 0x1/0x0], msg.value 为 0 则 0x1 入栈, 否
// 则 0x0 入栈
        PUSH [tag] 1            //stack=[msg.value, 0x1/0x0, tag1]
        JUMPI                   //stack=[msg.value], 堆栈第二个数据为 0x1, 跳转至 tag1
        PUSH 0
        DUP1
        REVERT                  //stack=[0x0,0x0], 退出
    tag 1
        JUMPDEST                // 跳转目标位置标志
        POP                     //stack=[]
        PUSH 4                  //stack=[0x4], 常数 0x4 入栈
        CALLDATASIZE            //stack=[0x4, msg.data.size], msg.data.size 是交易携带的数
// 据大小, msg.data 是交易的函数选择器及其参数信息
        LT                      //stack=[0x1/0x0], 存 msg.data.size<0x4 比较值, 1 或 0
        PUSH [tag] 2            //stack=[0x1/0x0, tag2], tag2 地址入栈
        JUMPI                   //stack=[], 如第二个出栈数为 true, 表示 msg.data.size < 4,
// 则跳转至 tag2, 意味着不是智能合约函数调用
        PUSH 0                  //stack=[0x0], 0x0 入栈
        CALLDATALOAD            //stack=[msg.data], 从交易数据 0x0 导入 msg.data 数据
        PUSH E0                 //stack=[msg.data, 0xE0], 0xE0 入栈
        SHR                     //stack=[msg.data>>0xE0], 逻辑右移 0xE0(224) 位, 左边补 0。
// 取前 4 个字节, 它代表函数选择器
        DUP1                    //stack=[msg.data>>0xE0]
        PUSH 4B6E7D78           //stack=[msg.data>>0xE0, 4B6E7D78], 4B6E7D78 是 Data() 函
// 数选择器, Data 是 public 类型, 编译器编译时自动生成此函数
        EQ                      //stack=[ 0x1/0x0], msg.data>>0xE0 与 4B6E7D78 相等则 0x1 入栈, 否则
//0x0 入栈
        PUSH [tag] 3            //stack=[ 0x1/0x0, tag3], tag3 入栈
        JUMPI                   //stack=[], 如栈第二项为 0x1 则跳至 Data() 执行
        DUP1                    //stack=[msg.data>>0xE0]
        PUSH 60FE47B1           //stack=[msg.data>>0xE0, 60FE47B1], 栈顶是 set 函数选择器
        EQ                      //stack=[0x1/0x0], msg.data>>0xE0 与 60FE47B1 相 等 则 压 入
//0x1, 否则压入 0x0
        PUSH [tag] 4            //stack=[0x1/0x0, tag4], tag4 入栈
        JUMPI                   //stack=[], 如栈第二项为 0x1 则跳转至 set() 执行
        DUP1                    //stack=[msg.data>>0xE0]
        PUSH 6D4CE63C           //stack=[msg.data>>0xE0, 6D4CE63C], 6D4CE63C 是 get() 函
// 选择器
        EQ                      //stack=[0x1/0x0], msg.data>>0xE0 与 6D4CE63C 相等则压入
//0x1, 否则压入 0x0
        PUSH [tag] 5            //stack=[0x1/0x0, tag5], tag5 入栈
        JUMPI                   //stack=[], 如栈第二项为 0x1 则跳至 get() 执行
    tag 2
        JUMPDEST
        PUSH 0
        DUP1
        REVERT                  //stack=[0x0,0x0], 退出
    tag 3                       //Data() 函数
        JUMPDEST
```

```
PUSH [tag] 6        //stack=[ tag6], tag6 入栈
PUSH [tag] 7        //stack=[tag6, tag7], tag7 入栈
JUMP [in]           //stack=[tag6]，跳到 tag7，再跳到 tag6
```

7.4 智能合约事件

智能合约事件是以太坊虚拟机的日志基础设施，在去中心化应用中监听事件的发生，同时以太坊的日志机制可以调用去中心化应用，用于监听事件的回调函数。事件在智能合约中可被继承，当它们被 DAPP 调用时，智能合约事件的参数被存储到交易日志中。日志与智能合约的地址相关联，经过网络共识后存入区块链。只要区块已经存在，日志就可以被访问，在前沿和家园以太坊版本日志会被永久保存，在 Serenity 版本中该机制可能会被改动。日志和事件不能被智能合约直接访问，创建日志的智能合约也不可以。

日志可以通过 SPV 证明来证实，只要提供一个带有 SPV 证明的智能合约地址，就可以检查日志是否存在于区块链中。由于通过智能合约仅能访问最近的 256 个区块，所以查询日志时还需要提供区块头信息。日志由智能合约地址、主题（topics）和任意长度的二进制数据组成。

事件在 ABI 中的定义包括事件名称和事件参数。参数分为带索引和未带索引两部分，带索引部分最多有 3 个，与事件签名 Keccak 哈希值一起组成日志的主题 topics，未带索引部分组成了事件的字节数组。ABI 的日志项如下：

❑ address：智能合约的地址。
❑ topics[0]：keccak(EVENT_NAME+EVENT_ARGS)，事件签名哈希值。如果事件被声明为 anonymous，不会生成 topics。
❑ topics[n]：EVENT_INDEXED_ARGS[n - 1]，带索引参数，最多 4 个，用于查找该日志。
❑ data：序列化的未带索引参数。

对于所有定长的 Solidity 数据类型，EVENT_INDEXED_ARGS 数组会直接包含 32 字节的编码值。对于动态长度的数据类型，包括字符串、字节和数组类型，EVENT_INDEXED_ARGS 会包含编码值的 Keccak 哈希值而不是直接包含编码值。通过把编码值的哈希设定为 topics 使应用程序更有效地查询动态长度类型的值，但也使应用程序不能对它们还没查询过的已索引的值进行解码。

7.4.1 事件的实现

在 Quorum 中由 Log 对象表示智能合约日志事件，Log 对象是区块的交易收据树的一部分。事件由 LOG 日志操作码生成，由节点存储其数据和索引。区块所有交易产生的 Log 对象都存储在 MPT 树中，产生的 ReceiptsRoot 根哈希存储在区块头，每个区块都有一个 ReceiptsRoot 根哈希。Log 数据结构如下：

```
type Log struct {
    Address common.Address        // 账户地址
    Topics []common.Hash          //topics 列表
    Data []byte                   // 非索引参数的字节数组
    BlockNumber uint64            // 交易所在的区块号
    TxHash common.Hash            // 事件对应的交易哈希
    TxIndex uint                  // 交易在区块交易列表中的索引
    BlockHash common.Hash         // 交易所在的区块哈希
    Index uint                    // 事件在区块中的索引
    Removed bool                  // 链分叉导致的回滚标志
}
```

事件 Log 对象由智能合约信息、区块和交易信息、链分叉回滚标志三部分组成。智能合约信息包括合约地址、主题列表和字节数组，合约地址和主题用来过滤事件，客户端 DAPP 以此为过滤条件找到某一特定的事件。在 DAPP 上还可以使用带索引参数的特定值来进行过滤搜索。如果动态数组类型被标记为带索引项，则它们的 Keccak256 哈希值会被作为主题保存。

下面的智能合约说明了智能合约事件的实现过程，该智能合约定义了状态变量 Data、事件 setLog、合约构造函数和 set 函数。Set 函数用于触发事件，后续会重点分析该函数的字节码来了解其执行过程。

```
pragma solidity ^0.5.3;
contract DataStorage {
    uint public Data;
    event setLog(uint Data);                    // 定义了一个 setLog 事件
    constructor() public {
        Data = 1;
    }
    function set() public {
        emit setLog(Data);                      // 触发 setLog 事件把 Data 存入 Log 中
    }
}
```

事件函数代码经过 Remix 编译器编译之后，得到如下的 ABI 文件信息，该信息说明 ABI 类型是事件，还说明了事件的名称、入参、匿名符。匿名符表示当其被设置为 true 时，事件签名哈希值 SHA-3(setLog(uint)) 不会被存储在 Log 对象的 Topics 字段中，之后事件产生的数据没法通过该 Topics 过滤查找。

```
{
    "anonymous": false,          // 匿名符，false 表示事件签名哈希值存入 Topics
    "inputs": [                   // 事件参数
        {
            "indexed": false,     //true 则存储在 Topics 字段中，否则存储在 Data 字段中
            "internalType": "uint256",
            "name": "Data",       // 参数名称
            "type": "uint256"     // 参数类型
```

```
          }
      ],
      "name": "setLog",           // 事件名称
      "type": "event"             // 标识是合约事件而不是合约函数
  }
```

智能合约 set() 函数在被 Remix 编译之后得出如下完整的合约字节码，该函数只做了一件事，即产生 setLog 事件。根据 set() 函数字节码在智能合约事件被触发后的执行过程来分析虚拟机执行器是如何产生日志事件并存储的。下面这段智能合约字节码做了如下事情：

1）从 Storage 中取出智能合约状态变量 Data 并将其存储在内存中。

2）智能合约事件签名的哈希值入栈，即 SHA-3(setLog(uint)) 入栈。

3）状态变量 Data 在内存中的偏移地址和偏移量入栈。

4）执行 LOG1 操作码存储 Log 日志对象至 Storage 中。

对应的智能合约字节码如下：

```
PUSH 0              //stack=[0x0]，状态变量 Data 在 Storage 中的偏移地址 0x0 入栈
SLOAD               //stack=[Data]，弹出偏移地址 0x0，状态变量 Data 值入栈
PUSH 40             //stack=[Data, 0x40]，内存的偏移地址 0x40 入栈
DUP1                //stack=[Data, 0x40, 0x40]，复制栈第一项至栈顶
MLOAD               //stack=[Data, 0x40, 0x60]，获取内存偏移地址 0x40+0x20
SWAP2               //stack=[0x60, 0x40, Data]，栈第一项和第三项互换位置
DUP3                //stack=[0x60, 0x40, Data, 0x60]，复制栈第三项至栈顶
MSTORE              //stack=[0x60, 0x40]，内存偏移地址 0x60 存放 Data 值
MLOAD               //stack=[0x60, 0x60]，内存偏移地址 0x60
                    //stack=[0x60, 0x60, Hash]，PUSH 是事件签名入栈
PUSH F9793FD3D11A612009CC1251FD5E49229094A3FDB5E2DD71542188123A9121A4
SWAP2               //stack=[Hash, 0x60, 0x60]，栈第一项和第三项互换位置
DUP2                //stack=[Hash, 0x60, 0x60, 0x60]，复制栈顶数据
SWAP1               //stack=[Hash, 0x60, 0x60, 0x60]
SUB                 //stack=[Hash, 0x60, 0x0]，第一项和第二项相减的值入栈
PUSH 20             //stack=[Hash, 0x60, 0x0, 0x20]，0x20 入栈
ADD                 //stack=[Hash, 0x60, 0x20]，第一和第二项相加的值入栈
SWAP1               //stack=[Hash, 0x20, 0x60]，构造栈顶三个数供 LOG1 使用
LOG1                //stack=[]，Hash 值、0x20 和 0x60 依次出栈
```

上述智能合约字节码在执行最后一条 LOG1 操作码之前，栈的内容是 stack=[Hash，0x20，0x60]，栈顶 0x60 是状态变量 Data 在内存中的偏移地址，0x20 是状态变量 Data 在内存中的偏移量，Hash 是事件签名哈希值。在操作码对应的函数中，通过内存偏移地址 0x60 和偏移量 0x20 获得状态变量 Data 的值，通过 Hash 值出栈得到事件签名哈希值，两个数据最终被存储到 StateDB 中。状态变量 Data 保存在内存中，它是构造 Log 日志对象的数据，变量大小可能会比较大，从 Storage 取出后存储在内存较合适。

智能合约的 set() 函数在执行 LOG1 操作码后就结束了，该 LOG1 构造 Log 日志对象存储至节点区块中。LOG1 对应的处理函数 makeLog 的执行流程如下：

1）构造 Topics 切片。Topics 项数量由 makeLog 参数决定，LOG1 表示其参数等于 1，即只有一个 Topics。智能合约 setLog 事件的定义中没有索引类型的参数，只有事件签名哈希值作为 Topics 存储在日志对象的 Topics 字段中。

2）弹出 EVM 堆栈中的第一项和第二项，第一项表示事件非索引参数在内存中的偏移地址，第二项是非索引参数的大小。

3）从栈中弹出 Topics 项，经过哈希计算后存入 Log 的 Topics 字段中。

4）从内存获取事件非索引参数，存入 Data 字段中。

5）由上述 Topics 和 Data 字段，以及智能合约地址和区块号作为参数，通过 AddLog 接口存入 StateDB。

智能合约的事件操作码 LOG 只有 5 个，它们的不同之处在于存储在 Topics 字段中的数据项数量不一样，而 Topics 是查询事件的过滤条件，因此不同 LOG 的操作码代表其被搜索的能力不同。

❑ LOG0：没有主题日志记录。

❑ LOG1：有 1 个主题日志，即事件签名哈希值。

❑ LOG2：有 2 个主题日志、1 个事件签名哈希值和 1 个索引参数。

❑ LOG3：有 3 个主题日志、1 个事件签名哈希值和 2 个索引参数。

❑ LOG4：有 4 个主题日志、1 个事件签名哈希值和 3 个索引参数。

7.4.2 事件的查询

智能合约的 Log 日志通过 StateDB.AddLog 存入 MPT，在交易执行成功后，以交易哈希作为参数由 StateDB.GetLogs 接口取出，存入区块的收据树。然后为其创建布隆过滤器，便于 DAPP 查询。交易成功执行后，处理流程如下：

1）首先，IntermediateRoot 遍历修改记录 journal，找到 dirty 脏位标识被设置的账户，保存至 MPT 树，然后计算出状态树的根哈希。

2）为交易创建一个 Receipt 对象，这个 Receipt 代表交易执行的结果集。

3）从账户 Logs 字段拷贝数据至 Receipt 的 Logs 字段，并为其创建布隆过滤器。布隆过滤器是 256 字节的数据，总共 2048 位，构建布隆过滤器的方法是：

❑ 对数据进行 SHA-3 运算得到哈希值。

❑ 取哈希值的前 6 个字节，每相邻双字节的整数之和为索引，找到 2048 位布隆过滤器对应位置为 1。相邻双字之和不能大于 2048。

布隆过滤器的原理是只要在布隆过滤器中待检索数据的位被置为 1，则可能存在这些数据。在查询这些日志时，要建立一个查询过滤器，其参数如下：

❑ fromBlock：查询起始区块号。

❑ toBlock：查询结束区块号。

❑ address：智能合约地址。

❑ topics：事件签名哈希值和被设置为索引的参数。

DAPP 还可以指定查询的 pending 或 latest 选项，latest 表示查询最新的区块，pending 表示返回最近可执行的交易。在监听到符合条件的事件时，DAPP 就可以获得事件日志对象 Log 的数据了。

7.5　状态变量存储

智能合约状态变量的类型分为静态类型和动态类型，这些状态变量以键值对的方式存储在智能合约账户的存储树中，再由存储树持久化至 LevelDB。查询状态变量的值也是从账户存储树中遍历查找。不同类型的状态变量存储方式是不同的，由于账户存储树的存储单元是 32 字节，状态变量的存储也以 32 字节为基本存储单元，称为存储槽。

智能合约的基本数据类型也称为静态类型，这些类型的大小在编译时是已知的。静态类型的状态变量从位置 0 开始连续存储在存储槽中，状态变量在存储槽中的位置由其初始化顺序决定。有的状态变量类型的大小小于 32 字节，基于节省空间的考虑，可以把多个小于 32 字节的状态变量类型打包到同一个存储槽中存储，其存储的规则如下：

❑ 存储槽会以低位对齐（右对齐）的方式存储静态类型状态变量，即第一项（第一个被初始化的状态变量）存储在低位，第二项存储在高位（前一项左边），依次类推。

❑ 存储槽仅存储静态类型所需的字节大小。例如，uint8 存储为一个字节，uint16 存储为两个字节。

❑ 存储槽剩余的存储空间不足以存储一个静态类型，该类型会被存入下一个存储槽。

❑ 结构体变量或数组变量始终会占用一个完整的存储槽，且每个结构体成员或任意数组项也都会占用一个存储槽。

由以上规则可见，小于 32 字节的状态变量的存储相比于 32 字节的状态变量的存储更复杂且会消耗更多的 Gas。因为把多个小于 32 字节的状态变量类型存入同一个存储槽，虚拟机需要将多个状态变量合并至一个 32 字节的状态变量再存入存储槽，这就意味着需要更多的操作码才能完成。例如，首先将多个状态变量按位左移或右移操作码合并为一个临时变量，再调用 SSTORE 指令将合并后的临时变量存储至存储槽。

与静态类型相对的是动态类型，由于动态类型的存储空间大小是不可预知的，因此要使用 Kaccak256 哈希值来计算动态类型的起始位置，起始位置会占用一个完整的存储槽。动态类型的状态变量有如下三种：

❑ 映射，例如 mapping(address=>uint256)，即 address 到 uint256 的映射。映射起始位置的存储槽不会存储数据，仅仅用于区分不同的映射状态变量。智能合约的两个映射状态变量的起始位置是不一样的。

❑ 数组，例如 []uint256，无符号整型数组。数组起始位置存储数组元素的数量。数组元素的数据在存储槽位置，由其在数组中的初始化顺序决定。

❏ 字节数组，例如 bytes 和 string，string 是 UTF-8 编码，起始位置存储数组元素的数量。如果字节数组数据很短，如小于 31 字节，字节数组数据和长度存储在同一个存储槽中，存储槽低位存储数组元素数量，高位存储字节数组的数据。如果字节数组长度超出 31 字节，则起始位置存储槽存储内容是字节数组的长度（length）乘以 2 加 1，即 length × 2+1。

7.5.1　基本类型存储

本节讲述智能合约中基本类型状态变量的存储。我们使用如下智能合约来举例说明其存储的实现方式。

```
contract Storage {
    uint32 key = 1;
    uint128 value = 2;
}
```

状态变量 key 和 value 的汇编指令如下，用两条 SSTORE 指令存储 key 和 value 的值至存储槽中：

```
{
    PUSH 1
    PUSH 0
    SSTORE          // 存储 key 值到地址 0
    PUSH 2
    PUSH 1
    SSTORE          // 存储 value 值到地址 1
}
```

在上述情况下，key 和 value 状态变量各占用 32 字节大小的空间，存储空间会被浪费。如果在 Remix 编译时勾选"Enable optimization"选项，则 key 和 value 状态变量会被存储在同一个存储槽中，只占用 32 字节的存储空间。加上优化选项，智能合约在被 Remix 编译器编译后，得到如下字节码。该字节码在创建智能合约时分别初始化状态变量 key 和 value 为 1 和 2，而且只使用了一条 SSTORE 指令。

```
.code
PUSH 80            //stack=[0x80]
PUSH 40            //stack=[0x80, 0x40]
MSTORE             //stack=[], 0x80 存储至 0x40 空间
PUSH 0             //stack=[0x0]
DUP1               //stack=[0x0, 0x0]
SLOAD              //stack=[0x0, 0x1], 取出 key 的值 1
PUSH 1             //stack=[0x0, 0x1, 0x1]
PUSH FFFFFFFF      //stack=[0x0, 0x1, 0x1, 0xFFFFFFFF], 0xF…F 表示 32 字节
NOT                //stack=[0x0, 0x1, 0x1, 0x00000000]
SWAP1              //stack=[0x0, 0x1, 0x00000000, 0x1]
SWAP2              //stack=[0x0, 0x1, 0x00000000, 0x1]
```

```
AND                //stack=[0x0, 0x1, 0x00000000]
OR                 //stack=[0x0, 0x00000001]
PUSH 1             //stack=[0x0, 0x00000001, 0x1]
PUSH 20            //stack=[0x0, 0x00000001, 0x1, 0x20]
SHL                //stack=[0x0, 0x00000001, 0x0100000000], 左移 32 位
PUSH 1             //stack=[0x0, 0x00000001, 0x0100000000, 0x1]
PUSH A0            //stack=[0x0, 0x00000001, 0x0100000000, 0x1, 0xA0]
SHL                //stack=[0x0, 0x00000001, 0x0100000000, 0x010000000000], 左移
                   160 位, 即 32 个字节中第 5 个字节
SUB                //stack=[0x0, 0x00000001, 0xFF00000000], 相减
NOT                //stack=[0x0, 0x00000001, 0x00FFFFFFFF]
AND                //stack=[0x0, 0x0000...0001]
PUSH 200000000     //stack=[0x0, 0x0000...0001, 0x200000000]
OR                 //stack=[0x0, 0x00...0200000001], 栈顶元素大小是 32 字节
SWAP1              //stack=[0x00...0200000001, 0x0], 0x0 是存储槽的偏移地址 0
SSTORE             // 值 0x200000001 存入存储槽 0x0 偏移地址, 即 key=1 入存储槽 0 ~ 4 字节,
                   value=2 入 5 ~ 8 字节
CALLVALUE
```

根据对上述字节码的分析，可以发现在虚拟机指令中实现将两个小于 32 字节的状态变量存入同一个存储槽的方法是：

❏ 存储槽是 32 字节，key 和 value 分别是 4 字节和 16 字节，因此构造一个 32 字节的临时变量，该变量第 1 个字节的值为 1，第 5 个字节的值为 2（第 5 个字节是变量 value 的起始位置）。

❏ 把临时变量作为一个合并后的"状态变量"存入存储槽位置 0 处。

在编写智能合约时，要考虑到虚拟机操作码的优化，同时也要考虑到存储空间的优化。如下的智能合约编码就不利于节省存储空间，因为其每个状态变量均各自占满 32 字节的存储槽，并且用了 3 条 SSTORE 指令。

```
contract Storage {
    uint32 key = 1;
    uint256 data = 3;
    uint128 value = 2;
}
```

如果按照下面的方式来编写智能合约，并且编译时勾选"Enable optimization"选项优化状态变量存储：key 和 value 存储在第一个存储槽，data 存储在第二个存储槽。由于 3 个状态变量只用了 2 条 SSTORE 指令存储初始值至存储槽，因此减少了对 Gas 的消耗。

```
contract Storage {
    uint32 key = 1;
    uint128 value = 2;
    uint256 data = 3;
}
```

由此可见，状态变量在智能合约中被初始化的位置相当重要，在编写代码时如果能考

虑到这些因素，对 Gas 消耗和存储空间的节省是很有好处的。

7.5.2　映射存储

假设映射变量在起始位置 p 处占用一个存储槽，映射元素的值会位于 Keccak256($k·p$)。其中符号"·"是连接符，k 是映射元素的键值。以下面的智能合约为例来讲述映射状态变量的存储位置。

```
pragma solidity ^0.5.3;
    contract Storage {
    mapping(address=>uint256) accountBalance;
    function set (address account, uint256 balance) public {
        accountBalance[account] = balance;
    }
}
```

我们根据虚拟机的汇编指令来分析映射 accountBalance 是如何存入存储槽的，在 Remix 编译器中编译得出智能合约字节码如下：

```
JUMPDEST              //set() 函数
PUSH 1                //stack=[tag4, account, balance, 0x1]
PUSH 1                //stack=[tag4, account, balance, 0x1, 0x1]
PUSH A0               //stack=[tag4, account, balance, 0x1, 0x1, 0xA0]
SHL                   //stack=[tag4, account, balance, 0x1, 0x10000000000], 左移 160 位
SUB                   //stack=[tag4, account, balance, 0xFFFFFFFFFF]
SWAP1                 //stack=[tag4, account, 0xFFFFFFFFFF, balance]
SWAP2                 //stack=[tag4, balance, 0xFFFFFFFFFF, account]
AND                   //stack=[tag4, balance, account]
PUSH 0                //stack=[tag4, balance, account, 0x0]
SWAP1                 //stack=[tag4, balance, 0x0, account]
DUP2                  //stack=[tag4, balance, 0x0, account, 0x0]
MSTORE                //stack=[tag4, balance, 0x0], account 入 0x0 地址
PUSH 20               //stack=[tag4, balance, 0x0, 0x20]
DUP2                  //stack=[tag4, balance, 0x0, 0x20, 0x0]
SWAP1                 //stack=[tag4, balance, 0x0, 0x0, 0x20]
MSTORE                //stack=[tag4, balance, 0x0], 0 入 0x20 偏移地址
PUSH 40               //stack=[tag4, balance, 0x0, 0x40]
SWAP1                 //stack=[tag4, balance, 0x40, 0x0]
KECCAK256             //stack=[tag4, balance, Hash], 计算 Hash
SSTORE                //stack=[tag4], balance 存入位置 Hash 的存储槽
JUMP [out]            // 退出
.data                 // 智能合约
```

智能合约只有一个状态变量，即映射 accountBalance，在 set() 函数被调用时才会为其分配存储空间，其存储位置的计算流程如下：

1）函数参数检查，判断交易传递过来的数据 msg.data，即两个参数 account 和 balance 的大小是否有 64 字节。

2）分别取出函数参数 account 和 balance 的值存入堆栈中。

3）把 account 值存入以 0x0 为偏移地址的内存，把 0 值存入以 0x20 为偏移地址的内存。两个数值占用 64 字节空间。

4）取出内存中以 0x0 为偏移地址的 64 字节大小的数据作为 Keccak256 哈希函数的参数，计算得出 Hash 值。

5）以 Hash 为键值把 balance 存入存储槽。

由此可知，字节码在计算映射数组的存储位置时，是通过 Keccak256 来计算的，该算法的入参是 32 字节的键值 account 和 32 字节的 0x0 值，0x0 代表在智能合约中第 0 个被初始化的映射元素。映射元素在存储槽的位置根据其被初始化的顺序来确定。例如，考虑如下智能合约映射元素的存储：

```
pragma solidity ^0.5.3;
contract Storage {
    mapping(address=>uint256) accountBalance;
    address owner = 0xf35da84e81432c66e9254216f12cffd4a6221384;
    function set (address account, uint256 balance) public {
        accountBalance[account] = balance;        // 第一个元素
        accountBalance[owner] = balance;          // 第二个元素
    }
}
```

上面的智能合约在存储槽中存储映射数组中的两个元素：

❑ 第一个元素的存储位置是 Keccak256(byte32(account) + byte32(0))。

❑ 第二个元素的存储位置是 Keccak256(byte32(owner)+ byte32(1))。

至此可得出结论，映射元素数据的存储位置 key=Keccak256(byte32(m)+ byte32(n))，其中，m 是映射被初始化元素的键值，n 是第 n 个被初始化的映射元素，n 是从 0 开始的整数。

7.5.3 数组存储

数组元素的存储位置 key=Keccak256(byte32(k))+i。k 是被初始化的第 k 个数组（智能合约可能有多个数组），i 是数组中第 i 个被初始化的元素。数组数据以 key 为键值存储在存储槽中。下面以如下智能合约代码为例说明数组元素的存储：

```
pragma solidity ^0.5.3;
contract Storage {
    uint256[] array;
    function set (uint256 value1, uint256 value2) public {
        array[0] = value1;
        array[1] = value2;
    }
}
```

上述的智能合约代码经编译器编译得出的智能合约字节码片段如下：

```
tag 8
    JUMPDEST
    SWAP1              //stack=[value1, value2, value1, 0x0, 0x0]
    PUSH 0             //stack=[value1, value2, value1, 0x0, 0x0, 0x0]
    MSTORE             //stack=[value1, value2, value1, 0x0]
    PUSH 20
    PUSH 0             //stack=[value1, value2, value1, 0x0, 0x20, 0x0]
    KECCAK256          //stack=[value1, value2, value1, 0x0, Hash], 对 0x0 偏移 0x20
                          字节大小数据 Hash=Keccak256(byte32(0))
    ADD                //stack=[value1, value2, value1, Hash], Hash+0x0
    DUP2               //stack=[value1, value2, value1, Hash, value1]
    SWAP1              //stack=[value1, value2, value1, value1, Hash]
    SSTORE             //stack=[value1, value2, value1], value1 存入位置是 Hash+0x0
...
tag 10
    JUMPDEST
    PUSH 0             //stack=[value1, value2, value2, 0x0, 0x1, 0x0]
    SWAP2              //stack=[value1, value2, value2, 0x0, 0x1, 0x0]
    DUP3               //stack=[value1, value2, value2, 0x0, 0x1, 0x0, 0x0]
    MSTORE             //stack=[value1, value2, value2, 0x0, 0x1]
    PUSH 20            //stack=[value1, value2, value2, 0x0, 0x1, 0x20]
    SWAP1              //stack=[value1, value2, value2, 0x0, 0x20, 0x1]
    SWAP2              //stack=[value1, value2, value2, 0x1, 0x20, 0x0]
    KECCAK256          //stack=[value1, value2, value2, 0x1, Hash], 对 0x0 偏移 0x20
                          字节大小数据 Hash=Keccak256(byte32(0))
    ADD                //stack=[value1, value2, value2, Hash+0x1]
    SSTORE             //stack=[value1, value2], value2 存入位置是 Hash+0x1
```

value1 的初始化顺序是 0，因此其 key=Keccak256(byte32(0))+0；value2 的初始化顺序是 1，因此 key= Keccak256(byte32(0))+1。

如果有多个数组，情形如何呢？例如下面的智能合约：

```solidity
pragma solidity ^0.5.3;
contract Storage {
    uint256[] array;
    uint256[] array2;
    function set (uint256 value1, uint256 value2) public {
        array[0] = value1;
        array[1] = value2;
        array2[0] = value2;
    }
}
```

第一个数组元素 array 的存储位置与前面分析的智能合约一致，第二个数组元素 array2 存储位置的计算方式如下：

```
SWAP1            //stack=[value1, value2, value2, 0, 1]
PUSH 0           //stack=[value1, value2, value2, 0, 1, 0]
MSTORE           //stack=[value1, value2, value2, 0], value 1 存入内存 0x0
PUSH 20
```

```
PUSH 0
KECCAK256       //stack=[value1,value2,value2,0,Hash2],Hash2=Keccak256 (byte32(1))
ADD             //stack=[value1,value2,value2,0+Hash2]
DUP2            //stack=[value1,value2,value2,0+Hash2,value2]
SWAP1           //stack=[value1,value2,value2,value2,0+Hash2]
SSTORE          // 把 value2 存入 Hash2+0 的位置
```

本例中智能合约存储数组的步骤如下：

1）取出状态变量 value1 和 value2 的值。

2）计算 array[0] 的存储位置 key= Keccak256 (byte32(0))+0，在该位置存储数组第一个元素的值 value1。

3）计算 array[1] 的存储位置 key= Keccak256 (byte32(0))+1，在该位置存储数组第二个元素的值 value2。

4）计算 array2[0] 的存储位置 key= Keccak256 (byte32(1))+0，在该位置存储数组第一个元素的值 value2。

由此，总结出数组元素存储位置的方式变成 key=Keccak256(byte32(k))+i。其中 k 是被初始化的第 k 个数组，i 是数组中的第 i 个元素。

字节数组和数组存储方式类似，其不同之处在于：如果字节数组长度很短，那么它们的长度也会和字节数组的数据一起被存储到同一个存储槽。字节数组的数据存储在高位 31 字节，最低位字节存储数据长度 length 的 2 倍加 1。第一个存储槽 key=Keccak256 (byte32(k))+0 存储长度 length × 2+1，字节数组的数据存储在 key=Keccak256(byte32(k))+i 中，其中 i 是大于 0 的整数。

7.6　智能合约 ABI

智能合约应用程序二进制接口（称为 ABI）是企业以太坊区块链与智能合约交互的标准。通过它可以在企业以太坊区块链外与智能合约交互，它还可以应用于智能合约到智能合约之间的交互。二进制数据根据类型进行编码，在企业以太坊中用类似模式来对数据类型进行解码。智能合约接口函数是强类型，在编译时已知函数名和其参数类型，并且接口是静态的。智能合约在被编译时都指定了智能合约接口的定义。

7.6.1　函数选择器

智能合约函数调用的 ABI 数据的前 4 个字节是智能合约被调用函数，它是函数签名的 Keccak256 哈希值的前 4 个字节。这里的函数签名被定义为带有参数类型括号列表的函数名，其中的参数类型是由逗号分隔的。ABI 数据的第 5 个字节开始是智能合约接口的编码参数。返回值和事件参数也使用了同样的编码。例如，考虑如下的函数：

```
function set(address account, uint256 balance)
```

在对函数 ABI 编码时由 Keccak256("set(address,uint256)") 进行哈希计算，然后取其前 4 个字节的值得到函数选择器为 3825D828。

7.6.2　参数类型

前面提到了智能合约接口编码的参数类型，在以太坊中参数分为固定类型和动态类型，不同类型的参数编码方式不一样。

下面是固定长度的参数类型：

❑ uint<*M*>：无符号 *M* 位整数，*M* 取值范围是 0<*M*<=256，且 *M* 能被 8 整除。例如，uint128、uint160 类型。

❑ int<*M*>：有符号 *M* 位整数，*M* 的定义同上。

❑ address：20 字节的地址类型。

❑ bool：布尔类型，值为 0 或 1 。

❑ fixed<*M*>x<*N*>：有符号有固定小数位的十进制数，表示 *M* 位二进制数存储的 *N* 位小数位的十进制数。*M* 的范围是 8<=*M*<=256 且 M 能被 8 整除，*N* 的范围是 0<*N*<=80。

❑ ufixed<*M*>x<*N*>：无符号有固定小数位十进制数，*M* 和 *N* 的定义同上。

❑ bytes<*M*>：有 *M* 字节的二进制数据类型，*M* 的范围是 0<*M*<=32。

下面是动态长度的参数类型：

❑ bytes：动态大小的字节数组。

❑ string：动态大小的字符串，使用 UTF-8 编码。

❑ <type>[]：给定类型的变长数组，例如，uint256[]。

我们使用例子来说明固定类型和动态类型的编码，不同类型的编码方式规则不一样，其本质原因是动态类型是引用类型。

7.6.3　固定类型编码

在对固定类型进行 ABI 编码时，即对于函数选择器参数的计算，将以下的数据类型转换为固定类型，例如：

❑ uint<M> 和 int<M>：在计算函数选择器的编码时转换为 uint256，不足 32 字节时左边补 0。int<*M*> 如果是负数，则在左边补 1。

❑ fixed<*M*>x<*N*> 和 ufixed<*M*>x<*N*>：在哈希计算函数选择器进行 ABI 编码时使用的是 fixed128x18 和 ufixed128x18 类型。

❑ address：与 uint160 的编码方式相同。

❑ bool：与 uint8 编码方式相同。

❑ bytes：字节的十六进制值，右边添加 0 补充为 32 字节长度。

我们以下面的智能合约来举例说明静态类型的编码方式。

```
pragma solidity ^0.4.16;
contract Foo {
    function bar(bytes3[2]) public pure {}
    function baz(uint32 x, bool y) public pure returns (bool r) { r = x > 32 || y; }
    function sam(bytes, bool, uint[]) public pure {}
}
```

上例中的智能合约 Foo，如果用 69 和 true 作为参数调用 baz 函数，总共需要传送 68 字节的数据，可以分解为：

❑ 0xcdcd77c0：函数选择器的值，由 Keccak256(baz(uint32,bool)) 计算得出哈希值的前 4 个字节。

❑ 0x0000000000000000000000000000000000000000000000000000000000000045：第一个参数，用 0 在左边补充到 32 字节的值 69。

❑ 0x0000000000000000000000000000000000000000000000000000000000000001：第二个参数，用 0 在左边补充到 32 字节的布尔值 true。

ABI 编码数据合起来就是：

0xcdcd77c000000000000000000000000000000000000000000000000000000004 500000 0000000000000000000000000000000000000000000000000000000000001

baz 函数返回一个布尔值。如果返回 false，那么它的输出将是一个字节数组：

0x0000000000000000000000000000000000000000000000000000000000000000

如果想用 ["abc", "def"] 作为参数调用 bar 函数，总共需要传送 68 字节的数据，可以分解为：

❑ 0xfce353f6：函数选择器的值，由 Keccak256("bar(bytes3[2])") 计算得出哈希值的前 4 个字节。

❑ 0x6162630000000000000000000000000000000000000000000000000000000000：第一个参数，一个 bytes3 的值 "abc"，左对齐填充，右边补 0。

❑ 0x6465660000000000000000000000000000000000000000000000000000000000：第一个参数，一个 bytes3 的值 "def"，左对齐填充，右边补 0。

ABI 编码数据合起来就是：

0xfce353f6616263000000000000000000000000000000000000000000000000000 64656 60000000000000000000000000000000000000000000000000000000000

由此可看出，固定类型的编码直接把参数值编码进 ABI 数据即可。对于无符号整型和布尔型数据，在左边补 0，对于有符号负数，左边补 1，而对于定长字节数组，右边补 0。

7.6.4 动态类型编码

动态类型的编码方式比较复杂，直接使用例子来说明其编码方式或许更直观。我们使用动态类型参数 (0x123, [0x456, 0x789], "1234567890", "Hello, world!") 对智能合约函数

f(uint，uint32[]，bytes10，bytes) 的调用，会通过以下方式进行编码：

1）首先，取得函数选择器，由 Keccak256("f(uint256，uint32[]，bytes10，bytes)") 计算出哈希值的前 4 个字节，即 0x8be65246。

2）对所有 4 个参数的头部进行编码。静态类型 uint256 和 bytes10 可以直接按照静态类型的方式编码。对于动态类型 uint32[] 和 bytes，我们使用字节数偏移量作为它们的数据区域的起始位置，由需编码参数开始位置算起，不计算包含函数选择器的前 4 个字节。

第一个参数的值 0x123：

0x0000000000000000000000000000000000000000000000000000000000000123

第二个参数的数据部分起始位置的偏移量，4×32 字节的大小：

0x0000000000000000000000000000000000000000000000000000000000000080

第三个参数的编码值（"1234567890" 从右边补充到 32 字节）：

0x3132333435363738393000000000000000000000000000000000000000000000

第四个参数的数据部分起始位置的偏移量（偏移量 = 第二个参数的数据部分起始位置的偏移量 0x80 + 第二个参数的数据长度 4×32 + 前三个参数已占用空间 3×32）：

0x00000000000000000000000000000000000000000000000000000000000000e0

3）第二个参数的数据部分 [0x456, 0x789] 的编码。

第二个参数的元素个数：

0x0000000000000000000000000000000000000000000000000000000000000002

第二个参数的第一个数组元素：

0x0000000000000000000000000000000000000000000000000000000000000456

第二个参数的第二个数组元素：

0x0000000000000000000000000000000000000000000000000000000000000789

4）第四个参数的数据部分 "Hello, world!" 的编码。

第四个参数的元素个数 13：

0x000000000000000000000000000000000000000000000000000000000000000d

第四个参数的值" Hello, world!"，右边补充 0：

0x48656c6c6f2c20776f726c642100000000000000000000000000000000000000

上述函数合并到一起的编码（在函数选择器和每 32 字节之后加了换行）如下：

```
0x8be65246
0000000000000000000000000000000000000000000000000000000000000123
```

```
0000000000000000000000000000000000000000000000000000000000000080
3132333435363738393000000000000000000000000000000000000000000000
00000000000000000000000000000000000000000000000000000000000000e0
0000000000000000000000000000000000000000000000000000000000000002
0000000000000000000000000000000000000000000000000000000000000456
0000000000000000000000000000000000000000000000000000000000000789
000000000000000000000000000000000000000000000000000000000000000d
48656c6c6f2c20776f726c6421000000000000000000000000000000000000000
```

由此可见，对于动态类型的编码，首先编码其偏移量，然后编码其元素个数，最后才
编码实际数据，如表 7-1 所示。

表 7-1　动态参数编码

参数 1	参数 2	参数 3	参数 4	参数 2	参数 2	参数 4	参数 4
实际数据	偏移量	实际数据	偏移量	元素个数	实际数据	元素个数	实际数据

第 8 章 *Chapter 8*

IPFS 存储系统

8.1　IPFS 概述

IPFS 是内容寻址的点对点分布式系统，提供了高效的基于内容的哈希值寻找文件内容的存储模型，该模型由一个通用的默克尔树 Merkle DAG 构建版本文件系统、一个分布式哈希表 DHT、一个去中心化的数据交换和一个自证明命名空间组成。IPFS 节点将文件对象存储在本地存储中，节点间相互连接和转移文件对象，这些文件对象可以表示为文件和其他数据结构。

8.1.1　块

块（Block）是 IPFS 中数据存储的基本单元，是 IPFS 存储和传输数据的表现形式。IPFS 默认情况下将大文件按照 256k 大小切割为一个块，将每一个块存储为键值对，其中键是块的哈希值，值是块的原始字节流。块大小不是固定不变的，开发者可根据系统性能和应用需求调整块大小的默认值。块的表现形式有短版本和长版本两种格式：短版本格式包含块哈希值和块本身数据，长版本包含块哈希值、哈希值的编码格式和块本身数据。

CID 是 Content IDentifier 的缩写，用于唯一标识一个块或内容。CID 不会表示内容的存储位置，而是根据内容本身的数据编码哈希值形成一个地址，通过该地址即可查找对应的内容，这就是 IPFS 内容寻址的由来。在 IPFS 中不管数据内容的大小如何，它的 CID 都很短，而且其基于内容的加密哈希值具有如下特性：有任何差异的内容都应该产生不同的 CID，使用相同设置添加到两个不同 IPFS 节点的同一段内容应该生成完全相同的 CID。

块的短版本（CIDv0）在最初设计 IPFS 时使用，它使用 base58btc 编码的哈希值作为 CID，特点是简单，但与长版本 CID 相比灵活性差。短版本在 IPFS 系统的操作中是默认使用的，IPFS 节点尽量支持短版本。如果一个 CID 是以 "Qm" 开头的 46 个字符，那么它就是短版本。块长版本（CIDv1）使用标识符和块哈希值来表示块，并提供了向后兼容性。如图 8-1 所示，这些标识符包括：

❑ mb：CID 除该字段外其余部分数据的前缀编码，例如 base58btc 和 base64 等字节编码格式。

❑ version：CID 的版本标识符，当前为 CIDv0 和 CIDv1。

❑ mc：表示字节流编码格式，例如 DagCBOR 和 DAG-JSON 编码。

❑ mh：加密哈希算法，例如 SHA2-512 和 Keccak256 算法。

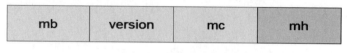

图 8-1 CID 长版本

块的短版本格式 CID 只有 mh 字段，mb 默认被设置成 base58btc，version 默认被设置成 CIDv0，mc 则被设置成 CBOR，因此块短版本是长版本的一个特例。

8.1.2 Merkle DAG

IPFS 系统中的文件是由默克尔有向无环图（Merkle DAG，下文简称为 DAG）组织有链接的块数据组成的，其特点是基于 Merkle Tree 构建的非叶子节点也会存储数据，是一种特殊的默克尔树结构。DAG 节点的标识符是节点内容的哈希值，每个文件块对应一个 DAG 节点。节点之间有链接来将块关联在一起，上一个块嵌入下个块的标识符。要获取完整的文件，只需要获得最上层的文件根节点标识符，沿着根节点往下遍历找到文件所有子节点。DAG 特性如下：

❑ DAG 只能由叶子构建，父节点在子节点之后被构建，因为必须预先计算子节点的标识符才能将父子节点链接起来。

❑ DAG 节点是子 DAG 节点的根节点，即子 DAG 节点包含在父 DAG 节点中。

❑ DAG 节点是不可变的。节点内容的任何更改都将更改节点标识符，从而影响该节点的父节点以及父节点的父节点，节点内容的变更本质上是创建一个不同的 DAG。

DAG 为 IPFS 提供了内容寻址、防篡改和删除重复数据的重要特性。节点的标识符是具有唯一性的，不同的内容产生不同的标识符。如果节点的内容被篡改或损坏，这些篡改节点将会被系统轻易地检测到。同样的文件内容在 IPFS 系统的 DAG 只会存储一份，不同文件的相同数据会链接到同一个或多个 DAG 节点，极大地节省了存储空间。

DAG 节点是格式化的包含链接和属性的块。节点拥有块本身的字节流数据，且能够指向有更多字节流数据的其他节点。节点的基本属性会影响上层节点，节点的内容（块数据）是固定的，更改或编辑内容意味着重新创建新节点。更改和编辑有传递性，在 DAG 中由下向上传播，上层的节点仍然会链接旧的内容，所以也需要更新或编辑上层节点使之指向新节点，这也意味着需要重新为上层创建新节点，这种变化的传递性一直延伸到根节点。

例如，DAG 有一个根节点 QmRoot 和一个子节点 QmChild，如果我们编辑子节点 QmChild 的内容为 QmNewChild，则变更后的 DAG 除了子节点会发生改变之外，其根节点 QmRoot 也变成了新的根节点 QmNewRoot。这实际上得到了两个不同的 DAG，新的 DAG 不会覆盖旧的内容，而只是复制和修改了它。其变化过程如图 8-2 和图 8-3 所示。

图 8-2　变更前的 DAG　　　　　图 8-3　变更后的 DAG

在 DAG 中没有实际的根节点，它只是一个相对的 DAG 根节点。该根节点本身可能是较大 DAG 中另一个节点的子节点，因此没有单个的 DAG，当前引用的子 DAG 可能是更大的 DAG 的一部分，我们永远也不知道 DAG 有多大，因为可能总是有其他未知的父节点指向它。

8.1.3　文件抽象层

IPFS 处理文件的方式与我们日常所见是不一样的，当文件的内容变化的时候，文件的哈希值 CID 也会发生变化，且文件由于太大而不能存储在同一个块中，因此由 DAG 把块组织起来。然而，在 DAG 中直接编辑和修改文件是非常困难的一件事，因此，IPFS 在 DAG 之上增加了 UnixFS 层和 MFS 层，构成 IPFS 文件抽象层结构。

UnixFS 是一种数据格式，用于在 IPFS 中表示文件及其所有链接和元数据，它采用类似于 UNIX 中的工作方式松散地管理文件。当向 IPFS 添加文件时，就是在创建 UnixFS 格式的文件块或由块组成的默克尔树。UnixFS 将大文件分割成块，并以 DAG 的形式组织块，以便让它们更容易被修改和分发。如果需要读取文件偏移量 X 处的数据，则要遍历 DAG 以找到包含该偏移量的节点。UnixFS 节点添加了数据的偏移量，因此很容易就能找到正确的节点。DAG 节点的数据被解压缩映射到另一个 UnixFS 类型的节点。例如，该 UnixFS 节点的元数据具有 UnixFS 节点属于文件本身的偏移量，而 UnixFS 节点对应一个 DAG 节点。UnixFS 层目录结构依赖于 DAG 层的链接，即 UnixFS 根据 DAG 链接来生成对应目录。

MFS 是一个可变的 IPFS 文件系统的内存模型，提供了对 UnixFS 的路径可寻址内容抽象，以简化 DAG 内容可寻址系统的限制。为了在处理文件时保持同步，IPFS 创建了另一个使用路径的 MFS 层和维护一个 MFS 到文件或目录根节点哈希值的链接，使得用户无须关心正在编辑的文件背后不断变化的文件块哈希值。MFS 允许用户处理 MFS 文件像处理普通的基于名称的文件系统一样，对文件进行添加、删除、移动和编辑操作，并自动在背后处理所有的链接更新和哈希计算的工作。因此，IPFS 的数据抽象模型如图 8-4 所示，用户只看到上层的 MFS 而看不到更底层的 DAG，甚至 Block 层的实现，便于用户使用 IPFS 文件系统。

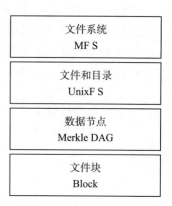

图 8-4　IPFS 文件抽象层

8.2　IPFS 节点架构

　　IPFS 节点架构从高层级角度来展现 go-ipfs 各个子系统，以及各个子系统之间的交互顺序和逻辑，如图 8-5 所示。IPFS 系统中最核心的 API 是 ipfs.add 和 ipfs.get：ipfs.add 把文件存储至系统，ipfs.get 则从系统中查找文件内容并下载至本地。

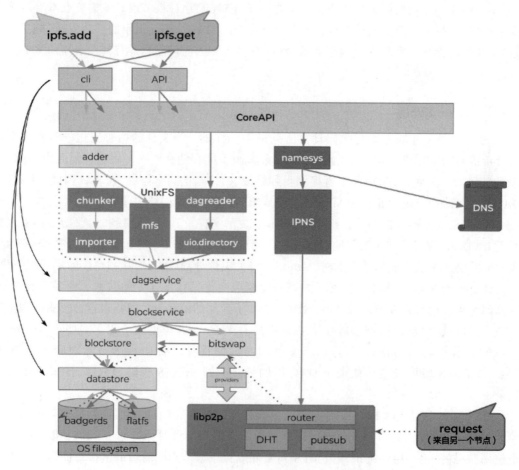

图 8-5　IPFS 节点架构

IPFS 节点架构的各个子模块的说明如下。

❑ chunker：文件块分割器，在 go-ipfs-chunker 代码中提供分割文件或数据的 Splitter 接口。IPFS 实现了这些接口把读到的文件或数据分成了一系列的文件块。

❑ importer：实际用于将文件或者数据流构建成 Merkle DAG 对象的实用程序。以 dagservice 对象和分割器 Splitter 对象作为参数创建出 Merkle DAG。

❑ dagreader：提供了对 UnixFS 文件的只读读取和访问的接口。通过创建一个新的 reader 对象读取给定 UnixFS 节点，以 dagservice 作为接口参数进行数据检索。

❑ directory：提供辅助程序来读取文件和操作文件夹。dagreader 接口通过引用 UnixFS 文件来返回一个系统文件句柄。directory 接口定义一个 UnixFS 目录，它用来创建、阅读和编辑目录或文件，并且允许使用不同的目录方案（例如，basic 或 HAMT）实现。

❑ adder：向 IPFS 系统添加文件的一系列操作的实现模块，读取数据流调用 UnixFS 的接口切割文件、创建 DAG 并把文件存储在本地的 IPFS 节点的文件系统或存储至本地节点之外的 IPFS 节点文件系统。

❑ dagservice：实际把文件或数据封装成 DAG 节点格式并构建完整的 Merkle DAG 的服务，通常支持两种节点类型 Protobuf 和 Raw，这两类节点会在后续章节中解释。

❑ blockservice：为本地节点和外部节点数据存储后端提供了无缝接口。它提供单独的 GetBlock/AddBlock 接口，可以从本地或外部对等节点通过交换模块检索文件块。它也是本地 blockstore 模块与数据交换 bitswap 模块交互的桥梁。

❑ blockstore：在数据存储上实现了一个薄薄的包装层，为获取和存储文件块对象提供了一个干净的接口。它还提供了一个抽象层，允许添加不同的数据缓存策略。

❑ datastore：是一个 KV 数据存储接口，是一个数据存储与访问的通用抽象层，屏蔽底层具体实现。可以支持各种类型的存储方案，如缓存、本地数据库、远程数据库和磁盘文件等。其主要目的就把复杂的存储操作抽象成简单统一的接口。

❑ flatfs：基于文件系统的 KV 键值数据存储，将原始块内容存储在磁盘上，它使用分块文件夹和平坦文件来存储。Flatfs 提供 DiskUsage() 方法以平衡精确性与性能。Flatfs 在打开 datastore 时计算总的磁盘使用量。当前磁盘总使用量是缓存在 datastore 根目录下的 diskusage.cache 文件中。IPFS 节点关闭时该缓存文件写入文件系统。打开 datastore 时，如果该文件不存在，则遍历文件目录树重新计算磁盘使用量。由于大量文件和低速磁盘计算可能导致操作缓慢，缺省计算操作时间是 5 分钟。IPFS 会针对节点的每笔增删操作（文件上传和更新）更新磁盘使用量。

❑ badgerds：使用 badgerDB 作为后端实现的数据存储。BadgerDB 是一个可嵌入的、持久的和快速的键值数据库，用纯 Go 语言编写。它是 Dgraph 的底层数据库，也是一个快速的分布式图形数据库。

❑ bitswap：点对点数据交换模块，IPFS 节点之间数据传输的核心。

❑ libp2p：点对点网络通信协议，如 DHT 和 pubsub 等。

❏ IPNS：去中心化命名系统，IPFS 的文件使用 IPNS 被命名为易读的格式。

IPFS 核心数据结构是 IpfsNode，节点启动时创建该结构并初始化其成员对象，如下列出了 IpfsNode 数据结构的主要组成成员及其注释：

```
type  IpfsNode  struct {
    Identity peer.ID                       //IPFS 节点的唯一标识，节点 ID
    Repo repo.Repo                         // 节点文件系统仓库，用于存储文件
    Pinning          pin.Pinner            // 用于管理持久化在节点上的数据
    PrivateKey       ic.PrivKey            //IPFS 节点的私钥
    PNetFingerprint []byte                 // 私有网络密钥 ID，用于识别私有网络
    Peerstore        pstore.Peerstore      // 存储其他对等节点信息
    Blockstore       bstore.GCBlockstore   // 文件块清除服务
    Filestore        *filestore.Filestore  // 文件存储，用于区别于 UnixFS
    BaseBlocks       bstore.Blockstore     // 底层级的 Raw 数据存储
    Blocks           bserv.BlockService    // 文件块服务
    DAG              ipld.DAGService       // 默克尔树 DAG 服务
    Resolver         *resolver.Resolver    // 访问路径（类似 url）解析系统
    Discovery        discovery.Service     // 节点发现服务
    FilesRoot        *mfs.Root             //mfs 文件系统
    PeerHost         p2phost.Host          //P2P Host 节点，代表本地节点
    Routing          routing.IpfsRouting   // 路由子系统接口
    Exchange         exchange.Interface    // 块交换系统 Bitswap 的通用接口
    Namesys          namesys.NameSystem    // 命名系统
    Provider         provider.Provider     // 把本地文件的 CID 发布至网络
    Reprovider       *rp.Reprovider        // 重新发布文件的 CID 至网络
    IpnsRepub        *ipnsrp.Republisher   //IPNS 命名发布系统
    AutoNAT   *autonat.AutoNATService      //NAT 穿透服务
    PubSub    *pubsub.PubSub               // 消息发布和订阅系统
    PSRouter  *psrouter.PubsubValueStore   // 内容发布和订阅系统
    DHT       *dht.IpfsDHT                 //DHT 分布式哈希表
    P2P       *p2p.P2P                     //P2P 服务
}
```

❏ Identity：节点唯一标识符，是节点公钥哈希值。

❏ Repo：存储 IPFS 节点配置文件和数据的目录，Repo 存储的内容一部分是元数据，另一部分是节点存储的实际数据。

❏ Pinning：IPFS 文件块固定服务，当文件被添加到 IPFS 节点时，文件块默认都被固定在本地节点，其他节点可以从该节点获取文件但不会长久地存储在其文件系统中。该机制避免不断下载数据导致本地节点存储空间不足。文件块只会被固定在一个节点，如果本地节点宕机，会有文件丢失的风险，可以用 IPFS 集群方案或 filecoin 来解决该问题。

❏ Peerstore：本地节点存储与其连接的对等节点信息，在本地节点离线时会保存这些信息，下次启动时重新与这些节点建立连接。

❏ Blockstore：数据清理 GCBlockstore 服务，定期清除未固定在本地节点的文件块，以释放存储空间从而可下载其他需要的数据。默认情况下，节点的磁盘空间是 10GB，

假设数据清理的上限被设置为 9GB，那么在节点存储的数据超过 9GB 时会启动该服务并删除未固定的文件块。为了保持节点和网络的性能，也会定期删除节点的未锁定固定文件块。

❑ Resolver：路径解析服务，从给定一个路径找到路径对应的内容。例如，由不可变路径 /ipfs/⋯和可变路径 /ipns/⋯解析得到文件或数据 CID。

❑ Discovery：节点发现服务。在 IPFS 节点启动时主动与引导节点建立连接，为了更好地与其他节点建立联系，通过该服务发现更多的非引导节点并与之建立连接。

❑ FilesRoot：MFS 文件系统根节点，实际指向一个 MFS 虚拟文件系统的根目录。

❑ Exchange：数据交换模块通用接口。在网络在线和断开情况下启动的服务不相同。在网络在线时启动 Bitswap 数据交换模块，其前后经过两个改进，由网络延迟模型更改为吞吐量模型，后一种模型数据交换的数据更快、更节省带宽。在网络离线情况下，启动 offlineExchange 离线的数据交互层和 offlineRouter 离线路由层，实际上什么都没做，只是便于节点在离线时也能启动。

❑ Namesys：将IPNS或DNSLINK路径解析到文件块哈希值或广播路径信息的命名系统。例如，/ipns/<path> 解析成 /ipfs/<cid>，或者将 /ipns/<path> 路径广播至其他节点。

❑ Provider：内容提供者服务，在本地节点添加文件并锁定在本地节点后，节点把块的哈希值 CID 组装成路由条目放入 DHT 并发布至网络，供其他节点查询和下载该 CID 对应的文件块。

❑ Reprovider：块的 CID 在 DHT 中有过期时间，过期的 DHT 条目会被删除，为使对应的文件块能在 DHT 路由表中可查询，该模块每间隔一段时间会重新发布块 CID 至网络。

❑ P2P：点对点网络服务，由 libp2p 实现。启动该服务需要引导节点，本地节点网络在线情况下才可启动。

❑ AutoNAT：网络地址转换服务。目前，IPFS 的 NAT 穿透的支持还不够强，在笔者研究 IPFS 时还未达到商用级别。

❑ PubSub：IPFS 系统中 P2P 的网络消息分发和订阅协议，内部实现了 Gossip 或 PubSub 等协议。

❑ DHT：DHT 是一种将键映射到值的分布式系统，在 IPFS 系统中用作内容路由系统的基本组件，它将用户正在寻找的内容映射到存储对应内容的对等节点。可以将 DHT 看作一个巨大的表，它存储了谁有哪些数据的路由信息。

8.3　IPFS 子协议

IPFS 的白皮书介绍其协议栈时，从底向上把 IPFS 协议栈分为 8 层，各个层的简要说明如下。

❑ 身份：管理 IPFS 节点唯一身份的生成和验证。

❑ 网络：管理网络中节点与其他节点的连接和消息通信，该层使用各种可配置的底层网络协议。

❑ 路由：维护节点路由表以定位特定的节点和特定的文件块。路由协议默认为 DHT，可根据需求替换为其他的路由协议。

❑ 交换：一种新的块交换协议，用于管理有效的文件块分发。

❑ 对象：带有链接的内容寻址不可变对象的 Merkle DAG。

❑ 文件：受 Git 启发的版本化文件系统层次结构。

❑ 命名：自认证的可变名称系统。

❑ 应用：IPFS 的应用程序，不在本书的讨论范围之内。

8.3.1 身份

在 IPFS 中，所有节点身份都由 PeerID 来唯一标识。网络中的节点建立连接时会判断在 IPFS 网络中是否有其他节点的 PeerID 与本节点相同，如果相同则终止连接。节点存储公钥和私钥，公私钥对用于签名消息，也用于生成本地节点的身份 PeerID，身份生成流程如下。

1）对公钥进行序列化编码。

2）如果公钥序列化字节的长度小于或等于 42，则不执行哈希散列运算。在序列化的字节数组足够短时，不必使用哈希函数对其进行长度压缩，序列化编码的公钥即为 PeerID。

3）如果公钥序列化字节的长度大于 42，则使用 SHA-256 对其进行哈希运算得出 PeerID。

有两种方式可以表示 PeerID：base58btc 编码的 multihash 和 multibase 编码的 CID，如表 8-1 所示。在 CID 被广泛使用之前保留着 base58btc 编码的 multihash 的格式，这种格式也是当前常用格式。

表 8-1　PeerID 的两种形式

base58btc	QmdYMJzkpF46z4u6ntah21tH8Mkgqp3aXMg14kJVNfYs31
CID	bafzbeie5745rpv2m6tjyuugywy4d5ewrqgqqhfnf445he3omzpjbx5xqxe

8.3.2 网络

IPFS 的网络层使用 libp2p 协议实现一个用于构建对等网络应用程序的框架和协议套件。不同对等节点根据自身的能力支持不同的网络协议，任何对等节点都可以作为节点连接的拨打方或监听方。节点连接建立后在任何一端都可以复用该连接，消除传统的客户端和服务器节点，任意节点都是对等的。

Libp2p 包含几个子系统，子系统可以构建在其他子系统之上，只要它们遵守标准化的接口即可。如图 8-6 所示，子系统有如下几类：

❑ 节点路由：对等节点路由特定消息的机制，包括 KAD 路由、mDNS 路由和其他路由协议。

❑ Swarm：数据流处理协议，如协议复用、流复用、NAT 遍历和连接中继。可以在同一个 socket 上实现协议复用，从而减少 NAT 穿透的开销和其他连接开销。

❑ 分布式记录：存储和分发记录的系统。记录是用于发送信号、建立连接，以及发布和订阅对等节点、文件块的条目，包括 KAD 记录、mDNS 记录、AWS 简单存储服务 S3 和其他类型的记录。

❑ 节点发现：用于发现网络中的其他对等节点，节点发现协议包括 mDNS 发现、引导节点列表 bootstrap-list 和随机查找 random-walk 等。

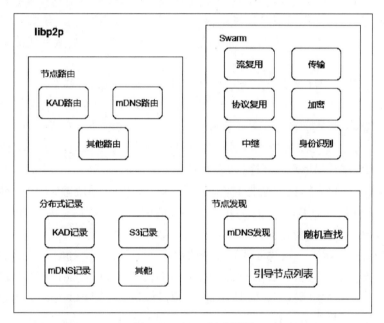

图 8-6　libp2p 组成框图

IPFS 不依赖于 IP 地址来进行通信，它目标是适用于任意类型的网络，因此其节点地址是以 multiaddr 的方式存储的。multiaddr 的表示形式如下：

```
# an SCTP/IPv4 connection
/ip4/172.21.35.40/sctp/8553/
# an SCTP/IPv4 connection proxied over TCP/IPv4
/ip4/172.21.45.44/tcp/8554/ip4/192.21.35.40/sctp/8553/
```

8.3.3　路由

IPFS 路由层有两个重要的用途：PeerRouting 和 ContentRouting。前者在网络中查找 IPFS 节点，后者查找发布到 IPFS 平台的文件块。IPFS 路由系统是一个由各种实现满足的路由接口，默认使用分布式哈希表 DHT，也可以使用多播 mDNS 或单播 DNS。

1.DHT

DHT 分布式哈希表是分布式键值存储路由表，键是加密哈希值，每个对等节点维护系统完整 DHT 路由表的一个子集。当对等节点接收到请求时，要么直接响应，要么将请求转发至另一个对等节点，直到找到能够响应请求的对等节点为止。对等节点维护的 DHT 子集称为 k-bucket（也叫 k 桶）。k 桶映射到具有相同前缀的 PeerID，最多映射到 m 位，有 2^m 个桶。如果 $m=16$，并且使用十六进制编码，则哈希值为 ABCDEF12345 的对等节点维护以 ABCD 开头的 PeerID 哈希值映射。该 k 桶 PeerID 哈希值可能是 ABCD09CBA 或 ABCD17ABB。k 桶大小与前缀的大小相关，前缀越长，每个对等节点需要管理的邻居对等节点数就越少，网络的对等节点总数也就越多。如果多个对等节点具有相同的 PeerID 哈希值前缀，则它们可以维护同一个 k 桶。k 桶包含的 IPFS 对等节点数量默认值是 20 个，k 桶的数量则是 256 个。

IPFS 节点也使用 DHT 来公布它拥有哪些文件块、正在查找哪些文件块，以及不需要哪些文件块。节点有两类 DHT：互联网 DHT 和局域网 DHT。当节点连接到互联网时，IPFS 使用两个 DHT 来查找对等节点、文件块和 IPNS 记录。在本地节点没有连接到互联网时，本地节点发布文件块提供者和 IPNS 记录到局域网 DHT。节点从局域网参与 DHT，并存储一些元数据，元数据在局域网断开连接时被使用。

IPFS 节点通过 DHT 查找谁拥有文件块或数据。在 IPFS 系统 DHT 中，键值对的值是文件块，键是文件块的 CID。分布式 DHT 只存储表的一部分数据，因此 IPFS 节点只存储 DHT 表的一部分，节点不会存储其他节点存储的数据。为了在不同的 IPFS 节点查找文件块，节点使用 Kademlia 技术查找谁拥有文件块数据。当查找一个数据块时，IPFS 节点将从 DHT 中查找数据块哈希值和 PeerID 异或（XOR）距离（异或得出的值较小）最近的一组节点。该组节点不会存储实际数据，只是存储谁拥有数据的一条 DHT 记录，通过该记录可以找到数据的拥有者（称为数据提供者）。文件块记录在 DHT 中，存活时间只有 12 个小时，如果在 12 小时内文件块的实际拥有者没有重新广播文件块 CID，则从 DHT 中删除该条记录。因此，IPFS 节点还必须提供 Re-providing 机制，重新广播 CID 到 DHT 中。例如，节点 A 发布文件块 CID x，节点 B 记录了 CID x 的记录。节点 A 此时从网络中断开，然而节点 B 却不知道节点 A 不能提供数据。此时，如果节点 C 向节点 B 请求数据，节点 B 向节点 C 发送节点 A 的记录，但节点 A 已经不能提供服务，那么节点 C 与节点 A 会不断尝试连接直至连接超时或心跳包无响应。节点 A 断开网络不会重新广播 CID x，CID x 在 DHT 中失效，那么节点 B 就不会把节点 A 误认为数据提供者而向节点 A 请求数据。

2. 路由接口

ContentRouting 是一个间接的文件块提供者接口，用于查找哪一个节点拥有文件块。文件块由 CID 标识，查找内容即查找 CID 提供者对等节点。当查找文件块时，在网络中发起对 CID 的查找，如果找到，则向内容提供者节点请求下载数据。Provide 接口将给定的 CID 添加到 DHT 路由系统，第二个参数被设置为 true，则向网络广播 CID 发起文件块查找。FindProvidersAsync 接口用于异步查找作为 CID 数据提供者的 IPFS 对等节点。

```
type ContentRouting interface {
    Provide(context.Context, cid.Cid, bool) error
    FindProvidersAsync(context.Context, cid.Cid, int) <-chan peer.AddrInfo
}
```

PeerRouting 是一种在网络中查找特定对等节点的方法。FindPeer 接口查找具有给定 PeerID 的对等节点。

```
type PeerRouting interface {
    FindPeer(context.Context, peer.ID) (peer.AddrInfo, error)
}
```

ValueStore 是基本的 Put/Get 接口，实现 IPFS 文件数据的存储。PutValue 添加与给定键对应的值至路由表。GetValue 从路由表中查找与给定键对应的值。SearchValue 在网络中查找给定键对应最佳的值，如果找到最佳值，则停止寻找，如果没有找到，不会返回错误而只是查找关闭。

```
type ValueStore interface {
    PutValue(context.Context, string, []byte, ...Option) error
    GetValue(context.Context, string, ...Option) ([]byte, error)
    SearchValue(context.Context, string, ...Option) (<-chan []byte, error)
}
```

Routing 是 libp2p 支持的不同路由类型的组合，由单个（例如 DHT）或多个不同的路由类型来实现。此外，它还提供了 Bootstrap 接口，允许调用者指示路由系统进入启动状态并保持该状态。

```
type Routing interface {
    ContentRouting
    PeerRouting
    ValueStore
    Bootstrap(context.Context) error
}
```

以上接口在 libp2p 中有不同的网络消息类型与其对应，DHT 中的消息类型和其处理流程如下。

1）FIND_NODE：路由子系统收到该请求消息后，通过 FindPeer 向邻居对等节点查找给定 key 的对等节点，在请求的响应中包含与查找的 key 距离最近的对等节点：对于精确匹配，只返回一个对等节点；否则返回距离最近的 6 个对等节点。其流程如下：

① 从本地已经连接的邻居对等节点中查找，找到就直接返回。

② 从路由表中查找，找到则直接返回，未找到则执行步骤③。

③ 从路由表中找出与待查找 key 距离最近的 3 个对等节点，尝试连接每一个邻居对等节点，连接成功则开始在对等节点中查找。

④ 邻居对等节点返回 20 个与查找值距离最近的对等节点，判断是否与查找的 key 匹配，如果完全匹配则退出，否则把返回的对等节点加入待查询列表。已经查询过的节点放入另外一个列表，以免重复查询。

⑤ 递归查找与待查找 key 距离最近的 20 个对等节点，直到搜索到完全匹配的对等节点，搜索线程退出。

⑥ 如果找不到完全匹配的对等节点，则返回与待查找 key 距离最近的 6 个对等节点，搜索结束。

2）GET_VALUE：流程与 FIND_NODE 类似，查找成功则返回与 key 对应的 value，否则返回 N 个与 key 距离最近的对等节点，节点数 N 由上层调用参数决定。如果 value 在找到后存储在 DHT 路由表中，则该 value 在路由表的持续时间不大于 36 小时代表查找成功，否则查找失败。由于这个限制的存在，对于 DHT 中的 IPNS 信息记录，在 Re-provide 模块中重新广播该 IPNS 记录的时间间隔不能大于 36 个小时。

3）PUT_VALUE：以 key 和 value 作为请求的参数，目标对等节点验证 value，如果 value 有效将其存储在本地路由表中，流程大致如下：

① 在本地数据库中检查 value 的有效性：根据 key 查找数据库的 value，如果相同的 key 有旧值（如 value1）存在，则选择最好的 value 值。

② 为 key/value 对创建 DHT 路由表记录，把 key/record 存入数据库。

③ 从 DHT 路由表中获取与 key 距离最近的最多 3 个对等节点，查找全网与 key 距离最近的 20 个对等节点。

❏ 从路由表中取出与 key 最近的 3 个对等节点。

❏ 尝试连接每一个对等节点，连接成功则开始查找。

❏ 连接的对等节点返回 20 个与 key 距离最近的对等节点，加入对等节点查询列表。

❏ 递归查找距离最近的 20 个对等节点，直到搜索到最佳的 20 个对等节点，搜索线程退出。

❏ 把对等节点按距离排序，得到与 key 距离最近的 20 个对等节点。

④ 把 value 的值存储至查找到的 20 个对等节点的数据库中。

4）GET_PROVIDERS：查找内容提供者，目标节点返回最近的已知提供者对等节点和最近的已知与查找 key 较近的对等节点。其查找过程与 FIND_NODE 类似。

5）ADD_PROVIDER：把文件块添加到 DHT 路由表，文件块的 key 和文件块的提供者 PeerID 必须在调用请求参数中设置。节点验证是有效的 CID 后，把文件块存储至路由表。

6）PING：本地节点发出 PING 请求，目标节点响应 PING 请求，这是保持节点间连接有效性的方式。

8.3.4 交换

交换是 IPFS 的核心模块，指在两个对等节点之间发送和接收文件块以实现数据的交换和传输。交换是由独立模块 BitSwap 实现的基于消息的协议，目前有 Go 语言版本和 JavaScript 版本。

1. 基础协议

IPFS 中，文件被按照一定大小分割成若干块，然后被组织成一个 DAG，文件由表示 DAG 根节点的 CID 标识。BitSwap 的主要作用是向对等节点请求文件块或发送文件块至对等节点。当 BitSwap 请求一个文件块时，会发出 want-list 到其他的对等节点。want-list 是节点请求文件块的 CID 列表，本地节点维护与其连接的每个对等节点的 want-list，当本地节点接收到一个文件块时，检查该块是否在与其连接的对等节点的 want-list 中，如存在则把该块发送至该节点。want-list 的列表项包含文件块 CID 和 WANT 请求消息，如下所示：

```
want-list {
    QmZtmD2qt6fJot32nabSP3CUjicnypEBz7bHVDhPQt9aAy, WANT,
    QmTudJSaoKxtbEnTddJ9vh8hbN84ZLVvD5pNpUaSbxwGoa, WANT,
    ...
}
```

BitSwap 请求文件块首先创建一个会话，然后广播 WANT 消息至所有已连接的对等节点，如果已连接对等节点拥有该文件块，则响应消息，如果没有任何一个已连接对等节点响应消息，则通过 DHT 向网络广播文件根 CID 的 WANT 请求，以获得其他节点的响应。所有响应的节点被加入已建立的会话当中，文件根 CID 之下所有子 CID 的文件块请求按照一定的策略发送至添加至会话的一个或多个节点。响应节点记录请求节点的 want-list，在响应且发送文件块完成后从 want-list 中删除对应的 CID。请求节点在接收到响应后，发送 CANCEL 消息，告知其他的响应节点该 CID 对应的文件块已经获取到。举个例子，节点 A 向节点 B 和节点 C 请求文件块，节点 B 和节点 C 把节点 A 的 WANT 请求加入各自的 want-list，当节点 B 接收到文件块后向节点 A 发送文件块，然后节点 B 删除其本地维护的节点 A 的 want-list 对应的 CID，节点 A 在接收到文件块后会发出 CANCEL 消息，告知节点 C 文件块已经获取到，节点 C 也删除其本地维护的节点 A 的 want-list 中对应的 CID，使得节点 C 不再响应节点 A 的文件块请求。

会话维护一个 livewant 列表，表示当前已发出 want-list 请求但尚未完成的 CID 请求数。同一时刻 livewant 最多可以有 32 个 CID，被添加到 livewant 队列的 CID 封装成 want-list 请求向其他的对等节点发出 WANT 消息获取文件块。交换模块的 API，如 GetBlock() 或 GetBlocks()，被调用时，即向 livewant 列表添加 CID。由于最多可以容纳 32 个 CID，剩余的 CID 被放到一个备用的 CID 队列中。当 CID 的响应出现收到文件块数据，已响应的 CID 请求将从 livewant 队列中删除，然后从备用队列中取出 CID 填充至 livewant 队列。BitSwap 的会话维护两个定时器，以便定时地向网络发起文件块请求，这里会把 CID 从备用队列移到 livewant 队列，并删除 livewant 中已经获取到文件块的 CID。根据节点是否处于空闲状态，有空闲定时器和周期性定时器两类。

❑ 空闲定时器：默认触发间隔是 1 秒，在没有接收文件块数据时（空闲时），触发这个定时器以执行如下任务：首先向所有与本节点连接的对等节点广播 WANT 消息发起文件块请求，然后向本节点的 DHT 搜索拥有 want-list 第一个 CID 的更多对等节点。一旦至少有一个对等点响应了一个请求，空闲间隔就被设置为 500ms +3 倍的平均延迟。

❑ 周期性定时器：默认触发间隔是 1 分钟。从 want-list 随机取出 CID 向所有连接的对等点广播 WANT 请求，然后通过 DHT 搜索存储着随机 CID 对应文件块的更多对等节点。

在向会话的对等节点发出 want-list 请求时，列表中的 CID 被发送到哪一个对等节点有特定的选择策略。所有加入会话的节点都按延迟顺序排序，CID 被分成一组，节点也被分组，不同的 CID 被发送到不同的节点组中。具体步骤如下：

1）从对等节点列表中选择延迟最小的对等节点，最多 32 个。

2）将对等节点按照分割因子分成小组。

3）将 want-list 中的 CID 分成几组。

4）将每个 CID 组发送到指定的对等节点组。

假设 want-list 有 0 ~ 9 编号 CID，加入会话的节点有 A ~ H 节点，CID 的分割从 3 到 5 再从 5 到 2 变化。分割因子的变化是动态的，由请求节点接收到文件块的唯一块 uniq 和重复块 dup 的比值（uniq/dup）决定（唯一块是指只有一个节点返回该文件块）。如果重复块 dup 的值太大，说明太多的节点返回同一个 CID 的文件块数据，此时需要增大分割因子，同一个 CID 的数据块请求被发送至更少的节点；反之则减少分割因子的值，同一个 CID 被发送至更多的节点。

如图 8-7 所示，初始的分割因子为 3，此时 CID0、CID3、CID6 和 CID9 被发送至节点 A、D 和 G，CID1、CID4 和 CID7 被发送至节点 B、E 和 H，CID2、CID5 和 CID8 被发送至节点 C 和 F。节点在接收到大量重复文件块时分割因子变为 5，此时 CID 和节点都被分为 5 组。最后，由于收到过

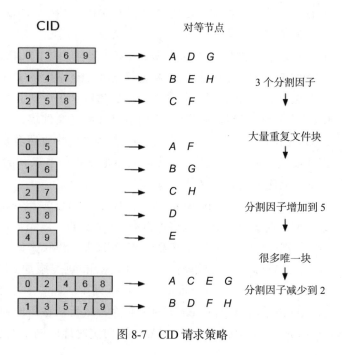

图 8-7　CID 请求策略

多的唯一块，因此分割因子调整为 2。BitSwap 的 want-list 请求是动态变化的，可根据节点的延迟和接收块的情况而不断地对文件块请求做出调整。

2. 扩展协议

BitSwap 基础协议 want-list 请求按照网络延迟的排序来选择对等节点发起请求，效率慢且会产生大量的网络消息。扩展协议对数据块的请求和响应做了优化，从网络延迟模型转换为吞吐量模型。扩展协议的改进有如下几点：

- ❑ 减少网络消息负载和减少带宽。
- ❑ 最大限度地利用节点的带宽，让对等节点一直处于忙碌状态。
- ❑ 限制每个节点而不是限制会话的 want-list 请求，限制节点的速率以便更有效地管理节点的负载。
- ❑ 连贯地处理一组 want-list 的 CID，而不是分组处理。这在传输大文件时非常有用，请求文件在同一个 Merkle DAG 中，可以连续地向同一个节点请求文件块数据。
- ❑ 转向吞吐量模型，而不是网络延迟模型。

在基础协议中，节点发送一个 WANT 消息来请求一个文件块。如果本地节点知道其他对等节点是否有文件块而不是请求文件块数据，那么节点在没有接收到大量重复文件块的情况下就能在节点之间建立关于文件块分布的网络拓扑。扩展协议用两个标志扩展了 WANT 消息来支持这一特性。

- ❑ want-have：节点 A 向节点 B 发送询问是否拥有文件块请求。如果节点 B 拥有文件块，则响应 HAVE 消息，否则响应 DONT_HAVE。有一个例外，如果文件块足够小，也会发送文件块数据而不是发送 HAVE 消息。
- ❑ want-block：节点 A 向节点 B 发送获取文件块请求，此时会获得文件块数据或得到 DONT_HAVE 响应。

扩展协议获取文件块分为几个阶段：第一阶段是节点发现，即向所有与本地节点连接的节点发送 want-have 请求或在已连接节点均响应 DONT_HAVE 消息时向 DHT 广播文件根 CID 的 want-have 请求，把响应 HAVE 消息的节点加入会话的节点列表中；第二阶段是根据策略找出最佳节点发送 want-block 以获取文件块数据，其他加入会话的节点发送 want-have 以防最佳节点没有返回文件块；第三阶段是接收响应节点传输至本地节点文件块，这涉及块的接收流程。

响应节点接收到请求节点的 want-block 请求，查找文件块数据并将其发送至请求节点。在 BitSwap 网络中，传输的文件块消息有大小限制，因此响应节点为每一个 want-block 请求的对等节点维护待发送文件块数据缓存队列。例如，节点 A 向节点 B 发出 want-block 请求，节点 B 待发送至节点 A 的文件块有 9 个，假设网络传输文件块消息的大小被限制为只能传输 3 个文件块，此时需要传输 3 次。节点 B 需在每一次响应中告知节点 A 还有多少个文件块在缓存队列中等待发送及其以字节为单位的数据大小。缓存队列的空闲项越少，得到 want-block 请求的可能性越高。这种机制会保持节点忙碌以便最大限度地利用带宽，同时在节点超负荷时停止向它发送 want-block 请求。

请求节点发出 want-block 请求，在带宽有限时只能发送单个请求或一组请求。对于每个 want-block 请求，会话通过以下方式选择一个对等节点：

1）首先，优先选择响应 HAVE 消息对等节点或作为 CID 对应文件块的提供者对等节点，忽略掉响应 DONT_HAVE 消息的节点。

2）其次，根据响应节点的响应消息 HAVE/DONT_HAVE 数量的比率，概率性地选择一个对等节点。

3）最后，选择空闲缓存队列最短的对等节点。例如，节点 A 的待发送文件块数据缓存队列长度为 4 个文件块，等待发送至请求节点的文件块数量为 2 个，缓存队列有 2 个文件块空闲空间；节点 B 的缓存队列长度为 8 个，等待发送至请求节点的文件块数量为 3 个，缓存队列有 5 个文件块空闲空间。在此情况下，优先向节点 A 发送 want-block 请求。

BitSwap 可以向一个或多个节点发送 WANT 请求。为了确定要向多少个对等节点发送一个 WANT 请求，我们给对等节点与 WANT 的组合分配一个称为拥有文件块可能性（WANT Potential）的概率值。WANT 请求按 WANT Potential 值从大到小的顺序发送，该值越大的对等节点响应的概率越大。会话将 WANT 发送给多个对等节点，直到多个对等节点的 WANT Potential 值相加超过阈值为止。阈值根据会话接收到的唯一块/重复块的比例而变化，以便在快速接收块和接收过多重复块之间进行权衡。当一个或多个节点的 WANT Potential 的值相加少于阈值时，可以向更多的对等节点发送 WANT 请求，反之不会继续向其他对等节点发送 WANT 请求。当本地节点接收到来自对等节点的消息时，请求的 WANT Potential 值会发生变化。例如，CID1 某一时刻的 WANT Potential 值的情况如表 8-2 所示。

表 8-2　CID1 的 WANT Potential

节点	WANT Potential
A	0.8
B	0.2
C	0.1

❏ 假设此时阈值为 0.9，本地节点会话发送 WANT 至节点 A 和 B，此时 WANT Potential 的值是 1.0（0.8+0.2），已经超过阈值，不会把 WANT 请求发送至节点 C。

❏ 节点 A 响应 CDI1 的 DONT_HAVE 消息，此时 WANT Potential 变为 0.2（1−0.8）。

❏ 由于 WANT Potential 小于阈值 0.9，本地节点的会话发送 CID1 的 WANT 请求到节点 C，此时 WANT Potential 变为 0.3（0.2+0.1）。

❏ 节点 B 发送 CID1 的 DONT_HAVE 消息，此时 WANT Potential 变为 0.1（0.3−0.2）。

❏ 节点 C 响应 CID1 对应的文件块数据，此时 WANT Potential 变为无穷大，表示已经接收到对应的文件块。

对等节点如何发送 WANT 请求是由动态变化的 WANT Potential 的值决定的，避免同一时刻向网络发送过多的 WANT 请求导致网络拥塞。

3. BitSwap 实现

BitSwap 是 IPFS 的数据交换模块，它管理如何向网络中的其他对等点发送 WANT 请求和发送块数据。它是一种基于消息的协议，而不是基于请求 – 响应的协议。所有的消息都包含请求列表 want-list 或一系列文件块（block）。对等节点发送一个 want-list 来告诉其他节点它想要哪些块。当对等节点接收到一个其他节点的 want-list 时，它应该检查他拥有 want-list 中的哪些块，并考虑将匹配的 block 发送给 want-list 请求者。当一个对等节点接收到它请求的 block 时，该对等节点应该发出一个 Cancel 消息，告诉其他对等节点它不再需要这些 block。当前实现基于扩展协议，在数据交换性能上有很大的提升。

如图 8-8 所示，BitSwap 对象结构图中各个子模块的简单说明如下。

❏ Sending Blocks：内部 Engine 模块接收到 want-list 消息将其添加到 Ledger 模块，并检查本地节点的 blockstore 中对应的 block，然后向 PeerTaskQueue 中添加一个任务。如果 blockstore 没有这个块的数据，则添加一个 DONT_HAVE 任务，如果有这个块，则为 want-have 添加一个 HAVE 任务，为 want-block 添加发送块数据任务。当 Engine 被告知有新的块到达时，它会检查 Ledger，看看是否有任何对等节点需要这个块，如有则向 PeerTaskQueue 中添加一个 HAVE 或发送块数据的任务。任务线程 TaskWorker 从 PeerTaskQueue 队列中取出任务，封装成特定的消息格式并将其发送出去。任务线程的数量受到一个常数因子的限制。

❏ Requesting Blocks：向对等节点请求文件块。在 PeerManager 模块处理新块请求，它向与本地节点的每个已连接对等节点的消息队列发送请求。该消息队列对应的线程使得本地节点与其他对等节点的长连接是有效的，并将在有请求任务时向其他对等节点发出请求消息。如果有多个消息发送到同一个节点，则将这些消息合并为一个消息，以避免必须保持一个实际队列并发送多个消息。当对等节点接收到文件块并发送 Cancel 消息时，也有相同的处理过程。

❏ Sessions：会话跟踪文件块的相关请求，并尝试优化传输速度和减少通过网络发送的重复块的数量。会话的基本优化是将请求块限制在最有可能拥有该块和最有可能快速响应的对等节点。这是通过跟踪谁响应每个块请求和它们响应的速度来实现的，然后使用这些信息优化未来的请求。会话试图在对等节点之间分发请求，以使来自不同对等节点的响应中存在一些重复的数据但不会太多，以实现冗余优化。

❏ Finding Providers：当发出 WANT 时，在已连接的节点没有对应的文件块时会查询一个 DHT 系统，试图找到一个有该 WANT 对应文件块的对等节点。BitSwap 将请求路由到 ProviderQueryManager 系统，该系统对请求进行速率限制，并删除已经在进行中的请求。

❏ Providing：节点在接收到一个文件块时成为块的提供者，节点广播块 CID 消息至网络，告知其他节点自己是块的拥有者。

上述模块顶部的实现是 BitSwap 对象，在 IPFS 节点启动时创建该对象并启动其工作线程。该对象各个成员的解释如下。

❑ wm：WantManager 对象指针，负责通知会话管理器（SessionManager）和 Block-PresenceManager 对象外部消息到达或会话被取消。通知 PeerManager（节点管理器）中节点和端口的连接，以及管理 want-have 列表。

❑ pm：节点管理器 PeerManager 对象指针，管理与本地节点连接的对等节点列表，已连接节点与 msgQueue 对象一一对应。WANT 请求首先被加入 msgQueue，再由其工作线程向对等节点发送请求。

❑ pqm：ProviderQueryManager 对象指针，其通过 DHT 向网络广播 want-have 以查找文件块提供者节点。

❑ engine：Engine 对象指针，把 WANT 请求写入 Ledger，并响应 WANT 请求发送 blocks 或 HAVE 或 DONT_HAVE 消息，本地节点接收到 blocks 时也发送上述消息至请求节点。

❑ network：为上层的模块传输网络消息的网络或路由 API 接口层。

❑ blockstore：本地数据库，存储本地节点块 blocks 的对象。

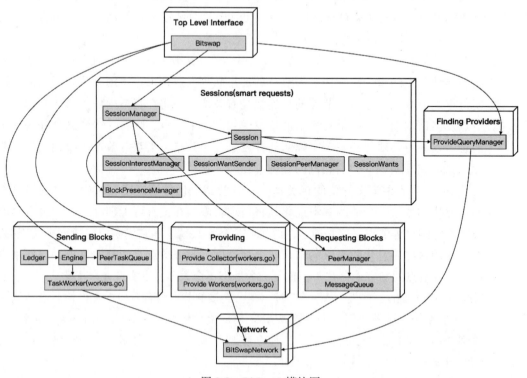

图 8-8　BitSwap 模块图

❑ notif：发布和订阅文件块的通道。BitSwap 会向未连接的对等节点广播文件块或订阅文件块消息。

❑ newBlocks：新块 blocks 到达，需要广播至网络的通知通道。

❑ provideKeys：块 blocks 提供至 worker 线程进一步处理的通道。

❑ Counters：发送和接收的文件块 blocks 及其相关数据的计数。

❑ sm：SessionManager 指针，为 WANT 请求创建会话对象以管理请求的生命周期。

❑ sim：SessionInterestManager 对象指针，管理会话感兴趣的 want-list。

❑ provideEnabled：是否广播 blocks 标志，在接收到 blocks 后，广播至网络以通知其他对等节点自己是 blocks 的提供者。

❑ provSearchDelay：查找 blocks 的 provider 时等待时长。

❑ rebroadcastDelay：重新广播 WANT 请求，以找到块提供者的时间间隔。

由 BitSwap 对象可知，其有三个主要子模块：WANT 请求发送的会话管理器、Engine 和查找文件块提供者的 ProviderQueryManager。

4. 会话管理器和会话

会话管理器是管理一系列会话的对象。在调用 BitSwap 的 GetBlocks 接口向网络请求文件块时，会话管理器为该请求创建一个会话以管理文件块请求的状态。会话管理器维护一个会话列表，会话在产生新的 WANT 请求时创建，在获得对应的 blocks 后删除。同个文件的一系列 WANT 请求可以使用同一个会话来管理。同一个文件的请求也会发送至同一组对等节点，因为有文件根 CID 对应数据的节点通常也会有其子 CID 对应的数据。

Session 会话对象是每次发起文件块获取请求的实际处理对象，对等节点在某一时刻可能会创建一个或多个会话对象。通过会话对象控制在某个时间段内的 WANT 请求数量，以及应该向哪一个对等节点发送 WANT 请求。会话记录其他节点的响应（HAVE 或 DONT_HAVE）为 WANT 请求寻找最佳的请求发送节点。会话对象的各个成员说明如下。

❑ sim：SessionInterestManager 对象指针。节点在发出 want-list 请求后维护两个 want-list 列表：interested 和 wanted。会话创建时，这两个列表有同样的 CID。Wanted 列表随着不断地收到文件块把对应的 CID 从该列表中删除。Interested 列表用于在接收到 blocks 时过滤掉不是当前节点需要的 blocks，该列表项只有在会话被关闭的时候才会删除会话对应的 CID 项。两个 want-list 列表包含一个或多个 Session 的 CID，意味着这两个列表是全局性的。

❑ sw：sessionWant 对象，维护 toFetch 和 liveWant 两个队列。节点所有的 want-list 请求的 CID 被加入该对象的 toFetch 队列。当正式向网络发出请求后，toFetch 队列已发出请求的 CID 被移入 liveWant 队列，表示正在请求中但还未收到文件块的 CID。

❑ sws：sessionWantSender 对象负责向已连接对等节点发送 want-block 和 want-have 请求，或在所有已连接对等节点返回 DONT_HAVE 消息时向网络广播 want-have 请求，以找到 CID 的块提供者。对于每个文件块请求，它选择一个最佳对等点发送一个 want-block 请求，并向会话中对等节点发送 want-have 请求。该对象有 Add 和 Update 两个接口驱动，其 run 线程接从这两个接口收到 change 消息并执行相应动作，产生 change 消息的情形如下。

- 当 session 有 want-list 请求文件块时，向其他节点发送 WANT 请求。
- 当 session 接收到对等节点发送过来的文件块 blocks 时，更新会话的状态。
- 当 session 通过 findMorePeers 找到对等节点且与该节点已建立连接时，此时会更新会话的有效对等节点。

在 sws 对象中，还会把 WANT 请求的 CID 转换成 wantInfo 对象。wantInfo 对象设计得很巧妙，在发送 WANT 请求之前，根据一定策略找到最佳对等节点 bestPeer 发送请求。sentTo 标志记录已经向该对等节点发送请求以免重复发送。blockPresence 标志在收到对等节点的响应后记录对等节点是否拥有该 CID 对应的文件块：分别设置为 BPHave、BPDontHave 和 BPUnknown。WANT 请求只发送至回应 BPHave 的对等节点。exhausted 标志在所有已连接的对等节点响应 DONT_HAVE 时被设置为 true，在此情况下，需要将 CID 广播至网络以获取文件块数据提供者对等节点。广播 CID 的规则是一次最多只能请求 64 个，在 sessionWant 对象中做限制。

- ❏ sprm：会话对象——一对应的 SessionPeerManager 对象，管理会话的对等节点的连接和断开状态。在 PeerManager 有对等节点连接和断开时，调用 SignalAvailability 接口通知 sessionWantSender 对象，然后及时更新会话已连接的对等节点列表，使发送 WANT 请求的对等节点的连接是有效的。
- ❏ bpm：BlockPresenceManager 对象，是一个记录一系列 CID 与对等节点是否 HAVE 或 DONT_HAVE 对应文件块的映射列表，用于为某一个 CID 选择最佳对等节点以发送 WANT 请求。在会话关闭时，清除 bpm 对象中属于该会话的 CID 的列表项，该对象也会包含一个或多个会话对象的请求 CID 数据。

会话对象维护一个 Run 线程，以接收不同的操作消息执行具体的工作任务，这些操作消息类型和其处理函数如下。

- ❏ opReceive：接收文件块消息，会话本地节点接收其他对等节点的文件块时接收到该消息。消息处理函数记录哪个 CID 对应的文件块被接收，计算对等节点时延，用于判断后续是否向该对等节点发送请求，删除 sessionWant 对象 wanted 队列中的 CID，表示已经找到 CID 对应的文件块，并重置定时器的时间间隔。
- ❏ opWant：请求文件块消息。创建会话时接收该消息，在消息处理函数中记录 CID 到 SessionInterestManager 的队列，以在接收到文件块时判断是否是该会话需要的文件块。添加 CID 到 sessionWant 的 cidQueue 队列。添加 CID 到 sessionWantSender，向已经连接的对等节点请求文件块。
- ❏ opCancel：取消文件块请求消息。由于已经获取到文件块，需要向已经发送 want-

have 或 want-block 的对等节点发送 Cancel 消息，使对等节点不再重复发送同样的块。

❏ opBroadcast：向网络广播文件块请求消息。当会话在一段时间内没有接收到任何文件块时，随机取某一 CID 发出 want-have 请求，或者当会话中的所有对等节点都为一组特定的 CID 响应了 DONT_HAVE 时被调用，此时本地节点通过 DHT 向网络发送 want-have，以查找文件块提供者的对等节点。

❏ opWantsSent：请求文件块已发送通知消息。文件块请求被发送到对等节点，此时 sessionWantSender 对象回调该函数，在 sessionWant 的 cidQueue 队列中把已发送的 CID 移动到 liveWants 队列。

5. Engine

Engine 是 BitSwap 的请求响应处理引擎，它在接收到 BitSwap 的网络消息时解析消息并进行进一步处理。当 Engine 接收到 WANT 请求时，添加到与其连接节点对应的 Ledger，检查 blockstore 是否有对应的 blocks，然后向优先级任务队列添加一个任务。如果 blockstore 没有对应的 blocks，则任务被标识为 DONT_HAVE；反之分两种情况：want-have 请求任务被标识为 HAVE，而 want-block 请求任务被标识为发送文件块 BLOCK。

当 Engine 接收文件块时，把属于请求会话的 blocks 存储到 blockstore。同时也会检查 Ledger 是否有对等节点请求该文件块，如果有的话，则添加一个 HAVE 或者发送块任务至优先级队列。如果节点作为文件块数据提供者，还需要广播这些 blocks 的 CID 到网络，通知其他节点其是 CID 的文件块数据提供者。

为了智能化地计算该向哪个对等节点发送数据或者如何向对等节点发送数据，Engine 还会定时计算与本地连接对等节点的 Ledger 账本数据，这些数据包括收发消息时间、收发数据字节数和对等节点的信任分数等。Engine 主要数据的各个字段如下。

❏ peerRequestQueue：是 PeerTaskQueue 对象的指针，表示的是任务优先级队列，所有的响应消息都被封装成一个任务放到该队列中，然后由 Engine 的 Run 线程按照优先级处理队列中的消息。任务的类型有 HAVE、DONT_HAVE 和 BLOCK。

❏ workSignal：通知 Engine 的 startWorker 工作线程处理优先级队列任务的信号，工作线程没有收到该信号之前处于阻塞状态。

❏ outbox：通知 Engine 的工作线程有新的消息需要处理，该消息是 Envelope 对象，包括响应的对等节点 PeerID、发送的 BitSwap 消息内容和发送任务完成后的回调函数。

❏ bsm：是 blockstoreManager 对象指针，该对象是 blockstore 的包装层，Engine 从 blockstore 获取文件块及其大小，封装成功将 BitSwap 消息发送至请求节点。

❏ peerTagger：管理对等节点的连接和断开。

❏ ledgerMap：与本地节点已连接的对等节点账本 Ledger 的映射。Ledger 账本存储两个对等点之间的数据交换关系，Engine 根据账本数据来决定该如何向对等节点发送数据。

❏ taskWorkerCount：发送文件块数据的线程数，默认是 8 个。

❏ maxBlockSizeReplaceHasWithBlock：响应对等节点的请求返回数据类型标识。在

want-have 请求时判断文件块大小，如果大于 1024 字节，则发送 HAVE 消息，小于则发送实际的文件块数据。

❑ peerSampleInterval：检测对等节点有效性时间间隔，这里的有效性是指该对等节点是否与本地节点有数据交互以及交互的频率。

❑ sendDontHaves：是否发送 DON'T_HAVE 响应消息至对等节点，如果设置为 true，则响应 DONT_HAVE，反之无响应。

在 Engine 模块有两类线程 startWorker 和 scoreWorker，用于处理实际的工作任务。第一个线程处理响应，第二个线程计算对等节点的分数。

❑ startWorker：响应对等节点的请求任务，把 BLOCK、HAVE 和 DONT_HAVE 消息发送至对等节点。线程每次循环最多处理 16 个任务，如果有更多请求，则在线程下一循环处理。由于其有 8 个工作线程同时处理响应，因此响应是极其快速的。

❑ scoreWorker：跟踪已连接对等节点有多"有用"，即不断更新连接管理器中的对等节点 Ledger 账本的分数。分数通过短期有用性、长期有用性和网络时延来计算：短期有用性每 10s 取样一次，并对新观测结果进行高度加权；长期有用性的采样频率较低，对长期趋势的权重较大。如果在采样周期内看到与本地节点的消息交互，就记录分数为正数，否则记录分数为 0。短期有用性有一个高的 alpha 值，并且每一个短期周期都采样。长期模型的 alpha 值较低，每隔一段较长的时间取样一次。为了计算最终的分数，我们把短期和长期的分数加起来，并根据负债率调整 ±25%，那些对我们更有用的对等节点会得到最高分。

在 BitSwap 网络中发送的消息有一定的格式，被称为 BitSwapMessage 消息对象，它其实是由 impl 对象实现的接口，该对象有如下几个成员。

❑ full：是否完整可信的 want-list 拷贝标志。如果设置为 true，意味着可以获得本节点存储的完整文件块（blocks）数据。

❑ wantlist：对等节点请求的带优先级的 CID 列表。

❑ blockPresences：对给定的请求添加 HAVE/DONT_HAVE 标识。

❑ blocks：消息的文件块，如果是 want-have，则可能为空。

❑ pendingBytes：等待发送至对等节点的数据字节数。

在向对等节点发送消息时构造 impl 对象，并在该对象中添加对应的响应消息内容，然后将其发送至对等节点。

6. 请求块

本地节点向 BitSwap 网络请求数据，首先创建会话并将其添加到会话管理器的会话列表，然后向与本地节点连接的对等节点发送 want-have 请求，如果已连接节点均响应 DONT_HAVE 消息，则通过 DHT 向全网查询。请求流程如下。

1）创建会话。调用 NewSession 创建会话对象，用于追踪请求的 CID。首先由 Get-NextSessionID 获得会话 ID，然后创建会话对象。

2）调用 GetBlocks 获取文件块并设置接收线程。通过设置 handleIncoming 线程和 incoming 通道接收文件块。创建 out 通道返回至 GetBlocks 调用者。

3）会话 Run 线程的 incoming 通道收到 opWant 请求消息，执行数据获取请求。首先，向 SessionInterestManager 对象 wanted 和 interested 的队列中添加请求的 CID。这两个队列是全局队列维护本地节点所有请求的 CID。其次，把 CID 添加到 sessionWants 对象的 toFetch 备用队列。该对象有 liveWants 和 toFetch 两个队列，liveWants 是正在请求但未收到 CID。最后，把 CID 发送到 sessionWantSender 对象。

4）会话向所有已连接对等节点发送 want-have 请求。在后续的处理中把响应 HAVE 消息的节点加入会话，并忽略掉响应 DONT_HAVE 的节点。

5）接下来由 sessionWantSender 对象 Run 线程循环处理 WANT 请求。选择一组 CID，将其转化为 wantInfo 对象以跟踪本次请求的状态，比如 CID 已被发送到哪个节点、该 CID 响应状态（HAVE 或 DONT_HAVE）等。

6）在步骤 4）向已连接节点发送 want-have，把响应 HAVE 的节点加入会话节点管理器。如果所有已连接对等节点响应某 CID 的 DONT_HAVE 信息，通知会话通过 DHT 广播 want-have 请求。

7）更新节点的有效性（响应 HAVE 为有效），建立一个迭代器循环发送所有的 wantInfo 请求。向最佳节点发送 want-block，其他会话节点管理器的节点发送 want-have。其流程如图 8-9 所示。

8）通知会话 wantInfo 请求已经被发送，把 sessionWant 的 toFetch 队列对应的 CID 移动到 liveWant 队列。

9）发送 want-block 和 want-have 请求至节点管理器 PeerManager 对象。

10）节点管理器对 want-block 和 want-have 列表进行过滤，确保 CID 在此之前没被发送至对等节点，然后把过滤后的 want-block 和 want-have 列表传递给已连接节点的 MessageQueue 对象。

11）MessageQueue 对象把 want-block 和 want-have 列表中的信息分别封装成 Message_Wantlist_Have 和 Message_Wantlist_Block 两

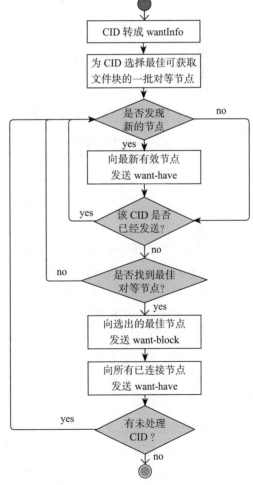

图 8-9　WANT 发送流程

种类型的消息，然后向该对象自身的 outgoingWork 通道发送一个信号。该对象的 runQueue 线程接收到消息，调用 sendMessage 接口把请求消息发送至网络。

请求块的流程图如图 8-10 所示。

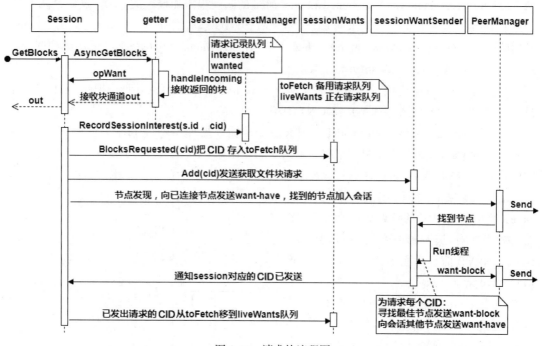

图 8-10　请求块流程图

向已经连接的对等节点发送某个 CID 的文件块获取请求，其他对等节点响应的全部都是 DONT_ HAVE 消息，那么会向全网通过 findMorePeers 接口查找 CID 的数据提供者。这里涉及另外一个模块 ProviderQueryManager，它管理查找 CID 的数据提供者的请求，为块查找更多的提供者。该模块的主要作用是：

❑ 限制请求速率，每次不要运行太多的寻找请求。确保对同一个 WANT 请求的两个 FindProvider 调用不会并发运行。

❑ 如果数据提供者对等节点已找到，则与该对等节点发起连接，如果无法连接，则过滤它们。同时也管理节点连接请求超时。

这些请求最终都会通过 FindProvidersAsync(ctx, k, max) 实现，然后在 DHT 路由模块中向网络发出查找请求。

7. 接受请求和接收块

对等节点收到网络上其他对等节点发出的 BitSwap 消息之后，消息经过 Engine 进一步处理，如果是对等节点 WANT 请求，则做出响应，如果接收到文件块，则存储在本地节点的 blockstore 同时响应 WANT 请求。消息可能是如下几种：

❑ 本地节点 want-list 请求返回的一个或一组文件块。

❑ 本地节点 want-list 请求中返回 DONT_HAVE 消息，对等节点告知本地节点其没有所请求的文件块。

❑ 本地节点 want-list 请求中返回 HAVE 消息，对等节点告知本地节点其拥有所请求的文件块。

❑ 对等节点向本地节点发送的 want-list 请求，本地节点从数据库中查找对应的文件块，并返回 BLOCK/HAVE/DONT_HAVE 消息。

Engine 处理对等节点发送过来的 want-list 请求消息时，会根据 Engine 的决策策略来决定如何处理，比如是否发送数据、发送数据的频率等。BitSwap 在接收到上述消息后的处理流程如下：

1）接收到网络消息后更新本地节点的消息接收计数值 messagesRecvd。

2）处理 want-list 请求构造响应任务。取出请求的 want-list 列表，删除被取消掉的 want-list 列表项，封装 BLOCK、HAVE 和 DONT_HAVE 三类任务，存储任务到任务优先级队列。其流程如下：

① 从 BitSwapMessage 消息中取出 want-list 列表。

② 找到本地维护该对等节点的账本 Ledger 对象，更新账本的交互次数、增加从该对等节点接收到的数据字节数。

③ 如果对等节点送过来的是其维护的完整 want-list，则更新 Ledger 的 want-list 列表，删除已经被标识为取消（Cancel）的 want-list 列表项。

④ 建立一个迭代器，遍历 want-list 中的每一项：如本节点没有对应的文件块且需回应 DONT_HAVE 信息，则把 DONT_HAVE 任务放入 peertask.Task 优先级队列。如果本节点拥有 CID 对应的文件块，则把文件块或 HAVE 任务放入该优先级消息队列。最后，将任务放入 Engine 的优先级队列，最终由 taskWorker 工作线程取出任务进一步处理。

3）处理本地节点的 want-list 请求回应。如果消息是自己发送的 want-block 和 want-have 的回应信息，则调用 receiveBlocksFrom 接口处理接收到的消息。

4）查询收到的消息是否在本地节点 SessionInterestManager 对象的 want-list 队列中，然后区分出 wanted 和 unwanted（unwanted 不是本节所请求的），把 wanted 的文件块存入本地节点的 blockstore。

5）通知会话对象更新 want-list 请求的状态。调用 bs.wm.ReceiveFrom 把接收消息中的 CID 发送到会话对象：

❑ 通知 BlockPresenceManager 对象记录 CID 请求在对等节点的 HAVE 和 DONT_HAVE 的情况。

❑ 通知会话管理器有消息到达，调用 sessionWantSender 对象接口处理 HAVE/DONT_HAVE 信息。取消（Cancel）已接收到文件块的 WANT 请求。

6）检查接收到的一组文件块是否是其他对等节点的 want-list 请求，如果是，则调用

bs.engine.ReceiveFrom(from, wanted, haves) 构建响应对等节点文件块请求的任务并将其加入任务优先级队列：

❑ 在 bs.engine.ReceiveFrom 接口中，从本地节点的 ledgerMap 找到所有需要这些文件块的对等节点，方法是检查 CID 是否在对等节点的 ledgerMap.wantlist 中，如果存在，则创建一个响应任务。

❑ 向 Engine 对象发送 Signal 使得 Engine.taskWorker 开始工作。

7）任务工作线程 Engine.taskWorker 收到 Signal 开始工作，迭代处理优先级队列的任务，组装响应消息：

❑ 从 e.peerRequestQueue 优先级队列取出任务，每次最多取出 16 个任务。循环处理 16 个 tash，区分响应消息的类型：BLOCK、HAVE 或 DONT_HAVE。如是 BLOCK 响应，则从 blockstore 取出 want-list 中对应的文件块。构造 Envelope 对象送到 outbox 通道。

❑ 如果 e.peerRequestQueue 中还有未处理的任务，则继续向任务工作线程 Engine.taskWorker 发送 Signal 信号处理剩余的任务。

8）在 worker.go 的 bitswap.taskWorker 从 Engine.outbox 通道获取到响应消息，发送至网络。在 worker 中启动 8 个 taskWorker 线程进行处理。

❑ 文件块被添加到 BitSwapMessage 对象，然后设置消息类型，将 HAVE/DONT_HAVE 响应信息添加到待发送的 BitSwapMessage 消息。

❑ 通知 Engine 消息已经发出，在本地账本 Ledger 中记录发送的字节数。把已发送的请求删除。消息被发送前需经过 Protobuf 编码。更新发送消息计数 bs.counters.blocksSent。

9）本地节点接收到一组文件块，如果节点是文件块数据提供者，则广播文件块对应的 CID 至网络，以便其他对等节点向本地节点请求这组文件块。

接受请求和接收块的流程图如图 8-11 所示。

8.3.5 对象

IPFS 使用 Merkle DAG 对象来存储数据。DAG 的节点对应一个数据块，数据块可以存储在本地节点文件系统，也可以把数据块的 CID 发布至 DHT 路由系统，以分发至其他的 IPFS 节点。对象被添加至 IPFS 节点前还可以被加密，只有私钥才可以解密这些数据，这保证了数据的隐私性。IPFS 还提供了对象锁定机制，使对象可以长期保存在本地节点而不会被节点数据清理机制删除。

1. Merkle DAG 节点

Merkle DAG 节点有三类：叶子节点、中间节点和根节点。叶子节点是没有子节点的节点，叶子节点的表现形式可以是 UnixFS、Raw 或 fileStore 类型。中间节点只能是 UnixFS 类型的节点。根节点实际上是中间节点，因为某个文件的根节点可能是其他文件的子节点。

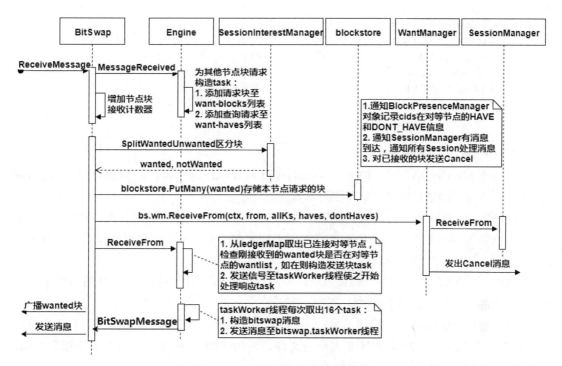

图 8-11　接受请求和接收块流程图

　　UnixFS 类型节点使用 UnixFS 规范表示文件系统对象。FileStore 类型节点是 IFPS 正在研发的文件存储类型，节点包含文件的路径（path）、文件大小（size）和文件偏移（offset）地址。这种类型的节点链接到文件系统中的文件在某个偏移地址开始大小为 size 的数据。它的主要作用是当向 IPFS 节点上传内容时，并不把实际文件内容添加到 IPFS 节点的 datastore 数据库中。例如，文件 test.txt 存储在 UNIX 系统的 /home 目录下，通过命令"ipfs filestore add -P test.txt"被添加到 IPFS，在 IPFS 的 datastore 中实际上不存储 test.txt 的数据，而仅仅存储 test.txt 文件对应的 Merkle DAG 节点。Raw 类型的节点仅仅包含文件实际内容或数据，没有任何格式，默认情况下，每个节点被分割为 256k 字节大小的数据。

　　构建 Merkle DAG 时并不直接使用上述三种类型的节点数据结构，而是使用如下两个数据对象进行包装：Link 和 ProtoNode。Link 表示节点之间的 Merkle DAG 链接，由父节点链接子节点，通过父节点中的 Link 可以找到子节点的内容。ProtoNode 表示 Merkle DAG 中的一个节点，该节点具有不透明的数据和一组可内容寻址的链接。Link 和 ProtoNode 的数据结构如下：

```
type Link struct {
    Name string                      //UTF8 对象名称
    Size uint64                      // 对象大小
    Cid cid.Cid                      // 目标对象的标识符 CID
}
```

```
type ProtoNode struct {
    links []*ipld.Link              //Link 链接
    data   []byte                   // 上述三种类型节点之一的数据
    encoded []byte                  // 缓存编码或序列化数据
    cached cid.Cid                  // 缓存编码或序列化数据的哈希
    builder cid.Builder             // 指定 CID 版本和哈希函数
}
```

2. Merkle DAG 的构建

在构建 Merkle DAG 时，IPFS 支持 balanced 和 trickle 两种类型的 Merkle DAG 的构建方式，以适应不同场景数据存储和访问的需要。

❏ balanced DAG。每个 DAG 节点到根节点的距离都是一样的，每个节点能拥有的子节点数量是有限制的，如果需要容纳更多的节点，那么需要增加树的深度，这种组织形式适用于随机访问数据。

❏ trickle DAG。类型的 Merkle DAG 中，非叶子节点先被数据填充，然后添加子树作为附加链接，适用于流媒体应用程序等。

如果使用 balanced 方式构建 DAG，中间节点的子节点个数在达到最大限制时才会把数据写入 DAGService。假设有 1GB 大小的文件，采用 256k 大小等分方法对文件切割分块，balanced 的 Merkle DAG 的构建流程如下。

1）切割文件的第一个 256k 大小的数据生成第一个叶子节点 Chunk1，接着生成中间节点 Root1，并生成 Root1 到 Chunk1 的链接 Link。继续切割第二个 256k 大小的数据生成叶子节点 Chunk2，并生成 Root1 到 Chunk2 的链接 Link。由于中间节点 Root1 已经达到其 Link 最大数据限制 2，叶子节点 Chunk1 和 Chunk2 数据被写入 DAGService。此时生成的 Merkle DAG 树的深度是 1，如图 8-12 所示。

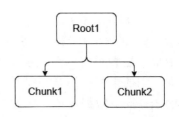

图 8-12　有两个叶子节点的根节点

2）增加第三个叶子节点 Chunk3。由于 Root1 已经达到最大 Link 限制数，不能继续添加节点，必须增加树的深度才能插入 Chunk3，生成新的中间节点 Root2，并生成 Root2 指向 Root1 的链接，此时 Merkle DAG 树的深度是 2，如图 8-13 所示。

3）从 Root2 开始，递归构建其子节点，首先构建 Merkle DAG 树的深度为 1 的中间节点 Node3，并添加 Root2 至 Node3 的 Link 链接，如图 8-14 所示。

4）如图 8-15 所示，向中间节点 Node3 添加叶子节点 Chunk3，生成 Node3 指向 Chunk3 的链接。Node3 的叶子节点未达到最大限制，Chunk3 不会被写入 DAGService。

5）如图 8-16 所示，向中间节点 Node3 添加叶子节点 Chunk4，同时生成 Node3 指向 Chunk4 的链接。当 Chunk4 构建成功并且 Node3 链接指向 Chunk4 时，Chunk3 和 Chunk4 的数据被写入 DAGService。

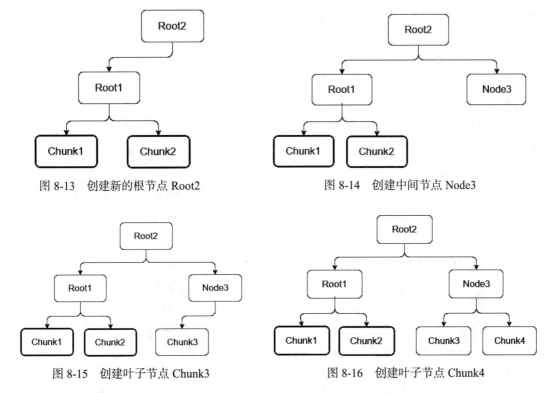

图 8-13 创建新的根节点 Root2　　　　　图 8-14 创建中间节点 Node3

图 8-15 创建叶子节点 Chunk3　　　　　图 8-16 创建叶子节点 Chunk4

6）如果继续添加 Chunk5，那么树的深度又增加一层，产生新的 Root3。循环以上步骤的递归构建 Merkle DAG，直到文件切割完毕，即没有新的文件块可以构建。此时就完成了文件整个 Merkle DAG 树的构建。

Trickle DAG 的构建与 balanced DAG 的构建流程不同，非叶子节点首先被数据叶子节点填充，然后添加子树作为附加链接。由于树的每一层都是 trickle 子树，并受到不断增加的最大深度的限制，因此节点的第一层只能容纳叶子节点（树深度为 1），但是后续的层可以增长得更深。默认情况下，该树每层放置 4 个节点，即在增加深度之前 4 个子树具有相同的最大深度。Trickle 非常适合按顺序读取数据，因为第一个叶子节点可以直接从根访问，下一个叶子节点总是在附近，它们适用于流媒体应用程序等。

3. 数据去重

数据去重是 IPFS 比较重要的一个特性，数据去重是指同样的副本在 IPFS 中只存在一个，在有大量重复数据的应用场景中特别有用，因其可以节省存储空间。考虑到这样一个场景，文件 A 和文件 B 开头的 256KB 大小的数据是一致的，那么把文件 A 和 B 先后添加到 IPFS 系统，添加 A 时构建 Merkle DAG 有 Chunk1、Chunk2 和 Root1 三个节点，在添加 B 至 IPFS 系统时，由于该文件的前 256KB 字节数据（即 Chunk2）已经存在于系统中，因此不会重新构建该叶子节点 Chunk2，而是创建其父节点 Root2 并创建由 Roo2 至 Chunk2

的链接，然后继续构建叶子节点 Chunk3，如图 8-17 所示。由此可见，重复的数据 Chunk2 不会被添加至 IPFS 系统中，在添加时会先全网查找文件内容的 CID 是否存在，如果存在则表示对应的数据已经被存储至 IPFS 系统。文件 *A* 和 *B* 在 IPFS 中的描述 Root1 和 Root2 是两个不同的 Merkle DAG 树，通过 Root1 或 Root2 可找到其内容并解析出原始文件内容。

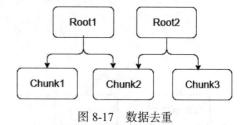

图 8-17　数据去重

4. Merkle DAG 路径

可以使用字符串路径 API 遍历 IPFS 对象，路径就像在 UNIX 的文件系统或在 Web 中呈现类似，称为 Merkle DAG 路径。IPFS 系统的 Merkle DAG 路径被解析后得到 IPFS 对象，Merkle DAG 解析过程是上述构建 Merkle DAG 的逆过程。例如，给定一个 IPFS 的路径：

```
/ipfs/QmdYMJzkpF46z4u6ntah21tH8Mkgqp3aXMg14kJVNfYs31/check/fast
```

IPFS 系统接收到这个路径请求的内容后，其解析路径的流程如下：

1）首先解析 QmdYMJzkpF46z4u6ntah21tH8Mkgqp3aXMg14kJVNfYs31 根节点。

2）然后查询 1）中的链接（Links），找到 check 的哈希并解析它。

3）最后查询 2）中的链接（Links），找到 fast 的哈希并解析它。

以上的解析过程，实际就是在 IPFS 系统中查找 CID 对应数据的过程。如果数据存储在本地节点（解析路径的节点），则从本地节点的 datastore 数据库中取出数据，否则通过 BitSwap 取得对应的数据内容下载至本地 IPFS 文件系统，最后呈现具体的内容给用户应用程序。

8.3.6　文件

IPFS 在 Merkle DAG 对象上对版本化的文件系统建模，版本化的建模方式类似于 Git 版本系统，其数据结构如下。

- 块：可变大小数据块（block）对象。该对象是可寻址的数据单元，用于存储用户的数据对象，内部没有链接。
- 列表：块或列集合 list 对象，存储由块组成的大型或去重文件。List 对象内部包含链接，因此适用于块链接列表或平衡树拓扑。
- 树：列表或树的集合 tree 对象，表示目录或哈希名称的映射。哈希可以链接到 block、list 或 tree 对象。
- 提交：树版本历史记录快照 commit 对象，类似于 Git 的 commit 对象。

1. 文件分割

通过 ipfs.add 命令添加到 IPFS 节点的文件，由 adder 模块按照一定的大小分割文件，然后再由 DAGService 构建 DAG。分割的方法有两种：

❏ 平均分割法，按块大小一致等分。平均分割法的优点是实现简单，缺点是数据变化后从数据变化位置开始，后面所有文件块的内容都需要重新分块，特别是数据重复较少时尤其明显。如有数据 ABCDEFGHI 按照平均分割法分割为 3 个块，分割结果为 ABC:DEF:GHI，现在在 D 和 E 之间添加数字 M，数据内容为 ABCDMEFGHI，这时分割结果为 ABC:DME:FGH:I。可以看出，从数据变化位置 M 以后的文件块都将变化。平均分割法块默认大小为 256k 字节。

❏ rabin 指纹分割法。Rabin 分割的参数形式为：min 表示文件块最小字节数，max 表示文件块最大字节数，ave 表示文件分割后所有块平均大小的理想状态。相较于平均分割法，这种方法在数据中插入新数据，对整体分块变化带来的影响可能更小。

IPFS 允许用户根据文件类型自定义分割函数，以适用于不同的应用场景，例如 Web 网站、文件和流媒体应用等。

2. 文件上传

文件或字节流按照一定的方式被添加到 IPFS 节点上。在添加文件或字节流到节点时，UnixfsAPI.Add() 是进入 UnixFS 的入口点，作用于需要添加至 IPFS 系统的输入数据或文件，然后构建 DAG 节点（实际上是由根节点表示的整个默克尔树）并将其添加到 blockstore 中。在该接口中，使用 Blockstore 对象和 DAGService 对象创建一个新 adder。

Adder.AddAllAndPin(files) 是实际处理文件 add 功能的入口，它首先由接口 adder.addFile 创建 DAG 节点并存入 MFS 文件系统，然后从 MFS 文件系统中取得文件 files 的 DAG 根节点，最后锁定所有文件块至 MFS 文件系统。其流程如下。

1）adder.addFile(file files.File) 获取输入的数据，将其转换为 DAG 树，并将树的根节点添加到 MFS 中。

① adder.add(io.Reader) 创建并返回 DAG 根节点 ipld.Node，该方法将输入数据 (io.Reader) 转换为 DAG 树，方法是使用分割器将数据分割成块并将它们组织成 DAG（采用 trickle 或 balanced 布局）。

② adder.addNode(ipld.Node, path) 将 DAG 根节点添加到 MFS。上面已经有 DAG 根节点，需要将它添加到 MFS 文件系统中。使用 mfsRoot() 获取 MFS 根，如果不存在的话则创建一个。MFS 根是一个临时根，仅为添加功能而创建和销毁。假设该目录已经存在于 MFS 文件系统（如果目录不存在，则使用 MFS.mkdir() 创建），DAG 根节点将由 MFS.PutNode() 函数添加到 MFS 文件系统。

❏ [MFS] PutNode(mfs.Root, path, ipld.Node) 将节点插入到给定路径的 MFS 中。函数的 path 参数用于确定 MFS 目录，该目录首先使用 lookupDir() 函数在 MFS 目录中查找，然后使用 Directory.addchild() 方法将 DAG 根节点 ipld.Node 添加到这个目录中。

❏ [MFS] 将节点添加到 UnixFS。

• directory.AddChild(filename, ipld.Node) 在给定的目录下添加 DAG 根节点。在这个方法中，使用 dserv.Add() 方法将节点添加到该目录的 DAGService 中，在

directory.addUnixFSChild () 中添加具有给定名称的 DAG 根节点。

- [MFS] directory.addUnixFSChild(child) 将子目录添加到 UnixFS 内部目录。使用 unixfsDir.addchild() 方法将节点作为子节点添加到 UnixFS 内部目录。
- [UnixFS] unixfsDir.AddChild(ctx, name, ipld.Node) 将子目录添加到 BasicDirectory，该对象使用的是 ProtoNode 类型对象，它是实现 ipld.Node 的接口。添加完目录后需要为其添加 Link 链接。Merkledag.AddNodeLink() 是一个在 ipld.MakeLink(ipld.Node) 方法使用 ipld.Node 节点的 CID 和块大小创建的 ipld.Link，然后 ProtoNode.addrawlink(name) 方法增加到 ProtoNode 的 ipld.Link。

2）由 adder.Finalize() 接口从 MFS 和 UnixFS 目录中获取并返回 DAG 树根节点 ipld.Node。

3）adder.PinRoot() 把文件块锁定在本地的 MFS 文件系统中。整个过程以 PinRoot 递归地将所有块固定在 MFS 根目录下结束。

文件或字节流添加至 IPFS 节点的存储在文件系统中即可下载。下载文件或字节流时，首先从本地节点的文件系统搜索，如果找到则直接下载，如果找不到则通过块交换模块从网络中查找。从块交换模块查找到数据后，首先将其存储在 IPFS 本地文件系统，再下载至 IPFS 应用的存储位置。因此，如果你的应用构建在 IPFS 节点之上，则下载数据时需要预留双倍的存储空间。

8.3.7 命名

IPFS 的名称系统是一个用于创建和更新指向 IPFS 内容的可变链接的系统。由于 IPFS 中的对象是内容寻址的，所以每当它们的内容发生变化时，内容的哈希值也会发生变化，从而使寻找变化的内容变得困难。命名系统默认由 IPNS 实现。IPNS 与一个记录相关联，该记录包含链接到哈希值的映射信息，该哈希值由相应的私钥签名。新记录可以随时被签署和发布。当查找 IPNS 地址时，可使用 /ipns/ 前缀，例如：

```
/ipns/QmSrPmbaUKA3ZodhzPWZnpFgcPMFWF4QsxXbkWfEptTBJd
```

IPNS 不是在 IPFS 上创建可变地址的唯一方法，还可以使用 DNSLink。它目前比 IPNS 快得多，并且使用了更多可读的名称。IPFS 社区的成员正在探索使用区块链来存储通用名称记录的方法。

在 IPFS 平台发布网站时，首先可以使用文件 API 发布静态网站，然后会得到一个可以链接到网站内容的 CID。但是当需要对网站内容进行更改时将获得一个新 CID，因为现在网站拥有不同的内容。在这种情况下，不可能总是给用户新 CID 使用户可持续访问该网站。通过 IPNS 可以创建一个单一的、稳定的 IPNS 链接地址，指向网站的最新版本的 CID。通过如下的代码可以发布新 CID：

```
const addr = '/ipfs/QmbezGequPwcsWo8UL4wDF6a8hYwM1hmbzYv2mnKkEWaUp'
```

```
ipfs.name.publish(addr, function (err, res) {
    console.log(`https://gateway.ipfs.io/ipns/${res.name}`)
})
```

通过这种方式，可以在相同的链接地址下重新发布网站的新版本 CID，因此用户可使用同样的链接访问网站。

8.4　IPFS 集群

IPFS 节点数据存储只有在经过持久化固定后，才不会被 IPFS 节点的清理服务给清理掉。然而，IPFS 协议主要专注于轻量级数据的查找和交换，即通过文件内容的 CID 能在拥有海量 IPFS 节点的平台中快速找到 CID 对应的内容。IPFS 并未对数据的安全性做过多考虑，用户在没有获得利益的情况下也不会主动存储和分发数据。FileCoin 在 IPFS 协议之上使用经济激励来鼓励节点存储数据，但在商业应用中需要在没有经济激励的情况下实现数据的多重备份和安全存储。IPFS Cluster 节点的出现解决了这一问题。

8.4.1　IPFS Cluster 节点架构

IPFS Cluster 节点组成的集群是一个 P2P 网络，每个节点存储的内容是数据块 CID，这些数据在节点之间有一致性共识。其主要功能是：

❑ 分布式存储和备份 IPFS 节点中内容的 CID 元数据。

❑ 锁定 CID 到多个 IPFS 节点，不因单点故障而导致数据丢失。

❑ 管理 IPFS Cluster 节点的加入和退出。

❑ 可作为 IPFS 轻量级节点，重定向 IPFS 命令到 IPFS 节点。

IPFS Cluster 通过把上传到 IPFS 平台上数据的 CID 固定在几个 IPFS 节点上的方式来实现。例如，用户 A 上传了文件 file-A 到 IPFS Cluster 节点，然后把文件 file-A 锁定到一个或多个 IPFS 节点。IPFS Cluster 节点有一个 IPFS 节点与之对应。IPFS 节点中存储数据的实际内容和 CID，IPFS Cluster 节点则仅存储文件的 CID，通过 HTTP 调用把 CID 对应的数据锁定在 IPFS 节点。数据的 CID 可能会存储在 IPFS Cluster 中的多个节点上，取决于 IPFS Cluster 的数据持久化配置策略。如图 8-18 所示，IPFS Cluster 节点由三个二进制文件组成。

❑ ipfs-cluster-service：IPFS Cluster 节点集群的对等节点使用配置文件并通过在磁盘上存储一些信息来运行 IPFS Cluster 节点的程序。

❑ ipfs-cluster-ctl：命令行客户端，用于与 IPFS Cluster 节点通信并执行诸如将文件块 CID 固定到 IPFS Cluster 的操作。

❑ ipfs-cluster-follow：运行一个 IPFS Cluster 集群跟随者对等节点。它可以作为 ipfs-cluster-service 的替代品，并在里面混合一些服务和操作特性。

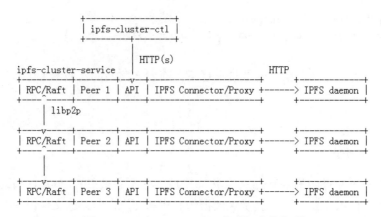

图 8-18　三个 IPFS Cluster 节点组成的集群

如图 8-19 所示，IPFS Cluster 对等节点的数据结构比较简单，节点由多个组件组成，组件之间通过 RPC 进行交互，总共有如下几个组件。

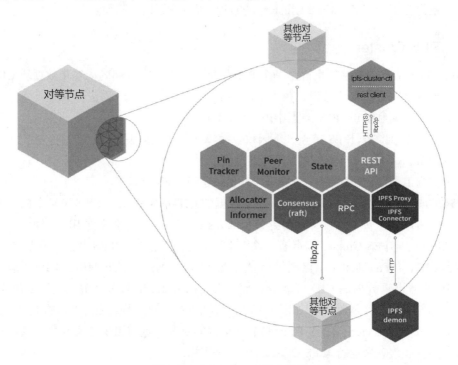

图 8-19　IPFS Cluster 节点架构

❑ Pin Tracker：跟踪分布式存储和备份在集群中 CID 的全局对象 Pinset，确保本地节点维护的 CID 已经被锁定到 IPFS 节点。

❑ Peer Monitor：监控 IPFS Cluster 节点的运行状态，使用开源软件 Prometheus 和 Grafana 软件进行可视化监控。

❑ State：IPFS Cluster 节点数据存储的 KV 数据库 LevelDB。

❑ Allocator：CID 在 IPFS Cluster 节点上分布式存储和管理的分配策略，由节点配置文件设置。

❑ Informer：节点之间消息通知机制，它检索 IPFS 节点数据库的状态，如总磁盘空间大小、可用磁盘空间大小等，并将其发送至其他节点。

❑ Consensus：节点 CID 数据一致性共识，使 CID 能够在多个节点上存储和共享。有 Raft 和 CRDT 两种实现方式。

❑ RPC：各个组件相互调用方法，IPFS Cluster 核心 API 数组是 RPC Server，其他模块是 RPC Client，模块之间的调用通过 RPC 实现。

❑ REST API：IPFS Cluster 节点支持的 RESTFUL API。

❑ IPFS Proxy：IPFS 节点的 HTTP 服务代理，重定向 IPFS 节点的调用请求至与 IPFS 节点。

❑ IPFS Connector：IPFS Cluster 节点与 IFPS 节点的连接通道，通过 HTTP POST 的方式调用 IPFS 接口实现通信。

IPFS Cluster 节点的初始化流程包括导入节点配置文件、解析启动命令、创建 IPFS Cluster 节点的各个组件和最终通过引导节点加入 IPFS Cluster 集群。节点的具体启动流程如下。

1）makeConfigs 导入 IPFS Cluster 节点的配置文件。

❑ 创建一个 Config Manager 对象处理配置文件的各个配置项。

❑ 获得各个组件默认配置文件，并注册到 Config Manager 对象。

❑ 返回 Config Manager 对象指针和各模块配置文件对象的指针。

2）parseBootstraps 解析节点的启动命令，并执行相应的操作。

3）LoadJSONFileAndEnv 导入本地节点的 JSON 文件并解析。

4）设置节点 Log 的打印等级 。

5）createCluster 创建一个 IPFS Cluster 节点并初始化其组件，包括：

❑ 启动 Metrics 指标测算组件和 Tracing 监控组件。

❑ 启动节点的 p2p Host，表示创建一个 p2p 节点。

❑ 启动 Peerstore Manager 导入曾经连接过的集群对等节点，并发起连接。

❑ 启动 REST API 组件。

❑ 启动与 IPFS 连接的 Connector 模块。

❑ 启动数据存储 State 服务。

❑ 启动数据一致性共识 Raft 或 CRDT 模块。

❑ 启动 Pinset 数据的 Pin Tracker 跟踪机制组件。

❑ 启动节点的监控机制组件。

❑ 启动 Allocater 和 Informer 组件。

6）启动 bootstrap 协程，通过往 IPFS Cluster 主线程发送 bootstrap 命令，由主线程执行 bootstrap 正式启动节点。

7）handleSignals 处理系统 Signal，监听节点退出等消息。

8.4.2 数据上传和数据安全

用户向 IPFS Cluster 节点上传文件与 IPFS 节点类似。在节点中，上传文件或字节流的模块称为 adder，参考 IPFS 的 adder 实现。不同的是，数据在被切割构建成 Merkel DAG 后，调用命令把文件块存储至 IPFS 文件系统，文件块不是存储在 IPFS Cluster 节点当中。为了便于理解，首先来了解 IPFS 和 IPFS Cluster 几个重要的命令。

❑ ipfs add：向 IPFS 节点添加数据。

❑ ipfs get：从 IPFS 节点获取数据。

❑ ipfs pin add：向 IPFS 节点锁定 CID 及其文件块。

❑ ipfs block put：向 IPFS 节点添加和锁定块。

❑ ipfs-cluster-ctl add：向 IPFS Cluster 上传文件。

❑ ipfs-cluster-ctl pin add：向 IPFS Cluster 集群上传 CID，最后调用 ipfs pin add 命令使与 IPFS Cluster 节点对应的 IPFS 节点锁定文件块。

用户向 IPFS Cluster 节点上传数据有两种方式可以选择，可以根据情况来选择不同的方式，具体如下。

❑ adder/local：文件在构建 Merkle DAG 后被固定在 IPFS Cluster 连接的 IPFS 节点。文件的 CID 经过 RAFT 或 CRDT 共识，根据 CID 分配策略存储至 IPFS Cluster 节点，再由该节点向 IPFS 节点发送"ipfs pin add"命令，最后 IPFS 节点主动从网络获取文件块并将其锁定在本地数据仓库。

❑ adder/shard：文件所有的块在构建 Merkle DAG 后按照分配策略，调用"ipfs block put"命令 HTTP POST 到指定的一个或多个 IPFS 节点，这组文件块被锁定在一个或多个 IPFS 本地节点。

CID 在 IPFS Cluster 节点中的存储方式是通过一个 Pin 对象来封装的，该对象对应一组管理它的节点，即由 IPFS Cluster 集群指定哪些节点来维护该 CID 并保证其对应文件块锁定在 IPFS 节点上。Pin 对象的数据结构如下：

```
type Pin struct {
    PinOptions                    // Pin 选项，由用户在上传文件时指定
    Cid cid.Cid                   // 文件块 CID
    Type PinType                  // Pin 的类型
    Allocations []peer.ID         // 维护 CID 的一组 IPFS Cluster 节点的 PeerID
    MaxDepth int                  // CID 关联的最大深度，-1 则递归存储所有子 CID
    Reference *cid.Cid            // 携带一个引用的 CID 到这个 Pin 对象
}
```

PinOptions 是用户向 IPFS Cluster 添加文件时指定的配置参数，参数主要指定了 CID 的分配策略，比如最多和最少存储 CID 的节点数。

```
type PinOptions struct {
    ReplicationFactorMin int          // 存储文件块最小 IPFS 节点数
    ReplicationFactorMax int          // 存储文件块最大 IPFS 节点数
    Name           string             // 自定义名称
    ShardSize      uint64             // Pin 存储一组 CID，该组 CID 大小
    UserAllocations    []string       // 指定 CID 存储在哪个 IPFS Cluster 节点
    Metadata    map[string]string     // 额外的携带数据
}
```

根据 CID 在 IFPS Cluster 上的存储方式来说明 CID 被存储至 IPFS Cluster 集群并最终锁定到 IPFS 节点的实现过程。

1）应用程序通过 restapiClient 发起 addFile 上传文件请求。

2）IPFS Cluster 的 restapiServer 接收请求执行 addHandler 函数，然后再调用 AddMultipart-HTTPHandler 接口进一步处理请求。

3）创建 output 通道和 dagService 对象，创建 buildOutput 线程用于返回数据上传进度的信息，并把 output 通道赋值给 adder。output 有两种类型：

❑ local：把上传进度保存在内存中，然后返回给应用程序。

❑ stream output：建立流传输反馈文件上传进度，在文件太大时需要使用这种方式，默认使用这种方式。

4）创建 adder 来执行操作，通过调用 FromMultipart 接口实现。首先创建一个读写器读取数据，再由 adder.FromFiles 执行 add 操作。

❑ 由 AddFile 接口构建 Merkle DAG，与 IPFS 节点的实现一致。

❑ adder.Finalize 从 MFS 和 UnixFS 目录中获取 DAG 树根节点。

❑ a.dgs.Finalize 处理文件块，把 CID 存储至 IPFS Cluster，把块锁定至指定的 IPFS 节点。

• putDAG() 创建 rpcClient，由 ipfshttp 代理发起 HTTP POST 请求把块锁定到 IPFS 节点，即调用 "ipfs block put" 命令发送块。

• dgs.sendOutput 把文件上传进度返回应用程序。

• adder.Pin 由 CID 构造一组 Pin 对象存储至集群。如果集群是 Raft 算法且当前节点不是 Leader 节点，则把 Pin 重定向至 Leader 节点。

• 最后，经过节点共识后的一组 Pin 对象写入 IPFS Cluster 数据库，同时通知 Pin Tracker 模块跟踪 Pin。

5）IPFS Cluster 节点 Pin Tracker 模块判断本地节点 PeerID 是否在 Pin 对象 Allocations 中，如果存在则该 CID 由本节点维护。然后向 IPFS 节点发送 "ipfs pin add" 请求，把 CID 及其数据块锁定至 IPFS 节点。如果不存在则不做任何操作。

6）IPFS 节点接收到 "ipfs pin add" 请求，从 IPFS 网络中查找 CID 对应的文件块锁定

至本地节点的文件系统。如果 CID 有子 CID，则递归锁定所有的子 CID。

下面举个例子来说明上述流程，以便直观地理解其数据处理过程。如图 8-20 所示，I_1、I_2 和 I_3 代表 IPFS 节点，C_1、C_2 和 C_3 代表 IPFS Cluster 节点。

文件 File1 被添加至节点 C_1，假设 CID 数据被分配至最多和最少两个 C 节点，即每个 CID 被锁定存储在最少两个、最多也是两个 IPFS 节点，其流程如下：

1）假设文件 File1 被切割成三个块及三个 CID，即 [cid1，cid2，cid3]，这三个块被添加到与 C_1 相连接的 I_1。

2）[cid1，cid2，cid3] 经过 Raft 或 CRDT 存储在 C_1、C_2 和 C_3 的数据库。

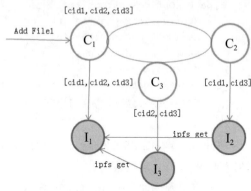

图 8-20　文件上传流程

3）C_2 和 C_3 节点的 Pin Tracker 模块检查 CID 对应的分配策略：C_2 负责管理 [cid1，cid3]，C_3 负责管理 [cid2，cid3]。C_2 和 C_3 分别调用"ipfs pin add"锁定对应 CID 的文件块到 I_2 和 I_3 节点。

4）I_2 和 I_3 分别接收 [cid1，cid3] 和 [cid2，cid3] 后，从网络中查找其对应的文件块，即调用"ipfs get"获取文件块并将其锁定至本地文件系统。

文件 File1 被锁定在至少两个 IPFS 节点中，如果其中一个 IPFS 节点宕机，则会触发重新锁定操作，把宕机的节点 Pin Tracker 模块维护的 CID 重新分配至集群的某一个节点，防止因单点故障导致数据无法访问，以保证数据安全。Pin Tracker 还会定期同步 IPFS Cluster 节点和 IPFS 节点维护的 CID 状态，如果 CID 在 Pin Tracker 模块，但 CID 对应的块不在与其连接的 IPFS 节点上，则重新向 IPFS 节点发送"ipfs pin add"请求，使得数据一直存储在 IFPS 节点上。

IPFS Cluster 节点还支持"ipfs-cluster-ctl pin add"命令，仅仅上传文件的 CID 至 IPFS Cluster 集群中。该过程与上传文件类似，把 CID 对应的数据存储和锁定至 IPFS 节点，但省略了把文件切割成块并构建 Merkle DAG 树的整个过程。当前该解决方案还不够完善，集群能够存储的数据量也有限，实际应用于生产时需要对集群方案进行改造，比如同时运行多个集群并实现负载均衡和数据互通。

第 9 章　Chapter 9

开发环境搭建

开发环境搭建包括 Quorum 平台环境搭建和 IPFS 平台环境搭建，下面将分别介绍这两个平台的搭建方式。

9.1　Quorum 平台搭建

本节讲述如何搭建 Quorum 平台，下载、编译和搭建 Quorum 联盟链都以 Ubuntu 系统作为操作环境，涉及的所有命令均是 Ubuntu 系统的命令，如果使用其他系统，则稍微有些不同。

9.1.1　搭建流程

我们知道 Quorum 是基于以太坊开发的一套联盟链平台，其搭建过程类似于以太坊的搭建：生成创世区块配置文件，生成节点公私钥对，创建静态接入的节点列表，并初始化和启动 Quorum 节点。搭建流程如下。

1）下载 Quorum 源码并编译，按照如下顺序在命令行上执行命令：

```
$   git clone https://github.com/jpmorganchase/quorum.git
$   cd quorum
$   make all
$   export PATH=$(pwd)/build/bin:$PATH
```

2）生成创世区块配置文件 genesis.json，初始化 Quorum 节点的网络配置。该文件的内容及其说明如下：

```json
{
    "alloc": {
        "515013fc6b198d8ed0d8115d1b601ab50f1a491d": {
            "balance": "1000000000000000000000000000"
        },
        "f2105f1e13effd8af89c74d5eaac61699c794915": {
            "balance": "2000000000000000000000000000"
        }
    },
    "coinbase": "0x0000000000000000000000000000000000000000",
    "config": {
    "homesteadBlock": 0,
    "byzantiumBlock": 0,
    "chainId": 10,
    "eip150Block": 0,
    "eip155Block": 0,
    "eip150Hash": "0x0000000000000000000000000000000000000000000000000000000000000000",
    "eip158Block": 0,
    "isQuorum": true
    },
    "difficulty": "0x0",
    "extraData": "0x0000000000000000000000000000000000000000000000000000000000000000",
    "gasLimit": "0xE0000000",
    "mixhash": "0x00000000000000000000000000000000000000647572616c6578736564 6c6578",
    "nonce": "0x0",
    "parentHash": "0x0000000000000000000000000000000000000000000000000000000000000000",
    "timestamp": "0x00"
}
```

genesis.json 各个字段的内容说明如下。

❑ alloc：预分配 balance 的地址及分配数量，以太坊是 18 位小数，其 ETH 数量分别是 1 000 000 000 和 2 000 000 000。

❑ coinbase：矿工地址，接收区块奖励或交易手续费的地址。

❑ config：区块链的核心配置，这些配置存储在创世区块中。任何网络，通过创世区块都可以有自己的一组网络配置选项。

❑ homesteadBlock：如果设为 0，则是 Homestead 版本，否则为空。

❑ byzantiumBlock：如果设为 0，则是 Byzantium 版本，否则为空。

❑ chainId：网络或链的唯一标识符。

❑ eip150Block：如果设置为 0，则为 EIP150 的硬分叉区块。

❑ eip155Block：如果设置为 0，则为 EIP155 的硬分叉区块。

❑ eip158Block：如果设置为 0，则为 EIP158 的硬分叉区块。

❑ isQuorum：如果设置为 true，则是企业以太坊 Quorum。

❑ difficulty：创世区块难度值，Quorum 设置为 0。

❑ extraData：创世区块的额外数据字段，设置为 0。

❑ gasLimit：该链上任何区块所能支持的最大 Gas 量。

❑ mixhash：与 nonce 一起使用的随机值，防止其他节点因为拥有相同的 genesis.json 文件而意外地连接到你的链上。

❑ nonce：mixhash 和 nonce 一起使用，以确定区块是否被正确地挖出。

❑ parentHash：父区块哈希值。

❑ timestamp：创建区块时 Unix time() 函数的输出。

3）创建第一个 Quorum 节点，在这里使用的共识算法是 Raft，其他共识算法的启动方式不一样。启动节点包括如下几个步骤。

① 创建第一个 Quorum 节点的数据和配置文件存储目录。

```
$ mkdir fromscratch
$ cd fromscratch
$ mkdir node1
```

② 创建本节点的 coinbase 账户，输入密码后会在其目录下生成 keystore 文件（请一定记住此密码，后续会用）。该命令如下：

```
$ geth --datadir node1 account new
```

③ 把 genesis.json 文件拷贝至节点的 node1 目录下。

④ 创建节点的私钥：

```
$ bootnode --genkey=nodekey
$ cp nodekey node1/
```

⑤ 生成节点唯一标识符，即节点 ID。

```
$ bootnode --nodekey=node1/nodekey --writeaddress > node1/enode
$ cat node1/enode
```

⑥ 创建 static-nodes.json，设置 Quorum 初始连接节点列表。

```
["enode://2da9de84a28658b03330a9f174036a56779145aa7a52768434bae5aa0f2d242cb6b705
ffb13e1440030fe37999a1d4a9146bafbf1e7a6761574807dd44193761@127.0.0.1:21000?discport=
0&raftport=50000" ]
```

⑦ 初始化第一个 Quorum 节点并创建 node1 目录。

```
$ geth --datadir node1 init genesis.json
```

⑧ 编辑 startnode1.sh 节点以启动脚本，其内容如下：

```
#!/bin/bash
```

```
     PRIVATE_CONFIG=ignore nohup geth --datadir node1 --nodiscover --verbosity 5
--networkid 31337 --raft --raftport 50000 --rpc --rpcaddr 0.0.0.0 --rpcport 22000
--rpcapi
     admin,db,eth,debug,miner,net,shh,txpool,personal,web3,quorum,raft --emitcheckpoints
--port 21000 >> node.log 2>&1 &
```

⑨ 执行脚本，启动 Quorum 第一个节点。

```
$   chmod +x startnode1.sh
$   ./startnode1.sh
```

⑩ 第一个 Quorum 节点启动完毕，如下命令登录节点交互命令行：

```
$   geth attach node1/geth.ipc
```

4）创建第二个 Quorum 节点，与第一个节点的创建不一样。

① 创建 Quorum 节点的数据和配置文件存储目录，创建 coinbase 账户，生成节点密钥和节点 ID：

```
$   cd fromscratch
$   mkdir node2
$   geth --datadir node2 account new
$   bootnode --genkey=nodekey2
$   cp nodekey2 node2/nodekey
$   bootnode --nodekey=node2/nodekey --writeaddress
```

② 把前面生成的 genesis.json 文件拷贝至节点 node2 目录下。

③ 创建 static-nodes.json，设置 Quorum 初始连接节点列表。此时有两个 Quorum 节点的 enode 信息：

```
     ["enode://2da9de84a28658b03330a9f174036a56779145aa7a52768434bae5aa0f2d242cb6b705
ffb13e1440030fe37999a1d4a9146bafbf1e7a6761574807dd44193761@127.0.0.1:21000?discport=
0&raftport=50000",
     "enode://80e50cd67ab18f6dd77cea4f77b218b1469b55dfc4148b88460f0e1e3df5a70f
b7c20dee80dbe72ca177daccfa3c3b9a55df597548ae4f3555a646b1e58cb171@127.0.0.1:21-
001?discport=0&raftport=50001"]
```

④ 初始化节点。

```
$   geth --datadir node2 init genesis.json
```

⑤ 使用如下命令登录第一个 Quorum 节点的命令行，在命令行界面中输入 raft.addPeer 命令把该节点加入 Raft 集群中，然后用 raft.cluster 命令查看执行结果，最后输入 exit 命令退出。具体如下：

```
$   geth attach node1/geth.ipc
>raft.addPeer('enode://80e50cd67ab18f6dd77cea4f77b218b1469b55dfc4148b8846
0f0e1e3df5a70fb7c20dee80dbe72ca177daccfa3c3b9a55df597548ae4f3555a646b1e58cb171-
@127.0.0.1:21001?discport=0&raftport=50001')
```

```
> raft.cluster
> exit
```

⑥ 编辑节点以启动脚本 startnode2.sh，其内容如下：

```
#!/bin/bash
PRIVATE_CONFIG=ignore nohup geth --datadir node2 --nodiscover --verbosity 5
--networkid 31337 --raft --raftport 50001 --rpc --rpcaddr 0.0.0.0 --rpcport 22001
--rpcapi
    admin,db,eth,debug,miner,net,shh,txpool,personal,web3,quorum,raft --emitcheckpoints
--port 21001 >> node2.log 2>&1 &
```

⑦ 启动第二个 Quorum 节点。

```
$  chmod +x startnode2.sh
$  ./startnode2.sh
```

至此，两个 Quorum 节点的联盟链平台已经搭建完毕，我们可以在平台上发布智能合约并执行转账交易等操作。如果需要创建第三个甚至更多的节点，则可按照与创建第二个节点相同的操作步骤，仅需对步骤③和步骤⑤的内容稍做修改。

9.1.2 Quorum 的 Tessera 平台搭建

Tessera 启动流程可从源代码编译，或者下载已经编译好的 tessera.jar 包来执行。下面分别说明如何安装和启动 Tessera 节点，具体流程如下。

1）在 Ubuntu 上安装 Java 包。Tessera 0.10.3 及以上版本需要对应的安装包 JDK/JRE 11 及以上版本，Tessera 0.10.2 及以下版本需要 JDK/JRE 8。

2）下载和安装 Tessera 包。

下载 Tessera 的 jar 包，下载地址是：https://github.com/jpmorganchase/tessera/releases。也可从源码编译，下载源码后在根目录使用 mvn install 命令编译，下载命令为：

```
$  git clone https://github.com/jpmorganchase/tessera
```

把 jar 包拷贝到 fromscratch 目录，然后重新命名为 tessera.jar：

```
$  cp tessera-app-0.10.4-app.jar  /fromscratch
$  mv tessera-app-0.10.4-app.jar tessera.jar
```

3）创建第一个 Tessera 节点。
生成密钥对，命令如下：

```
$  mkdir node1t
$  cd node1t
```

使用如下命令生成公私钥对，在弹出提示框时直接按下回车键，不输入任何密码：

```
$  java -jar ../tessera.jar -keygen -filename node1
```

该命令执行完之后，会在 node1t 目录下生成 Tessera 节点的公钥和私钥：node1.pub 和 node1.key。这两个文件特别重要，后续在用 Truffle 部署智能合约时将会用到。

使用新生成的密钥创建新的配置文件 config.json，其内容如下：

```json
{
    "useWhiteList": false,
    "jdbc": {
        "username": "sa",
        "password": "",
        "url": "jdbc:h2:/opt/gopath/src/github.com/quorum/fromscratch/node1t/
db1;MODE=Oracle;TRACE_LEVEL_SYSTEM_OUT=0",
        "autoCreateTables": true
    },
    "serverConfigs":[
        {
            "app":"ThirdParty",
            "enabled": true,
            "serverAddress": "http://localhost:9081",
            "communicationType" : "REST"
        },
        {
            "app":"Q2T",
            "enabled": true,
            "serverAddress":"unix:/opt/gopath/src/github.com/quorum/fromscratch/
node1t/tm.ipc",
            "communicationType" : "REST"
        },
        {
            "app":"P2P",
            "enabled": true,
            "serverAddress":"http://localhost:9001",
            "sslConfig": {
                "tls": "OFF"
            },
            "communicationType" : "REST"
        }
    ],
    "peer": [
        {
            "url": "http://localhost:9001"
        },
        {
            "url": "http://localhost:9003"
        }
    ],
    "keys": {
        "passwords": [],
        "keyData": [
            {
                "privateKeyPath": "/opt/gopath/src/github.com/quorum/fromscratch/
```

```
node1t/node1.key",
                      "publicKeyPath": "/opt/gopath/src/github.com/quorum/fromscratch/
node1t/node1.pub"
                  }
              ]
          },
          "alwaysSendTo": []
      }
```

启动第一个 Tessera 节点：

```
$  java -jar ../tessera.jar -configfile config.json >> tessera.log 2>&1 &
```

4）创建第二个 Tessera 节点。
生成节点密钥对，命令如下：

```
$  mkdir node2t
$  cd node2t
```

使用如下命令生成公私钥对，切记在弹出提示框时直接按回车键，不输入任何密码，命令如下：

```
$  java -jar ../tessera.jar -keygen -filename node2
```

该命令执行完之后，会在 node2t 目录下生成 Tessera 节点的公钥和私钥两个文件：node2.pub 和 node2.key。这两个文件特别重要，后续在用 Truffle 部署智能合约时将会用到。
使用新生成的密钥创建新的配置文件 config.json，其内容如下：

```
{
    "useWhiteList": false,
    "jdbc": {
        "username": "sa",
        "password": "",
        "url": "jdbc:h2:/opt/gopath/src/github.com/quorum/fromscratch/node2t/
db1;MODE=Oracle;TRACE_LEVEL_SYSTEM_OUT=0",
        "autoCreateTables": true
    },
    "serverConfigs":[
        {
            "app":"ThirdParty",
            "enabled": true,
            "serverAddress": "http://localhost:9083",
            "communicationType" : "REST"
        },
        {
            "app":"Q2T",
            "enabled": true,
            "serverAddress":"unix:/opt/gopath/src/github.com/quorum/fromscratch/
node2t/tm.ipc",
```

```
            "communicationType" : "REST"
        },
        {
            "app":"P2P",
            "enabled": true,
            "serverAddress":"http://localhost:9003",
            "sslConfig": {
                "tls": "OFF"
            },
            "communicationType" : "REST"
        }
    ],
    "peer": [
        {
            "url": "http://localhost:9001"
        },
        {
            "url": "http://localhost:9003"
        }
    ],
    "keys": {
        "passwords": [],
        "keyData": [
            {
                "privateKeyPath": "/opt/gopath/src/github.com/quorum/fromscratch/
node2t/node2.key",
                "publicKeyPath": "/opt/gopath/src/github.com/quorum/fromscratch/
node2t/node2.pub"
            }
        ]
    },
    "alwaysSendTo": []
}
```

启动第二个 Tessera 节点，命令如下：

```
$   java -jar ../tessera.jar -configfile config.json >> tessera.log 2>&1 &
```

5）设置 Quorum 节点启动选项并重新启动节点。

首先启动第一个节点。编辑前面 9.1.1 节中第一个节点的 startnode1.sh 文件，在启动命令下加入如下选项（其他节点的启动文件同理）：

```
PRIVATE_CONFIG=/opt/gopath/src/github.com/quorum/fromscratch/node1t/tm.ipc
```

然后启动该节点：

```
$   ./startnode1.sh
```

启动第二个节点。编辑 9.1.1 节中启动第二个节点的 startnode2.sh 文件，在启动命令下加入如下选项：

```
PRIVATE_CONFIG=/opt/gopath/src/github.com/quorum/fromscratch/node2t/tm.ipc
```

然后启动该节点：

```
$ ./startnode2.sh
```

至此，Quorum 和 Tessera 节点环境成功启动。Quorum 节点成功启动后，我们就可以部署私有智能合约并发起私有交易了。

9.1.3 Quorum 的 Docker 平台搭建

本节讲述如何通过 Docker 来搭建 Quorum 平台，使用这种搭建方式的优势之一就是快速和方便，有利于在开发过程中提高开发速度。

1）Docker 环境搭建。

首先安装 docker-compose。通过如下 curl 命令下载和安装其至 /usr/local/bin/docker-compose 目录，然后设置执行权限，最后查看其版本。

```
$ sudo curl -L https://github.com/docker/compose/releases/download/1.17.1/
docker-compose-`uname -s`-`uname -m` -o /usr/local/bin/docker-compose
$ sudo chmod +x /usr/local/bin/docker-compose
$ docker-compose --version
```

安装和启动 Docker。

```
$ curl -fsSL get.docker.com -o get-docker.sh
$ sudo sh get-docker.sh
$ service docker start
```

设置 Docker 用户和组。我的虚拟机的用户是 sam，设置其为 Docker 用户，方法如下：

```
$ sudo usermod -aG docker sam
$ sudo systemctl restart docker
```

切换到 root 用户，再切回 sam 用户才生效，即执行如下两行命令：

```
$ sudo su
$ exit
```

2）下载 Quorum 启动 7 个节点的例子，然后使用 docker-compose up 启动即可。Docker image 可以从源码编译，也可以自动从网络下载已编译好的镜像。

启动 Docker 服务的命令如下：

```
$ git clone https://github.com/jpmorganchase/quorum-examples
$ cd quorum-examples
$ docker-compose up -d
```

如果要用 Raft 算法，启动时可加上 QUORUM_CONSENSUS=raft 选项，启动命令如下：

```
$ QUORUM_CONSENSUS=raft docker-compose up -d
```

3）查看 Docker 服务是否启动，命令如下：

```
$ docker ps
```

4）如要停止运行 Docker 服务，可使用如下命令：

```
$ docker-compose down
```

如果你的机器内存 / 性能不足，在使用 Raft 共识算法的情况下可以只启动 3 个节点，此时需要修改相应的配置文件。

9.1.4　Truffle 与智能合约

Truffle 是一款以太坊智能合约集成开发环境和部署框架，使用它可以方便地编译和部署以太坊智能合约。下面先简单地说明 Truffle 的操作流程，如果想了解更多 Truffle 的使用方法，请参考官方文档。

1）安装 Truffle。使用如下命令安装：

```
$ npm install -g truffle
```

2）创建项目。使用如下命令创建一个无智能合约的 Truffle 项目，如果使用了 --force 选项，则无论当前目录状态如何均会重写所有文件。

```
$ truffle init
```

这个命令完成之后，Truffle 项目的目录结构如下：
- ❏ contracts/：智能合约目录
- ❏ migrations/：部署脚本目录
- ❏ test/：智能合约和应用测试目录
- ❏ truffle-config.js：Truffle 的配置文件

3）编译合约。用如下命令编译 Truffle 项目，第一次编译根目录下的所有文件，并生成 build 目录及其编译结果。如果后续编译所有的文件，则加上 --all 选项。在智能合约中可导入其他的智能合约，例如 import "./contract.sol" 指导入该智能合约及其相关的所有合约文件。

```
$ truffle compile
```

4）运行合约。用如下命令部署智能合约至 Quorum 网络。如果你的 migrate 以前成功运行过，那么 truffle migrate 将从上一次运行的 migrate 开始执行，即只运行新创建的 migrate，而不会运行旧的 migrate。如果没有新的 migrate 存在，则 truffle migrate 不会执行任何操作。

```
$ truffle migrate
```

我们以 Quorum 运行 7 个 Docker 节点作为智能合约运行平台为例，来讲述如何使用

Truffle。后续的开发也是使用同样的平台。

1）搭建 Quorum 运行平台。

下载 quorum-examples 源码。

```
$  git clone https://github.com/jpmorganchase/quorum-examples
```

更改文件配置。只需要启动有 3 个 Quorum 和 3 个 Tessera 节点的网络，更改的文件在 examples/7nodes 目录下的配置文件中。

启动 Quorum 平台节点，命令如下：

```
$  QUORUM_CONSENSUS=raft docker-compose up -d
```

如果要停止执行，则输入如下命令：

```
$  docker-compose down
```

2）创建智能合约项目。

建立项目目录并初始化。

```
$  cd workspace
$  mkdir myproject
$  cd myproject
```

初始化一个 Truffle 项目。

```
$  truffle init
```

编写 SimpleStorage.sol 文件，将其保存在 contracts/ 目录下。

```
pragma solidity ^0.4.17;
contract SimpleStorage {
    uint public storedData;
    constructor(uint initVal) public {
        storedData = initVal;
    }
    function set(uint x) public {
        storedData = x;
    }
    function get() view public returns (uint retVal) {
        return storedData;
    }
}
```

3）编辑 Truffle 与 Quorum 的连接文件——truffle-config.js 文件，使其可连接至 Quorum 节点。我们更改了 Truffle 通常连接的端口（Quorum 将其更改为 22000）。可以通过本地端口访问虚拟机中运行的节点，因此通过 127.0.0.1 和 22000 进行连接就可以了。文件内容如下：

```
module.exports = {
```

```
networks: {
    n1: {
        host: "127.0.0.1",
        port: 22000,              // 对应以太坊的 8545 端口
        network_id: "*",          // 匹配任何网络 ID
        gasPrice: 0,              //Quorum 的 gasPrice 被设置为 0
        gas: 4500000,
        type: "quorum"           //Truffle 支持 Quorum
    },
    n2: {
        host: "127.0.0.1",
        port: 22001,              // 第二个节点端口
        network_id: "*",
        gasPrice: 0,
        gas: 4500000,
        type: "quorum"
    },
    n3: {
        host: "127.0.0.1",
        port: 22002,              // 第三个节点端口
        network_id: "*",
        gasPrice: 0,
        gas: 4500000,
        type: "quorum"
    }
  }
};
```

4）新增 migrations/ 目录下的 2_deploy_simplestorage.js，内容如下：

```
var SimpleStorage = artifacts.require("SimpleStorage");
module.exports = function(deployer) {deployer.deploy(SimpleStorage, 42,
{privateFor: ["1iTZde/ndBHvzhcl7V68x44Vx7 pl8nwx9LqnM/AfJUg="]})};
```

deployer.deploy 的第一个参数是智能合约名称，第二个参数是在智能合约中初始化的参数值 42，第三个参数 privateFor 是一个添加到 Quorum 中的额外交易参数，它指定正在进行的交易（在本例中是智能合约部署）是特定账户的私有交易，由给定的 Tessera 公钥标识。对于这个交易，我们选择的公钥表示节点 3 对应 Tessera 公钥，获取公钥的方法是进入 Tessera 节点 node3 的 Docker 容器，然后找到其公钥 tm.pub 文件，步骤如下：

① 进入 Docker。

```
$ docker exec -it quorum-examples_txmanager3_1 /bin/sh
```

② 进入 Tessera 数据目录。

```
$ cd /qdata/tm
```

③ 查看公钥并记录下来。

```
$  vi tm.pub
```

④ 填充公钥至 privateFor 参数。

5）编译、部署和测试智能合约。由于我们之前将 Truffle 配置为连接到节点 1，因此该交易将从节点 1 部署一个智能合约，使节点 1 和节点 3 之间的交易成为私有的智能合约，节点 2 没有权限执行该智能合约。

编译合约：

```
$  truffle compile
```

发布合约：

```
$  truffle migrate --network n1
```

进入节点控制台，查看合约部署情况。

- 首先，进入 node1 的节点控制台，即输入命令：

```
$  truffle console --network n1
```

在节点控制台命令行界面，输入如下命令：

```
$  SimpleStorage.deployed().then(function(instance) { return instance.get();
})
```

得到如下的结果：

```
{ [String: '42'] s: 1, e: 1, c: [ 42 ] }
```

- 其次，进入 node2 的节点控制台：

```
$  truffle console --network n2
```

在节点控制台命令行界面，输入如下命令：

```
$  SimpleStorage.deployed().then(function(instance) { return instance.get();
})
```

得到如下的结果，表明该节点无法访问智能合约获取数据：

```
{ [String: '0'] s: 1, e: 0, c: [ 0 ] }
```

- 最后，进入 node3 的节点控制台，即输入命令：

```
$  truffle console --network n3
```

在节点控制台命令行界面，输入如下命令：

```
$  SimpleStorage.deployed().then(function(instance) { return instance.get();
})
```

得到如下的结果：

```
{ [String: '42'] s: 1, e: 1, c: [ 42 ] }
```

6）修改智能合约状态变量的值。

进入节点 node1，输入如下命令修改合约状态变量值：

```
$ truffle console --network n1
```

修改智能合约状态变量的值：

```
$ SimpleStorage.deployed().then(function(instance) { instance.set(65,
{privateFor: ["ROAZBWtSacxXQrOe3FGAqJDyJjFePR5ce4TSIzmJ0Bc="]});})
```

查询修改后的状态变量的值。在节点控制台命令行输入如下命令：

```
$ SimpleStorage.deployed().then(function(instance) { return instance.get(); })
```

得到如下结果，这说明该值已经被修改：

```
{ [String: '65'] s: 1, e: 1, c: [ 65 ] }
```

以上，我们简单地讲述了 Quorum 如何发布私有智能合约，关于这些例子，在 Quorum 或 Truffle 官网可以找到详细的说明，读者可做进一步研究。

9.2　IPFS 平台搭建

本节搭建 IPFS 平台，下载、编译和搭建 IPFS 私有网络都以 Ubuntu 系统作为操作环境，涉及的所有命令均是 Ubuntu 系统的命令，如果使用其他系统，则稍微有些不同。

9.2.1　IPFS 和 IPFS Cluster 的安装

目前主流的 IPFS 和 IPFS Cluster 软件版本是 go-ipfs 和 ipfs-cluster（仅支持 Go 语言版本），我们先来看看 Go 语言版本的软件编译和安装过程。

1）Go 语言编译环境搭建。

IPFS 的构建过程需要 Go 语言达到 1.12 或更高的版本。你需要将 Go 的 bin 目录添加到你的 $PATH 环境变量中，例如，将下面这些行添加到 /etc/profile 或 $HOME/.profile（用于系统范围的安装）：

```
$ export PATH=$PATH:/usr/local/go/bin
$ export PATH=$PATH:$GOPATH/bin
```

2）下载和编译 IPFS。

下载 go-ipfs 版本的 IPFS。

```
$ git clone https://github.com/ipfs/go-ipfs.git
```

编译 go-ipfs 版本的 IPFS。

```
$  cd go-ipfs
$  make install
```

3）启动 IPFS。使用如下命令启动，启动后在系统命令行上使用其相关命令即可与其交互。

```
$  ipfs init
$  ipfs daemon
```

上面初始化并启动了 IPFS 节点，其存储文件的磁盘目录默认在 ~/.ipfs/ 下，进入该目录即可看到 IPFS 节点的实例。接下来，我们为 IPFS 节点启动一个管理的 IPFS Cluster 节点，其流程如下。

1）下载源码并编译 ipfs-cluster。安装软件依赖包时，要确保能科学上网。

从 GitHub 下载源代码。

```
$  git clone https://github.com/ipfs/ipfs-cluster.git
```

环境变量 GO111MODULE 开启或关闭模块支持，如开启，则 Go 会忽略 GOPATH 和 vendor 文件夹，只根据 go.mod 下载依赖包。

```
$  export GO111MODULE=on
```

下载 IPFS 的 gx 包管理器（关于 gx 的内容，用户可自行上网查询）。

```
$  go get -u -v github.com/whyrusleeping/gx
$  go get -u -v github.com/whyrusleeping/gx-go
```

安装 ipfs-cluster 相关的依赖包。

```
$  gx install --global
$  gx-go rw
```

安装 ipfs-cluster-service daemon 服务和 ipfs-cluster-ctl 交互客户端。

```
$  cd ipfs-cluster
$  go install ./cmd/ipfs-cluster-service
$  go install ./cmd/ipfs-cluster-ctl
```

2）启动 IPFS Cluster。使用如下命令启动，IPFS Cluster 节点依赖于 IPFS 节点，因此只有 ipfs daemon 启动成功后，IPFS Cluster 节点才会成功启动。

```
$  ipfs-cluster-service init
$  ipfs-cluster-service daemon
```

上面初始化并启动了 IPFS Cluster 节点，其存储文件的磁盘目录默认在 .ipfs-cluster/ 下，进入该目录即可看到 IPFS Cluster 节点的实例。我们可以使用 ipfs-cluster-ctl 这个 RPC 客户端与 ipfs-cluster-service daemon 交互。

为了使 IPFS 的应用场景更广泛，IPFS 社区的开发团队研发了不同语言版本的 IPFS，例如浏览器应用或者 electron 应用等，直接在你的应用中嵌入 IPFS 客户端是一个更好的选择。编译 js-ipfs 版本的步骤如下。

1）node 环境安装。

下载 node 的安装包。

```
$   https://nodejs.org/en/download
```

安装 node，如安装 v10.16.0 的命令如下：

```
$   VERSION=v10.16.0
$   DISTRO=linux-x64
$   sudo mkdir -p /usr/local/lib/nodejs
$   sudo tar -xvf node-$VERSION-$DISTRO.tar.xz -C /usr/local/lib/nodejs
```

设置 node 使用的 PATH，编辑 /home/sam/.profile 文件，在文件中加入如下内容：

```
VERSION=v10.16.0
DISTRO=linux-x64
export PATH=/usr/local/lib/nodejs/node-$VERSION-$DISTRO/bin:$PATH
```

执行如下命令使 PATH 设置生效：

```
$   source ~/.profile
```

设置 npm 的软链接。

```
$   sudo ln -s /usr/local/lib/nodejs/node-$VERSION-$DISTRO/bin/node /usr/bin/node
$   sudo ln -s /usr/local/lib/nodejs/node-$VERSION-$DISTRO/bin/npm /usr/bin/npm
$   sudo ln -s /usr/local/lib/nodejs/node-$VERSION-$DISTRO/bin/npx /usr/bin/npx
```

安装 node-gyp 构建自动化工具。

```
$   sudo npm install -g node-gyp
```

出现无权限提示时输入如下命令：

```
$   sudo chown -R $(whoami) $(npm config get prefix)/{lib/node_modules,bin,share}
```

2）js-ipfs 软件安装。

下载 js-ipfs 源码。

```
$   git clone https://github.com/ipfs/js-ipfs.git
```

安装 js-ipfs。

```
$   cd js-ipfs
$   npm install
```

3）开启 WebSocket 监听端口。

js-ipfs 是连接到 go-ipfs 的版本，因为 js-ipfs 是不支持长连接 socket 的，因此必须使用 WebSocket 方式连接到其他的 IPFS 节点。在 ~/.ipfs/config 文件 Swarm 中添加 "/ip4/
0.0.0.0/tcp/4003/ws"，可自行指定端口号。

4）启动 js-ipfs 软件和你的应用程序。

创建一个 js 文件，名称是 ipfs-run.js，内容如下：

```
const IPFS = require('ipfs')
const node = new IPFS()
node.on('ready', async () => {
        const version = await node.version()
        console.log('Version:', version.version)
        const filesAdded = await node.add({
        path: ‹Hello.txt›,
        content: Buffer.from('Hello World 10001!')
        })
        console.log('Added file:', filesAdded[0].path, filesAdded[0].hash)
        const fileBuffer = await node.cat(filesAdded[0].hash)
        console.log('Added file contents:', fileBuffer.toString())
    })
```

运行如下命令启动你的 node 应用程序，此时会启动 js-ipfs 实例，向其添加文件 hello.
txt，获取文件内容并打印出来。

```
$ node ipfs-run.js
```

在本节搭建的 IPFS 节点是加入 IPFS 公网的节点，向本地节点添加内容，那么在公网
上其他节点是可以获取这些内容的。

9.2.2 IPFS 私有网络的搭建

9.2.1 节讲述搭建 IPFS 节点时，使用 IPFS 公网的一些节点作为引导节点，此时搭建的
节点是加入 IPFS 公网的。由于商业需要，我们要拥有自己的私有 IPFS 数据存储平台，因
此可搭建一套 IPFS 私有网络。

搭建 IPFS 私有网络时需要使用一个共同的密钥，称为 swarm.key，该文件默认存储在
IPFS 文件目录（默认目录是 ~/.ipfs）的根目录下。IPFS 节点启动时会检测对等 IPFS 节点的
swarm.key，只有在其内容相同的情况下才会相互建立连接，否则连接失败。搭建 IPFS 私
有网络的步骤如下。

1）生成私有网络的共享密钥文件 swarm.key。

首先，下载 swarm.key 生成工具，使用如下命令：

```
$ go get -u github.com/Kubuxu/go-ipfs-swarm-key-gen/ipfs-swarm-key-gen
```

其次，在 IPFS 的数据和配置存储目录中生成 swarm.key，默认情况下是 ~/.ipfs 目录，
可以通过 IPFS_PATH 设置 IPFS 的默认存储路径。

```
$ ipfs-swarm-key-gen > ~/.ipfs/swarm.key
```

查看 swarm.key 文件的内容，如下：

```
/key/swarm/psk/1.0.0/
/base16/
8e35b9bade5aa7fde8b3784631326f725aaf99bbadcdec9093ce01447ff24ba0
```

IPFS 私有网络的所有节点必须都要有 swarm.key 文件且其内容一致，否则 IPFS 节点相互连接失败。因此，需拷贝该文件到 IPFS 私有网络的其他节点的同样文件目录下。

2）启动私有网络的第一个 IPFS 节点，并删除 IPFS 配置文件中的引导节点。

使用如下命令初始化 IPFS 节点。

```
$ ipfs init
```

把上述 swarm.key 拷贝到 IPFS 节点根目录 (默认是 ~/.ipfs)。

编辑 IPFS 配置文件 (~/.ipfs/config)，删除"Bootstrap"字段中的所有项。默认情况下，IPFS 配置文件设置的引导节点是 IPFS 公网指定的 13 个引导节点。

使用如下命令启动该 IPFS 节点。

```
$ ipfs daemon
```

3）启动私有网络的第二个 IPFS 节点。

使用如下命令初始化第二个 IPFS 节点。

```
$ ipfs init
```

把上述 swarm.key 拷贝到 IFPS 节点根目录（默认是 ~/.ipfs）。编辑 IPFS 配置文件（~/.ipfs/config），删除"Bootstrap"字段中的所有项（与第一个节点涉及的做法相同）。

设置本地 IPFS 节点的引导节点为第一个 IPFS 节点。

- 首先，使用如下命令查询第一个 IPFS 节点的信息（注意，是在步骤 2 的 Ubuntu 系统命令行上执行此命令）。

  ```
  $ ipfs id
  ```
  得出的结果是：

  ```
  "/ip4/192.168.211.128/tcp/4001/ipfs/QmaBWfhZViRpfX7rMcDaqq5vVRYnFoNnEVsD6Rz
  Gxv4Rxy"
  ```

- 其次，向第二个 IPFS 节点的 config 配置文件添加引导节点：

  ```
  $ ipfs bootstrap add /ip4/192.168.211.128/tcp/4001/ipfs/QmaBWfhZViRpfX7rMc
  Daqq5vVRYnFoNnEVsD6RzGxv4Rxy
  ```

- 最后，使用如下命令启动 IPFS 节点：

  ```
  $ ipfs daemon
  ```

- 再使用如下命令查看 IPFS 私有网络的对等节点：

```
$ ipfs swarm peers
```

至此，由两个 IPFS 节点组成的私有网络已经搭建完毕。如需搭建更多的 IPFS 节点，按照步骤 3 增加节点即可。

我们搭建了由两个 IFPS 节点组成的私有网络之后，继续在这两个节点上搭建 IPFS Cluster，以保证数据安全。在上述的 IPFS 私有网络上搭建 IPFS Cluster 时，设置 IPFS 节点与 IPFS Cluster 节点是一一对应关系。如果没有设置，那么 IPFS Cluster 将不会成功启动。

4）生成 IPFS Cluster 密钥。这里采用随机方法来生成密钥：

```
$ export CLUSTER_SECRET=$(od -vN 32 -An -tx1 /dev/urandom | tr -d ' \n')
```

例如，生成的密钥如下：

```
20b3a6ef2f502aa6cc767e3e9c256763c3e43ddfeaa8f9a833cfc21546562f80
```

也可以使用 ipfs-key 生成密钥。运行时它将把序列化私钥的字节写到 stdout，默认情况下将生成一个 2048 位的 RSA 密钥。在这种情况下，可以通过指定 -bitsize 选项来更改密钥大小。通过指定 type 选项（RSA 或 Ed25519）来更改密钥类型。这种密钥生成方法如下：

```
$ go get github.com/whyrusleeping/ipfs-key
$ ipfs-key | base64 -w 0
$ ipfs-key -bitsize=4096 > my-rsa4096.key
$ ipfs-key -type=ed25519 > my-ed.key
```

5）启动第一个 IPFS Cluster 节点（与第一个 IPFS 节点对应）。首先设置节点密钥，然后初始化节点文件目录，最后启动节点。

首先，设置密钥。

```
$ export CLUSTER_SECRET=20b3a6ef2f502aa6cc767e3e9c256763c3e43ddfeaa8f9a833cfc21546562f80
```

其次，初始化节点。

```
$ ipfs-cluster-service init
```

最后，启动节点。

```
$ ipfs-cluster-service daemon
```

打开 ~/.ipfs-cluster/service.json 文件（IPFS Cluster-service 节点的配置文件），可以看到 ipfs_connector 和 ipfsproxy 字段被设置连接至本地节点的 IPFS daemon：

```
"node_multiaddress": "/ip4/127.0.0.1/tcp/5001"
```

6）启动第二个 IPFS Cluster-service 节点，使用 --bootstrap 选项设置其引导节点为第一个 IPFS Cluster 节点。

首先，设置密钥。

```
$  export CLUSTER_SECRET=20b3a6ef2f502aa6cc767e3e9c256763c3e43ddfeaa8f9a833cfc21
546562f80
```

其次，初始化节点。

```
$  ipfs-cluster-service init
```

再次，使用如下命令查找第一个 IPFS Cluster 节点的地址。

```
$  ipfs-cluster-ctl id
```

命令的输出部分结果是：

```
/ip4/192.168.211.128/tcp/9096/p2p/12D3KooWHqLGiNXUanEZKV8mdiw5eZwp4ggaQTjrfEbk12
X2aJiR
```

最后，使用 --bootstrap 选项启动节点。

```
$  ipfs-cluster-service daemon --bootstrap /ip4/192.168.211.128/tcp/9096/p2p/12D
3KooWHqLGiNXUanEZKV8mdiw5eZwp4ggaQTjrfEbk12X2aJiR
```

由两个 IPFS 节点和两个 IPFS Cluster 节点组成的 IPFS 私有网络已经组建完毕，如需搭建更多的节点，可按照步骤 6 增加 IPFS Cluster 节点。

9.2.3 IPFS 私有网络的交互

前面完成了 IPFS 私有网络的搭建，本节讲述如何与私有网络交互。在讲述使用私有网络上传和下载文件之前，我们来看看 IPFS Cluster 节点的配置文件 service.json 是如何设置文件 CID 对应的 Pinset 计划分配策略的。

打开 ~/.ipfs-cluster/service.json 文件的内容，可以看到如下字段：

```
"cluster": {
...
"replication_factor_min": -1,
"replication_factor_max": -1,
...
},
```

replication_factor_min 和 replication_factor_max 被分别设置为 −1，代表每一个 IPFS Cluster 节点都存储 CID 对应的 Pin 对象。假设我们搭建了有 7 个 IPFS 节点的私有网络，分别将上述两个字段设置如下：

```
"replication_factor_min": 2,
"replication_factor_max": 3,
```

此时向私有网络上传文件，CID 对应的 Pin 对象会被最少有两个 IPFS Cluster 节点、最多有 3 个 IPFS Cluster 节点的 Pin Tracker 模块维护，并把对应的 CID 固定到其连接的 IPFS 节点中。在第一个 IPFS 节点所在的系统上编辑一个 test.txt 文件，向文件添加"Hello world!"内容，使用如下命令将其上传至 IPFS 节点：

```
$ ipfs-cluster-ctl add test.txt
```

命令行上输出如下信息，代表文件已经上传成功，此时 test 文件同时存在于私有网络的两个 IPFS 节点上：

```
$ added QmXgBq2xJKMqVo8jZdziyudNmnbiwjbpAycy5RbfDBoJRM test.txt
```

当然，也可以使用 ipfs 的命令上传文件，区别在于采用这种方法上传的文件只存在于第一个 IPFS 节点上：

```
$ ipfs add test.txt
```

也可以使用如下命令把文件块 CID 上传到 IPFS Cluster 节点：

```
$ ipfs-cluster-ctl pin add QmXgBq2xJKMqVo8jZdziyudNmnbiwjbpAycy5RbfDBoJRM
```

向 IPFS Cluster 节点上传文件，等价于，用 ipfs add 命令向 IPFS 节点上传文件，再使用 ipfs-cluster-ctl pin add 命令向 IPFS Cluster 节点上传文件的根 CID。我们在第二个 IFPS 节点上使用 get 命令下载 test.txt 文件：

```
$ ipfs get QmXgBq2xJKMqVo8jZdziyudNmnbiwjbpAycy5RbfDBoJRM
```

在目录下可看到 QmXgBq2xJKMqVo8jZdziyudNmnbiwjbpAycy5RbfDBoJRM 命名的文件，打开文件看到其内容是"Hello world!"。

9.2.4 IPFS Docker 平台的搭建

IFPS 平台搭建包括 IPFS 节点和 IPFS Cluster 节点的搭建，为了便于开发，我们使用 Docker 来搭建，Docker 的 IPFS 创建和使用流程如下。

1）Docker 环境搭建。

安装 docker-compose。通过命令下载并安装其至 /usr/local/bin/docker-compose 目录，然后设置执行权限，最后查看其版本。

```
$ sudo curl -L https://github.com/docker/compose/releases/download/1.17.1/
docker-compose-`uname -s`-`uname -m` -o /usr/local/bin/docker-compose sudo chmod +x
/usr/local/bin/docker-compose
$ docker-compose --version
```

安装和启动 Docker。

```
$ curl -fsSL get.docker.com -o get-docker.sh
```

```
$   sudo sh get-docker.sh
$   service docker start
```

设置 Docker 用户和组。我的虚拟机的用户是 sam，设置其为 Docker 用户，方法如下：

```
$   sudo usermod -aG docker sam
$   sudo systemctl restart docker
```

然后切换到 root 用户，再切回 sam 用户才生效。执行如下命令：

```
$   sudo su
$   exit
```

2）编译 IPFS 和 IPFS Cluster 的 Docker 镜像。

下载源码。

```
git clone https://github.com/ipfs/ipfs-cluster.git
git clone https://github.com/ipfs/go-ipfs.git
```

编译 IPFS 的 Docker 镜像。

```
$   cd go-ipfs
$   docker build . -t ipfs
```

编译 IPFS Cluster 的 Docker 镜像。

```
$   cd ipfs-cluster
$   docker build . -t ipfs-cluster
```

3）搭建 Docker 服务。

在当前系统中设置 IPFS Cluster 密钥环境变量，每一个 IPFS Cluster 节点使用同样的密钥。

```
$   export CLUSTER_SECRET=$(od  -vN 32 -An -tx1 /dev/urandom | tr -d '\n')
```

或者手动设置一个已经生成的密钥：

```
$   export CLUSTER_SECRET=20b3a6ef2f502aa6cc767e3e9c256763c3e43ddfeaa8f9a833cfc21
546562f80
```

编辑 ipfs-cluster 源码目录下的 docker-compose.yml，更改宿主机的数据存储目录 ~/data/ipfs{x} 和 ~/data/cluster{x}，其中 x 为 0、1、2。

在 docker-compose.yml 文件中编辑的内容为：

```
volumes:
- ~/data/ipfs0:/data/ipfs
volumes:
- ~/data/cluster0:/data/ipfs-cluster
```

设置 IPFS 和 IPFS Cluster 宿主机的数据卷存储目录，作为 Docker 数据持久化存储目录。

```
$  mkdir ~/data/ipfs{x}   // 其中 x 为 0、1、2。
$  mkdir ~/data/cluster{x}
```

使用如下命令启动 Docker。

```
$  cd ipfs-cluster
$  docker-compose up &
```

4）将上面启动的 Docker ipfs 连接到 IPFS 公网，因此设置集群为私有网络。

首先，获取 swarm.key 文件。

```
$  go get -u github.com/Kubuxu/go-ipfs-swarm-key-gen/ipfs-swarm-key-gen
$  ipfs-swarm-key-gen > swarm.key
```

其次，把 swarm.key 拷贝到 Docker 映射到宿主机的文件夹目录下：

```
$  cp swarm.key ~/data/ipfs0
$  cp swarm.key ~/data/ipfs1
$  cp swarm.key ~/data/ipfs2
```

再次，删除 IPFS 节点的公网节点，设置私有网络 ipfs0 为启动节点。在 /home/sam/ data/ipfs{x} 目录下编辑 config 文件，使 ipfs1 和 ipfs2 的 bootstrap 节点为 ipfs0 节点。例如，编辑 ~/data/ipfs1/config 文件中的 "Bootstrap" 字段，在中括号中删除所有的公网节点地址，并加入 ipfs0 节点的地址：

```
"/ip4/172.21.0.2/tcp/4001/ipfs/QmQEhAaXGLMZRSCBhQuoH57fFxV1Yf7git5YPWFkj9Kqri"
```

同理，在 ~/data/ipfs2/config 文件中添加如下内容：

```
"/ip4/172.21.0.2/tcp/4001/ipfs/QmQEhAaXGLMZRSCBhQuoH57fFxV1Yf7git5YPWFkj9Kqri"
```

需要说明的是，上述 Bootstrap 节点是使用 Docker 命令得出的，例如 ipfs0 节点可由如下命令获得：

```
$  docker exec ipfs0 ipfs id
```

最后，重启所有的 Docker：

```
$  docker restart $(docker ps -a)
```

至此，IPFS 的 Docker 平台已经搭建完毕。

第10章

一款电子票据的实现

10.1 需求

　　A 公司是做大宗石油交易的供应商，从中东购买石油，由邮轮运输至美国后再卖给中间商，每次邮轮都会在海上漂泊一个月甚至更长的时间。为了节省运输成本并提高效率，每次装运石油量要尽可能大，然而这也带来了新的问题，大量石油耗尽了 A 公司的现金流，而交易回款太慢，每次卖掉石油后的收益要么支付新购买的石油费用，要么支付运费，这让 A 公司一直缺少现金流，难以拓展更多业务或者没有好的方法应对资金链可能出现的风险。

　　我们可以用融资来解决上述问题。假设 A 公司有一宗运输中的石油（1000 万加仑，即 3785.412 升），A 公司找到专门的融资公司 B，以折价的方式转让其所有权或收益权至公司 B，然后得到 B 公司提供的资金，B 公司再发行基金，吸引 C 或 D 来购买该基金以共享收益，进而收回款项。其操作流程如下：

　　1）该笔石油经资信评估机构授予融资公司评估 1000 万加仑石油的价值（折价）是一亿美元。

　　2）资信评估机构授予融资 B 公司和该笔原油的所有者 A 公司订立合同，A 获得一亿美元，资信评估机构授予融资公司 B 获得原油所有权。

　　3）B 发布一亿美元基金。

　　4）B 经营项目，吸引众多投资者购买基金，从而筹集资金。

　　5）投资者 C 用美元购买 10 000 基金，B 支付给 C 一张面值 10 000 的电子票据，该电子票据即其拥有的原油收益权的万分之一的权益证明，原油买卖所得的万分之一收益归投资者 C 所有。

10.2　实现方案

根据需求，结合区块链技术，可行的解决方案是 Quorum 和 IPFS 混合方案。Quorum 的私有智能合约和私有数据保护能够满足可信交易、交易隐私、质押发行和不可篡改的需求；IPFS 则是实现有效合同文件、法律条文及辅助证明文件的可信和分布式的存储。

10.2.1　IPFS 方案

IPFS 主要解决的是个人身份证明有效文件、法律合同文件、法律条文及其辅助信息的安全可信的存储。这里主要举例说明如何实现 IPFS 的文件上传和存储，不提供如何解决身份证明、合同文件有效性的检查方案。由于有效合同文件可能是高清图片、扫描件，甚至可能是存储在 IPFS 集群上的视频，极端情况下只有签订合同的双方才能够访问这些信息，其他非交易参与者不可见。例如，交易双方参与者 C 与参与者 D 订立了一个合约，参与者 C 的合约文件（身份证明、合同和其他证据）上传至私有 IPFS 平台。如果参与者 D 质疑参与者 C 的合约文件，则参与者 C 再次上传合约文件至 IPFS 平台，得到合同文件 CID，与上传至 Quorum 平台的文件 CID 比对，如果相等，则说明是同一份文件，即交易是有效的。

我们搭建 3 个节点的 IPFS+IPFS Cluster 平台，即 6 个节点组成的 IPFS 私有网络。应用程序与 IPFS 平台交互上传或者下载文件或数据，有两种方案可以与 IPFS 平台交互。

❑ 方案一：在应用中嵌入一个 IPFS 节点，该节点加入 IPFS 私有网络。

❑ 方案二：在应用中嵌入一个 IPFS Cluster 节点，该节点通过 HTTP 与 IPFS 节点交互。

首先来分析方案一。该方案的优点是上传和下载速度快，缺点是消耗带宽和磁盘存储空间。消耗带宽是因为 IPFS 是类似于 BitTorent 的 P2P 网络，它是数据消耗者同时也是数据上传者，其与其他节点频繁地交换数据也会消耗带宽。消耗存储空间是指上传和下载文件都需要是 IPFS 节点的文件系统中存储一份，然后再由应用下载。1GB 文件的上传或下载，需要 2GB 的磁盘存储空间。

如图 10-1 所示，C_1、C_2 和 C_3 节点是 IPFS Cluster 节点，它们之间是相互连接的。C 节点分别对应 I_1、I_2 和 I_3 这 3 个 IPFS 节点。假设 CID 被锁定在所有 IPFS 节点上，应用上传文件的大致流程如下：

1）应用程序上传文件至 I_4 节点，文件上传完成后获得文件根 CID。

2）应用程序向 C_2 发送根 CID，C_2 向 C_1 和 C_3 分发 CID（虚箭头）。

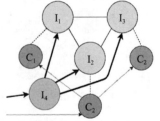

图 10-1　IPFS 方案一：文件上传

3）C_1、C_2 和 C_3 向 I_1、I_2 和 I_3 通过 HTTP 发送 ipfs pin add cid 命令。

4）I_1、I_2 和 I_3 收到锁定块命令，发出 WANT 请求查找 CID 对应的数据提供者，然后从 I_4 获取数据至本地文件系统（黑色粗箭头）。如果该 CID 有子 CID，则递归地获取所有子块数据。

5）文件成功存储在 3 个 IPFS 节点上，应用程序提示用户文件上传成功。

如图 10-2 所示，如果应用程序使用方案一从 IPFS 系统获取某一个文件的内容，假设文件的根哈希值为 cid1，其数据下载流程如下：

1）应用程序向 I_4 节点下载文件，参数是文件根 cid1。

2）I_4 查找本地的 datastore 是否有 cid1 对应的块。如果有返回块至应用程序，则下载结束；如果无，则向其他 IPFS 节点发送 WANT 请求（虚箭头）。

3）I_2 响应 WANT 请求，并发送数据块至 I_4。如果 cid1 有子 CID，递归地获取所有的子块（黑色粗箭头）。

4）应用程序从 I_4 下载文件。

接下来分析方案二。该方案的优点是不需要消耗大量磁盘空间和大量网络带宽，缺点是上传和下载文件使用 HTTP 方式，速度相对较慢，而且 C_4 如何选择与其连接的 IPFS 节点（负载均衡）也是一个问题。

如图 10-3 所示，C_4 与其他的 C 节点是相互连接的，假设数据都存储在所有的 IPFS 上，上传文件的流程如下：

1）应用程序上传文件至 C_4 节点。

2）C_4 节点把文件切割成 256k 的数据块，构建 DAG 树，并向 I_2 节点发送数据块（黑色粗箭头）。

3）C_4 向节点 C_1、C_2 和 C_3 广播 DAG 树根节点 CID（虚箭头），然后由 C_1、C_2 和 C_3 向 I_1、I_2 和 I_3 发送 ipfs pin add cid 命令锁定数据块。

4）I_1 和 I_3 发出 WANT 请求查找 CID 的数据提供者并从 I_2 获取数据块（灰色粗箭头）。由于 I_2 已经拥有数据，因此不需要发出 WANT 请求。

5）文件成功存储在 3 个 IPFS 节点上，应用程序提示用户文件上传成功。

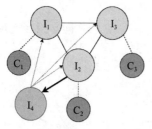

图 10-2　IPFS 方案一：文件下载

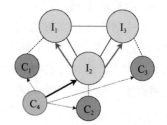

图 10-3　IPFS 方案二：文件上传

如果应用程序使用方案二从 IPFS 系统获取某一个文件的内容，假设文件的根哈希值为

cid1，如图 10-4 所示，下载流程如下：

1）应用程序由 C_4 向 I_2 节点发出获取文件 cid1 请求。

2）I_2 查找本地 datastore 是否有 cid1 对应的块，如有则返回应用程序，下载结束；如无则向其他 I 节点发送 WANT 请求（虚箭头）。

3）I_3 响应请求（它是 cid_1 数据提供者），然后 I_2 从 I_3 获取数据块。

4）I_2 通过 HTTP 方式发送数据块至 C_4，应用程序的文件下载完成。

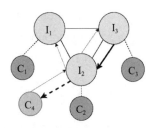

图 10-4　方案二：文件下载

由于应用程序对文件上传和下载速度有要求，因此采用方案一。方案一的 I_4 节点使用 js-ipfs，其他节点则使用 go-ipfs。Js-ipfs 可以嵌入到 electron-vue 或者 webpack 之类的 Web 应用程序中。Go-ipfs 是更稳定的软件版本，适合搭建在云端的服务器中作为数据持久化存储节点。Js-ipfs 和 go-ipfs 两个软件版本的 IPFS 节点是能够互通的，请求和响应在不同语言版本的节点之间无差别。

10.2.2　Quorum 方案

Quorum 的智能合约和私有数据保护能够满足可信交易、交易隐私、权益转让和不可篡改。可信交易、交易隐私和不可篡改使用 Quorum 的私有智能合约来实现，而权益转让则简单地使用 ERC20 代币公开发行来实现。ERC20 Token 无锁仓功能，锁仓功能由 DAPP 来实现。采用半去中心化开发模式以保持一定的可控制性。本节使用由 3 个 Quorum 节点和 3 个 Tessera 节点搭建的区块链平台作为例子。如 IBFT 共识算法，则节点数是 $3F+1$ 个（F 是 $1 \sim N$ 范围内的整数）。

私有智能合约可指定部署的 Quorum 参与者节点，在发布私有智能合约前由 Remix 或者 Truffle 编译成合约字节码，然后部署至 Quorum 网络。假设当前平台有 Q_1、Q_2 和 Q_3 三个 Quorum 节点，以及 T_1、T_2 和 T_3 三个 Tessera 节点。Q_1 是智能合约发起者，智能合约参与者是 Q_1 和 Q_3。Q_1 发起私有智能合约交易 S，S 的部署流程（如图 10-5 所示）如下：

1）Q_1 使用 privateFor 参数来指定 S 的参与者 T_3（与 Q_3 对应）发起交易。

2）交易 S 的智能合约字节码被存储至 Q_1 对应的 T_1 节点，然后 T_1 通过 HTTPS 发送合约字节码至 T_3 节点。

3）智能合约字节码存储在 T_1 和 T_3 后，T_1 返回智能合约字节码的哈希值 H 至 Q_1。

4）Q_1 根据 H 构造新交易 S'，S' 交易的 To 字段为空，data 字段为 H，签名并广播交易。S' 交易被 Q_1 节点打包进区块 B，B 区块在网络中广播。

5）Q_2 和 Q_3 接受区块 B 并执行区块 B 的交易 S'。执行有如下两种情况：

❏ 非智能合约交易的参与者。S' 交易并非执行失败而是执行成功，意味着该交易将会被打包进区块，更新 publicStateDB 的交易收据树以证明该交易在区块链上。

❑ 智能合约交易的参与者。节点的以太坊虚拟机从对应的 T 节点取出并执行智能合约字节码的初始化代码，把智能合约部署至节点的私有状态数据库 privateStateDB，并更新 publicStateDB 的交易收据树以证明该交易在区块链上。

6）所有 Quorum 节点成功执行交易 S'，私有智能合约被成功部署至区块链。

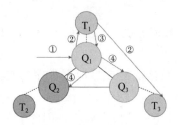

图 10-5　私有智能合约部署

私有智能合约只部署在 Q₁ 和 Q₃ 节点的 T₁ 和 T₃ 上，不会部署在 Q₂ 节点的 T₂ 上。但 Q₂ 也知道发生了一笔交易，只是不清楚交易的具体内容，因为其执行的交易只是包含了合约字节码的哈希值的 S'，不会部署实际的智能合约。

调用私有智能合约函数的交易与部署类似。在 Q 节点执行交易时，从 T 节点取得智能合约字节码，根据智能合约调用参数找到对应的函数字节码在 EVM 中执行。非参与节点无法获取智能合约可执行字节码，交易不会被执行但也不会返回执行错误，智能合约调用交易在所有节点成功执行后，交易被包含在区块中，然后更新 publicStateDB 存储交易日志。参与者节点真正地执行交易并更新私有数据 privateStateDB 的账户和存储树，同时更新 publicStateDB。

普通智能合约与私有智能合约的部署和调用是不一样的，普通交易内容不需要存储在 T 节点上且交易是所有 Q 节点可见的。普通智能合约与在以太坊上的智能合约一样被部署和调用，这些智能合约的地址及相关信息可以通过公共的区块浏览器查看，智能合约的交易记录也是公开的。

10.2.3　整体方案

在同一个 Q 节点上，如果私有交易数据携带额外数据（如高清身份信息图片、视频证据、通话记录）且交易并发量大，由于交易数据发送至多个 T 节点时是顺序执行的，则单 Q 节点处理交易的性能会受到影响。如交易数据携带的额外数据先被上传至 IPFS，然后从 IPFS 得到数据的哈希值，再由哈希值构建并提交交易送往 Q 节点集群，达成数据共识，显然是更好的选择。

如图 10-6 所示，在底层的 IPFS 和 Quorum 混合平台的基础上，使用 js-ipfs 节点加入 IPFS 和 IPFS Cluster 组成的数据存储集群，然后在由 3 个 Q 节点和 3 个 T 节点组成的区块链上部署智能合约实现通证发行和电子票据智能合约。最上层的是去中心化应用 DAPP，实现文件的上传和下载、通证转账交易，以及电子票据的发行 / 购买 / 回收等功能。

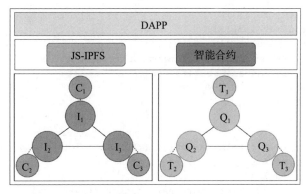

图 10-6　整体方案

10.3　代码实现

根据前面提到的需求，*B* 公司发行一亿美元基金，然后经营项目以吸引众多投资者购买基金，从而 *B* 公司也筹集到资金。一亿美元基金相应地发行一亿个通证（称为 CPT）。假设 CPT 的分配方案是：80% 的 CPT 属于 *A* 公司，20% 属于 *B* 公司的研发和经验费用。*B* 公司负责 CPT 发行，发行之后，*A* 公司的账户地址有 80% 的 CPT，*B* 公司的账户地址有属于其奖励的 20% 的 CPT。

B 公司发行 CPT，筹集资金。投资者 *C* 用美元购买价值 10 000 美元的基金，相当于 *B* 公司支付给投资者 *C* 10 000 个 CPT，以及提供一张面值为 10 000 美元的电子单据。由于在智能合约中没有锁仓功能，因此在客户购买 CPT 后，实际上只给客户发了一张对应面值的电子票据，而不会往客户的账户地址转账 CPT。在约定的锁仓到期后，才会给投资者转 CPT，并收回电子票据。投资者拿到 CPT 后可以提现，也可以将其换成其他的虚拟货币，或者在二级市场上交易流通。上面提到，投资者 *C* 购买 CPT 后，将得到发行者 *B* 提供的一张面值为 10 000 美元的电子单据，该单据即其拥有 10 000 个 CPT 的权益证明。电子票据中包含投资者与发行者签定的合同文件证明（实际文件根 CID 的哈希值）。

我们可以用 Docker 来搭建开发的环境，然后用 Truffle 把智能合约发布到平台上。如果要发布 CPT 通证，记得将 privateFor 字段设置为空。合同文件则发布到 IPFS 私有平台上，之后通过默克尔树路径可以访问文件内容。

10.3.1　IPFS 客户端

应用程序使用 js-ipfs 版本来加入上述 IPFS 集群，其加入方法有些不同，需要在代码中指定 swarm.key，同时由于可能要在 webpack 或 electron 应用上使用，js-ipfs 与其他 IPFS 节点的交互是使用 WebSocket 来完成的。在 electron-vue 应用程序中嵌入 js-ipfs 的代码如下：

```
const fs = require('fs');
const IPFS = require('ipfs');
const Protector = require('libp2p-pnet')
const swarmKey= Buffer.from("/key/swarm/psk/1.0.0/\n/base16/\n0fe584eeb20ef328a3
780eb76e94772228e9550cb21d4bae4a6bf74f35afe436")
const options = {
    EXPERIMENTAL: {
        pubsub: true
        },
        repo: ‹ipfs-› + Math.random(), //ipfs repo directory name
            libp2p: {
                modules: {
                    connProtector: new Protector(swarmKey)   //construct private
network
                }
            },
        config: {
            Bootstrap: ['/ip4/172.21.0.2/tcp/4003/ws/ipfs/QmXiEyhtWevtgmiqCM6RFY
XTn1gesikUUDCSntD8nM1M9X']
        }
}
const ipfs = new IPFS(options)
```

注意，js-ipfs 连接到其他节点时使用 WebSocket 连接，因此 go-ipfs 节点一定要打开 WEBsocket 监听端口，否则连接会失败。

10.3.2　智能合约

通证智能合约中 CPT 初始发行量为一亿，小数位（decimal）是 2，价值最低为 1 分。合约发布后 A 公司账户地址有 80% 的 CPT，项目发行方 B 公司账户地址有 20% 的 CPT。初始值在智能合约初始化时确定，在智能合约发布后不可更改。通证智能合约是普通的 ERC20 代币合约，不在此说明其实现方法。

电子票据智能合约用已签发的电子票据列表和已回收的电子票据列表来管理票据。电子票据有三种状态：签发、交易和回收。在用户购买 CPT 后签发一张对应 CPT 价值的电子票据，在用户提现后回收。其代码如下：

```
struct commercialPaper{
    address issuer;              // 电子票据发行者，在本例中是 B 公司账户地址
    address owner;              // 电子票据所有者，在本例中是投资者 C 账户地址
    uint8    state;             // 发行、交易和回收状态
    bool isExpire;             // 是否过期
    uint256 paperNumber;       // 票据号
    uint256 faceValue;         // 票据面值
    uint256 startTime;         // 票据生效时间
    uint256 endTime;           // 票据过期时间
    bytes32 meta;              // 票据额外的数据，如合同文件 CID 的哈希值
}
```

```
commercialPaper []private paperList;                    // 已签发电子票据列表
mapping(bytes32 => uint256) private indexToPaper;
commercialPaper []private redeemPaperList;              // 已回收电子票据列表
mapping(bytes32 => uint256) private indexToRedeemPaper;
```

在创建电子票据智能合约时，创建一个 CPT 智能合约的实例，以调用其方法查询某个账户的余额，也就是电子票据智能合约调用 CPT 智能合约的函数来查询账户的余额。这样做的目的是，在回收电子票据前，确保用户的账户已经接收到等价的 CPT 通证。

电子票据智能合约主要的三个方法是，发行电子票据、用户购买 CPT 并提供电子票据和回收电子票据。电子票据的接口参数之一是文件 CID 的哈希值。计算方法是在 IPFS 平台上传文件得到 CID，然后对该 CID 进行哈希计算，把哈希值作为发布电子票据的参数，最后该哈希值作为电子票据参数存储在企业以太坊电子票据智能合约中。

Web3.utils.sha3('QmW2jhMHSHBuk4Mtvwa87caMkjGN7z1e8RstdSYMWBxuXy')，这个 API 得到 CID 哈希值如下：

```
0xf701478d96e1c51268d1d3bf12edf9b0a51b07ae8136e41864c1713a5eebce9e
```

电子票据有三个比较重要的 API：发布票据、购买票据和回收票据。发布票据的第一个参数是票据的签发者的地址，第二个参数是票据签发后的所有者的地址，第三个参数是票据面值（设为 100），第四个参数是票据编号（设为 1），第五个参数是票据生效时间，第六个参数是票据失效时间，第七个参数是文件 CID 的哈希值，第八个参数是合约节点对应的 Tessera 节点公钥。该命令在 truffle console --network n1 后进入节点的命令行上执行。CommercialPaper 代表智能合约对象，调用该对象的 issue 函数来签发票据。命令如下：

```
$ CommercialPaper.deployed().then(function(instance) { return instance.issue("0
xed9d02e382b34818e88b88a309c7fe71e65f419d","0xf2240ead7df5ae07ffa8e71dff2f78ed9cc62e
1f",100,1,1590940800,1596211200,"0xf701478d96e1c51268d1d3bf12edf9b0a51b07ae8136e4186
4c1713a5eebce9e", {privateFor: ["1iTZde/ndBHvzhcl7V68x44Vx7pl8nwx9LqnM/AfJUg="]})})
```

购买票据有四个参数，第一个参数是票据签发者的地址，第二个参数是票据购买者的地址，第三个参数是票据编号，第四个参数是合约节点对应的 Tessera 节点公钥。命令如下：

```
$ CommercialPaper.deployed().then(function(instance) { return instance.buy("0
xed9d02e382b34818e88b88a309c7fe71e65f419d","0xa928bd3c69a189e2568e3caf87b9e7f48b813
9a8",1, {privateFor: ["1iTZde/ndBHvzhcl7V68x44Vx7pl8nwx9LqnM/AfJUg="]})})
```

回收票据有三个参数，第一个参数是票据签发者的地址，第二个参数是票据编号，第三个参数是合约节点对应的 Tessera 节点公钥。票据在回收后进入回收列表，之后不能再次使用。命令如下：

```
$ CommercialPaper.deployed().then(function(instance) { return instance.
redeem("0xed9d02e382b34818e88b88a309c7fe71e65f419d",1, {privateFor: ["1iTZde/
ndBHvzhcl7V68x44Vx7pl8nwx9LqnM/AfJUg="]})})
```

参 考 文 献

[1] CoinMarketCap 网站数据 [OL]. https://coinmarketcap.com/.

[2] Satoshi Nakamoto. Bitcoin open source implementation of P2P currency [EB/OL]. http:// satoshinakamoto.me/2009/02/11/bitcoin-open-source-implementation-of-p2p-currency/.

[3] Michael J Fischer, Nancy A Lynch, Michael S Paterson. Impossibility of Distributed Consensus with One Faulty Process [J]. ACM, 1985.

[4] Castro M, Liskov B. Practical Byzantine Fault Tolerance [Z]. 1999.

[5] Ongaro D, Ousterhout J. In search of an Understandable Consensus Algorithm. Stanford University. 2014.

[6] 孙淑玲 . 应用密码学 [M]. 北京：清华大学出版社，2004.

[7] 田丽华 . 信息论、编码与密码学 [M]. 西安：西安电子科技大学出版社，2008.

[8] Christof Paar, Jane Pelzl. Understanding Cryptography[M]. Berlin: Springer, 2010.

[9] Douglas R Stinson. Cryptography Theory and Practice[M]. Florida: CRC Press LLC, 2002.

[10] 于秀源，薛昭雄 . 密码学与数论基础 [M]. 济南：山东科学技术出版社，1993.

[11] Wade Trappe, Lawrence C Washington. Introduction to Cryptography with Coding Theroy[M]. New Jersey: Pearson, 2005.

[12] Oded Goldreich. Foundations of Cryptography[M]. Cambridge: Cambridge University Press, 2001.

[13] Wenbo Mao. Modern Cryptography[M]. New Jersey: HP Company & Prentice-Hall, 2003.

[14] Andreas M. Antonopoulos. Mastering Bitcoin[M]. Sebastopol: O'Reilly，2017.

[15] SWIFT, Citibank. GPI White Paper[R]. 2018.

[16] https://medium.com/@julien.maffre/what-is-an-ethereum-keystore-file-86c8c5917b97.

[17] https://github.com/ethereum/devp2p/blob/master/rlpx.md.

[18] https://github.com/ethereum/devp2p/blob/master/discv4.md.

[19] https://openethereum.github.io/wiki/Transactions-Queue.

[20] https://learnblockchain.cn/books/geth/part2/txpool/txpool.html.

[21] https://ethereum.stackexchange.com/questions/268/ethereum-block-architecture/757#757.

[22] https://eth.wiki/en/fundamentals/patricia-tree.

[23] https://ethereum.stackexchange.com/questions/57486/why-merkle-patricia-trie-has-three-types-of-

nodes.

[24] https://ethereum.stackexchange.com/questions/6415/eli5-how-does-a-merkle-patricia-trie-tree-work.

[25] https://arxiv.org/pdf/1901.07160.pdf.

[26] https://github.com/ethereum/EIPs/issues/650.

[27] https://github.com/jpmorganchase/quorum/issues/305.

[28] https://github.com/celo-org/celo-blockchain/issues/116.

[29] https://consensys.net/blog/enterprise-blockchain/scaling-consensus-for-enterprise-explaining-the-ibft-algorithm/.

[30] https://docs.goquorum.com/en/latest/Consensus/ibft/ibft/.

[31] https://raft.github.io/.

[32] https://docs.goquorum.com/en/latest/Consensus/raft/raft/.

[33] https://github.com/jpmorganchase/quorum/pull/715.

[34] http://docs.goquorum.com/en/latest/Permissioning/Overview/.

[35] https://medium.com/@kctheservant/exploring-how-private-transaction-works-in-quorum-53612a9e7206.

[36] https://docs.goquorum.com/en/latest/Privacy/Overview/.

[37] https://github.com/jpmorganchase/quorum/pull/146.

[38] https://solidity-cn.readthedocs.io/zh/develop/.

[39] https://blog.trustlook.com/understand-evm-bytecode-part-1/.

[40] https://github.com/libp2p/specs/issues/138.

[41] https://github.com/libp2p/specs/blob/master/_archive/4-architecture.md.

[42] https://docs.ipfs.io/concepts/libp2p/.

[43] https://github.com/libp2p/specs/blob/8b89dc2521b48bf6edab7c93e8129156a7f5f02c/kad-dht/README.md.

[44] https://docs.ipfs.io/concepts/dht/.

[45] https://www.taodudu.cc/news/show-44682.html.

[46] https://docs.ipfs.io/concepts/bitswap/.

[47] https://github.com/ipfs/go-bitswap/issues/165.

[48] https://github.com/ipfs/go-bitswap/pull/189.

[49] https://github.com/ipfs/go-bitswap/issues/186.

[50] https://github.com/ipfs-inactive/faq/issues/48.

[51] https://github.com/ipfs/ipfs-docs/issues/251.

[52] https://github.com/ipfs/go-ipfs/issues/5066.

[53] https://github.com/ipfs/go-ipfs/blob/master/docs/add-code-flow.md.

[54] https://medium.com/shyft-network-media/understanding-trie-databases-in-ethereum-9f03d2c3325d.

[55] https://eth.wiki/en/fundamentals/patricia-tree.